大坝运行风险评价理论及应用

何鲜峰　仝逸峰　著

黄河水利出版社
·郑州·

内 容 提 要

本书主要研究了大坝运行风险评价方法和技术问题，重点介绍了大坝失事模式和失事路径分析理论与应用、大坝失事概率估计方法、大坝生命风险（个体风险和社会风险）、经济风险和环境风险的度量指标和估计方法、适合我国不同地区的风险评价参考标准、大坝动态风险分析评价和管理流程、大坝预警机制和应急救援机制、大坝风险辅助分析系统开发方法等。本书在内容上兼顾理论与应用，使用近似且简单的方法，列举了一些大坝风险评价应用实例。

本书可作为水工结构、水利水电工程、安全工程等专业和其他相近专业的本科生、研究生参考教材，也可供从事水利水电工程、岩土工程和土木工程等领域设计、施工、运行管理和科研工作的技术人员参考。

图书在版编目（CIP）数据

大坝运行风险评价理论及应用/何鲜峰，仝逸峰著. —郑州：黄河水利出版社，2014.4

ISBN 978-7-5509-0773-7

Ⅰ.①大… Ⅱ.①何…②仝… Ⅲ.①大坝-运行-风险评价 Ⅳ.①TV698.2

中国版本图书馆 CIP 数据核字（2014）第 070897 号

组稿编辑：王志宽　电话：0371-66024331　E-mail：wangzhikuan83@126.com

出 版 社：黄河水利出版社

地址：河南省郑州市顺河路黄委会综合楼 14 层　　邮政编码：450003

发行单位：黄河水利出版社

发行部电话：0371-66026940、66020550、66028024、66022620（传真）

E-mail：hhslcbs@126.com

承印单位：河南地质彩色印刷厂

开本：787 mm×1 092 mm　1/16

印张：11.5

字数：266 千字　　印数：1—1 000

版次：2014 年 6 月第 1 版　　印次：2014 年 6 月第 1 次印刷

定价：38.00 元

前　言

大坝安全是关系到国计民生的大事,大坝安全管理一直是坝工安全监控领域关注的热点和难点。然而,传统的基于规范的大坝安全评价方法重点考虑的是工程自身的安全,而对工程失事后果及损失很少考虑。随着社会的不断进步和发展,对大坝安全管理的要求越来越高,安全管理不但要考虑大坝本身的安全,而且要综合考虑对流域及地区的影响。大坝风险分析是对现役大坝安全状态分析的有效方法,基于风险的分析方法在分析过程中融合了大坝失事概率和相应的下游损失,所有引起大坝失事的可能原因和影响都在大坝失事风险分析、评价中得以考虑,被认为是一种集传统和风险评价于一体的方法。我国在大坝风险管理方面还处于起步阶段,有关的风险分析体系和导则尚没有建立,虽然近几年通过国际交流和合作引进了大坝风险管理技术,但是风险分析方法和技术中仍有很多问题有待解决。

本书针对上述问题,着眼于国外先进技术和研究现状,对建立大坝风险分析系统的相关问题进行了研究。

(1)提出了几种代表性坝型的失事模式和不同失事模式下的失事路径,在此基础上,进一步提出并完善了大坝失事过程中不同事件发生概率的估计方法;结合传统大坝安全评价方法,建立了融合传统大坝安全评价分析方法的失事模式和路径识别流程。

(2)研究了大坝风险分析中面临的生命风险(个体风险和社会风险)、经济风险和环境风险的度量指标和估计方法,拟定了适合我国不同地区的风险评价参考标准。

(3)大坝运行风险评价理论及应用利用大坝安全监测和分析成果,以降低和控制大坝风险水平以及提高大坝安全状态为目标,研究并提出了大坝动态风险分析、评价和管理流程,建立了大坝预警机制和应急救援机制。

(4)基于先进的计算机技术和坝工理论,构建了一种"三层多库"逻辑结构的大坝风险分析系统;据此提出了风险分析系统模块化开发概念,研究了利用可视化编程语言如何开发大坝风险辅助分析系统。

本书共分6章,第2~5章由何鲜峰编写,其他部分由何鲜峰、仝逸峰共同编写。

由于时间及作者水平所限,书中难免存在不妥和错误之处,敬请专家、读者批评指正。

作　者

2014年2月

目　录

第1章 绪 论

1.1 研究的目的和意义

1.1.1 研究背景

我国有着悠久的筑坝历史,特别是新中国成立以来,更是掀起了多次筑坝建库高潮。截至2011年年底,我国共有各类水库大坝98 002座,包括大型水库756座(总库容7 450 $\times 10^8$ m^3)、中型水库3 938座(总库容1 120 $\times 10^8$ m^3)、小型水库93 308座(总库容703 $\times 10^8$ m^3),水库总库容9 273 $\times 10^8$ m^3。其中,已建水库97 246座,总库容8 104 $\times 10^8$ m^3;在建水库756座,总库容1 219 $\times 10^8$ m^3[1]。这些水库在防洪、发电、供水、灌溉、航运、水产养殖、改善生态环境以及文化娱乐等方面发挥了重大作用,社会效益、经济效益显著,成为我国防汛、抗旱保安工程和国民经济发展基础设施的重要组成部分,尤其对当前建设社会主义新农村、构建和谐社会发挥着不可替代的重要作用。然而,任何事物的存在都有其两面性,坝工技术也是一把"双刃剑",在为人类造福的同时也会留下许多隐患。这些大坝有一半以上建成于20世纪50至70年代,由于受当时政治、经济、技术等条件的制约,有相当一部分属于"三边"或"三无"工程,原勘探、设计、施工资料很少或根本没有,存在工程标准低、施工质量差等问题。有的建成之初就留下隐患,加上后期运行过程中管理工作薄弱、维护资金不足,不少已出现险情,成为病险大坝。截至2001年年底,我国已建水库大坝中有30 413座为病险坝,约占全国总数31%,其中大型病险水库大坝150多座,中型病险水库大坝1 100多座,小型病险水库大坝近3万座,大中型病险水库大坝所占比例高达40%以上[2]。如此多的病险水库大坝不仅不能正常发挥工程效益,工程本身已成为安全度汛的薄弱环节和心腹之患,就像一颗颗"定时炸弹",严重影响到下游生命财产、基础设施和生态环境的安全,制约着当地社会经济的可持续发展,一旦垮坝失事,将会给下游造成严重灾害,甚至"灭顶之灾"。为此,水利部于2008年编制了《全国病险水库除险加固专项规划》和《东部地区重点小型病险水库除险加固规划》,对6 240座大中型和重点小型水库实施了除险加固[3]。截至目前,规划内水库的除险加固任务已基本完成。

水库大坝的安全状况受多种因素制约,水库失事风险不会因为除险加固工作的实施而消失,只是风险源和出险概率发生改变而已。历史上我国曾发生过数千起水库大坝失事案例,造成的损失触目惊心。仅1954年有垮坝统计资料以来,我国累计各类垮坝事故已多达3 487座[4],年平均溃坝率高达 7.73×10^{-4},大大高于世界平均水平 2.0×10^{-4}[5]。其中,"75·8"洪水河南板桥与石漫滩两座大型水库大坝溃决,造成2.6万人死亡,1 029.5万人受灾,倒塌房屋524万间,冲走耕畜30万头,京广铁路路基冲毁102 km,中断行车18 d[6,7],总体损失极其惨痛,全部经济损失近100亿元[8]。20世纪80年代以后，尽管我国在水库大坝安全与管理方面取得了突破性进展，政府加强了大坝安全管理工作，溃坝数量明显下降，但仍有造成重大人员伤亡的垮坝灾难发生：1993 年 8 月，青海沟后小（1）型水库垮坝，328 人丧生，1 000 多人受伤[9]；2001 年 10 月，四川大路沟小（1）型水库垮坝，伤亡人员近 40 人；2005 年 7 月 21 日，云南省昭通市彝良县七仙湖小（2）型水库垮坝，造成 16 人死亡；2006 年 4 月，镇安县黄金有限责任公司尾矿库溃坝，导致 17 人死亡，5 人受伤，造成直接经济损失 490 余万元[10]；2007 年 11 月，辽宁海城尾矿坝溃坝导致 16 人死亡[11]；2010 年 8 月，吉林桦甸大河水库垮坝，死亡 46 人[12]；2012 年 8 月，浙江舟山市沈家坑水库垮坝，10 人死亡，27 人受伤；2013 年 2 月，山西曲亭水库垮坝，死亡 1 人[13]；2013 年 5 月，甘肃翻山岭水库管涌失事，2 个村庄被淹，受灾耕地面积 960 亩[14]❶。

随着我国经济社会的高速发展和人口数量的快速增长，大坝下游地区的水患风险也越来越大。同时，居住在大坝下游的公众自我保护意识和对大坝溃坝风险知情权的诉求也越来越强，他们需要了解水库大坝溃决对其造成的风险有多大，政府和水库管理单位有哪些措施保障他们的安全，对水库大坝公共安全的要求越来越高。为此，迫切需要对大坝风险进行评估，加强政府与公众的交流和沟通，对高风险大坝政府和大坝管理单位应通过工程或非工程措施降低风险；对可能出现的风险，应建立有效的预警机制，完善预警体系，在提高预警能力的基础上，提高逃生自救与抢险救生能力，提高我国综合抗御溃坝灾害的水平和能力，切实保障下游公共安全和公众利益。显然，进入到 21 世纪，在大力倡导构建和谐社会的今天，水库大坝安全问题不仅仅是各级水行政主管部门和水库管理单位关心的工程安全问题，而且已经成为公众关注的社会公共安全问题。

1.1.2 大坝运行风险研究的意义

已建大坝的安全管理是世界范围内大坝工程技术人员和管理人员共同关注的焦点。大坝失事不仅会造成大坝结构的损毁，也给生活在下游的公众带来了人身伤亡和严重的经济、社会和环境损失。然而，传统的基于规范的大坝安全评价方法较多地依靠安全评价人员和规范制定者的丰富经验，关注的重点主要是大坝自身。大坝风险分析是对现役大坝失事风险评估的有效方法，基于风险的评价方法在评价过程中融合了大坝事故发生概率和相应的下游损失，所有引起大坝失事的可能原因和影响都在大坝失事风险评价中得以考虑，被认为是一种结合了传统方法和风险评价方法优点的方法。因此，大坝风险分析和评价在与大坝安全相关的科学决策中具有重要意义。通过对大坝风险的系统分析，大坝工程师们可以对影响大坝安全的技术和工程情况有进一步的了解，大坝安全管理人员也可以在对大坝安全做出决定时得到有价值的数据。大坝风险评价过程中收集的相关信息对于管理人员采取正确行动和帮助决策者对有限的预算资金优化配置大有裨益[15, 16]。

长期以来，我国水利工程管理主要以"工程安全"为中心，重点关注水工建筑物自身的安全，通过工程维护或除险加固，建立以工程为根本的安全保障体系，这与我国过去的水利科学技术发展水平、水利管理技术条件以及经济社会发展水平相适应。随着我国改革开放的深入和经济社会发展水平的日益提高，民众的公共安全意识不断提升，社会财富

❶1 亩 = 1/15 hm^2，全书同。

和人口密度快速增长，这些变化使我国和发达国家一样，难以承受大坝溃决造成的巨大损失和影响。特别是东部经济快速增长地区和沿海发达地区，如果发生大型溃坝事故，造成的灾难损失是难以想象的。“以人为本”的科学发展观和“构建和谐社会”的执政理念要求各级政府部门和工程管理单位在保障工程安全的基础上，更多地关注下游生命财产和经济社会安全，将大坝工程安全和下游公共安全作为一个有机整体通盘考虑，形成系统安全概念。水库大坝“风险分析和管理技术”就是这一理念的理论与技术的基础，以此为核心构建水库大坝工程安全与下游生命财产、基础设施、生态环境安全的综合安全管理体系。

2006 年 1 月 8 日，国务院发布《国家突发公共事件总体应急预案》后，各级政府纷纷出台了各类应急预案，水利部也于 2006 年 4 月 11 日发布了《关于加强水库安全管理工作的通知》，要求所有水库尽快制订突发事件应急预案，提高应对突发事件的能力。自 20 世纪 90 年代开始，国家防办就一直致力于“大坝风险图”的制作，并于 2005 年制定了《洪水风险图编制导则(试行)》，但至今仍难以推广应用。这主要是由于“风险图”制作过程中存在大量不确定性，大坝失事模式和洪水规模直接决定了失事洪水的危害性和严重性。大坝溃决如何发生发展，溃坝洪水如何演进，灾害警报何时发布、如何发布，如何撤离逃生和安排救援，应急预案如何编制和有效运作等一系列关键技术问题需要深入研究。

我国水库建设在大坝数量、坝型、坝高、筑坝技术与经验等方面堪称世界一流，但在大坝管理技术上相对滞后，管理水平与建设水平很不相称。长期以来，我国大坝安全管理由基于行业规范或标准的方法来控制，着眼于工程自身的安全，使之满足现行相关规范和标准。近几十年发展起来的基于大坝对下游威胁程度的大坝风险分析和管理方法，建立在大坝失事概率的分析和大坝失事所造成的下游经济损失估算的基础上。在进行风险分析评价时，不仅要考虑大坝工程安全，更重要的是，使水库大坝的潜在风险不超过下游能够承受的风险。这种风险的概念，在大坝工程安全的基础上又向前迈进了一大步，不但与下游潜在的经济、人口、社会损失相联系，而且把能够降低下游风险的非工程措施放在重要位置上。这些观念的变化，直接影响到有关领导部门的决策。国外不少国家，特别是以加拿大、澳大利亚、美国、英国、瑞士、挪威等为代表的一些国家正在逐步运用大坝风险分析方法，加强大坝安全管理。目前，我国还处于风险管理的初级阶段，虽然 2000 年后，通过国际交流和“948”项目引进了大坝风险技术，大坝风险概念与风险管理理念正逐步被更多的人所接受，但在风险分析方法和技术中的很多难题尚未解决，风险标准尚未制定，风险管理机制尚未建立，无法满足我国经济社会的可持续发展与构建和谐社会的要求。

综上所述，开展大坝风险分析和风险管理研究，构建我国大坝风险分析体系和模型，建立符合我国国情的大坝失事损失评估方法和评价标准，对保障我国水库大坝安全和实现社会的和谐共处都具有重要意义。

1.2 国内外研究现状和进展

继 20 世纪 70 年代美国原子能委员会成功将风险理论和风险评价方法用于核电项目的风险评估之后，风险分析和评价理论得到了工程界的广泛关注[17]，并于 80 年代初被美国最先引入大坝安全管理领域[18-21]。1984年的国际大坝会议进一步促使大坝风险管理在世界各国迅速发展,并在以美国、加拿大、澳大利亚等为代表的国家的实践中逐步改进和完善,形成了具有各国特色的大坝风险评价方法和风险管理理论[22-28]。

1.2.1 大坝风险管理现状和进展

大坝风险概念最早由美国陆军工程师团(U. S. Army Crops of Engineers, USACE)的Hagen(1982)提出,并用相对风险指数的大小来衡量大坝的风险程度的高低[29],认为相对风险指数值越高,工程越危险,水库大坝失事风险越大。此后,美国垦务局(U. S. Department of the Interior Bureau of Reclamation, USBR)在1983年提出了大坝安全检测、评价方案综合指南[30],并在处理大坝基础恶化、溢洪道泄洪能力不足和混凝土老化、劣化等方面也提出了各种模型和方法。针对大坝风险分析、评价和管理中存在的模糊认识,1985年美国大坝委员会、水科学技术局和工程技术系统委员会合作,由U. S. 科学院、工程院编写的"Safety Dams - Flood and Earthquake Criteria"中对大坝风险的分类和分析评价做了明确表述。此后,USBR决定将大坝失事、洪水泛滥以及大坝安全对生命威胁的评估等问题进行深入研究[31]。为了整合和调动全国的科研力量,以水资源开发法案被批准列为国家法律为契机,美国于1996年决定实施国家大坝安全计划(National Dam Safety Program, NDSP),该项目的目的就是要通过建立并始终保持一个有效的国家级的大坝安全计划,将联邦机构和非联邦机构中的专家和资源集中起来共同合作,以实现降低国家大坝风险及减少因溃坝给公众生命和财产带来的损失[32]。在大坝风险评价方法上,受Hagen的启发,USBR推荐使用现场评分法来衡量水库大坝的风险。通过大坝在不同荷载作用下所导致的风险和不同大坝之间的风险的对比,对产生不可接受风险的大坝进行确认,并采取合理有效的工程或非工程措施来降低或消除这些风险,以保证大坝不会出现威胁公众生命、财产和社会安全的不可接受风险。为了进一步规范大坝风险评估工作,联邦紧急事物局(Federal Emergency Management Agency, FEMA)和州大坝安全官员协会(Association of State Dam Safety Officials, ASDSO)在2002年共同组建了大坝专家指导委员会,并对大坝失效模式识别和评价、基于风险的优化措施、简化概率计算方法等工作程序进行改进,并于2003年发表了相关报告[33]。

加拿大的大坝安全由大坝业主负责,大坝安全状况的检查、安全评价则由大坝业主出资,聘请独立的、有从业执照的专业工程师完成,并由其对大坝的安全评价结论负责,如出现错误,则由保险公司赔付[34]。大坝的安全管理主要根据加拿大大坝安全协会(CDA)出台的《大坝安全导则》所规定的内容去执行。不列颠哥伦比亚水电公司(BC Hydro)作为加拿大BC省的水电公司,负责管理BC省内43座水坝的安全[34-39]。从1991年开始,BC Hydro在世界上首次将概率风险分析用于水库大坝安全管理[35],并将概率风险分析和大坝安全检查相结合,应用于洪水和地震导致失事后果的安全评价[36](见图1-1)。BC Hydro的风险评价流程如图1-2所示,包括风险分析和风险评估两个部分。在风险评价基础上的大坝风险管理程序见图1-3,其中包含的主要内容有:水坝各项安全准则和手册,适时修正更新;每周、每月、每半年的水坝定期安全检查以及监测水坝和水库边坡;对每一座水坝每3到10年做一次详细的安全检查;水坝缺陷调查;风险评估;水坝加固;决定可能最大洪水量及频率；决定可能最大地震及频率；定期试验泄洪设施，确保在紧急需要时能安全操作；详细的水坝运行、维护和监测手册；完备的监测管理系统，清楚划分每一位监测人员和管理人员的职责；评估溃坝后果；准备紧急应变计划；紧急演习，人员培训等[37]。魁北克水电公司则于2000年开始采用大坝风险管理政策，并更多地采用定性方法而不是定量方法，将整个大坝安全过程综合起来加以考虑。

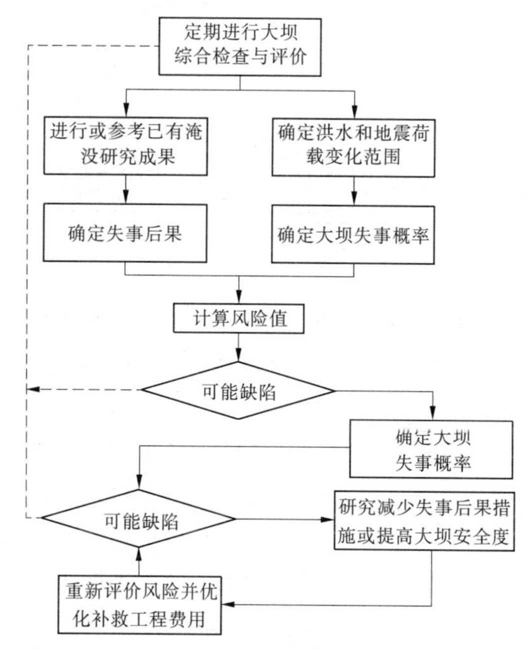

图1-1　以失事后果为主评价和提高大坝安全度

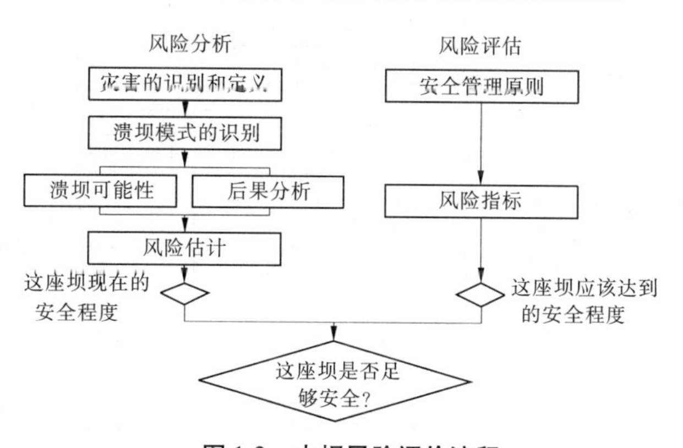

图1-2　大坝风险评价流程

澳大利亚在大坝风险管理的法规建设和应用技术研究方面走在世界的前列[40-43]。目前，澳大利亚的大坝风险评价受《水法2000》控制，其中明确规定了大坝业主的职责[44]。澳大利亚大坝委员会(Australian National Committee On Large Dams，ANCOLD)则制定了《澳大利亚大坝风险评价指南》《大坝溃决后果评价指南》《大坝安全管理指南》《大坝可接受防洪能力选择指南》《大坝抗震设计指南》和《环境评价和管理指南》等多部指南[45-49]，对大坝风险管理中的风险人口分析、溃坝影响评价、风险准则、群坝风险分析

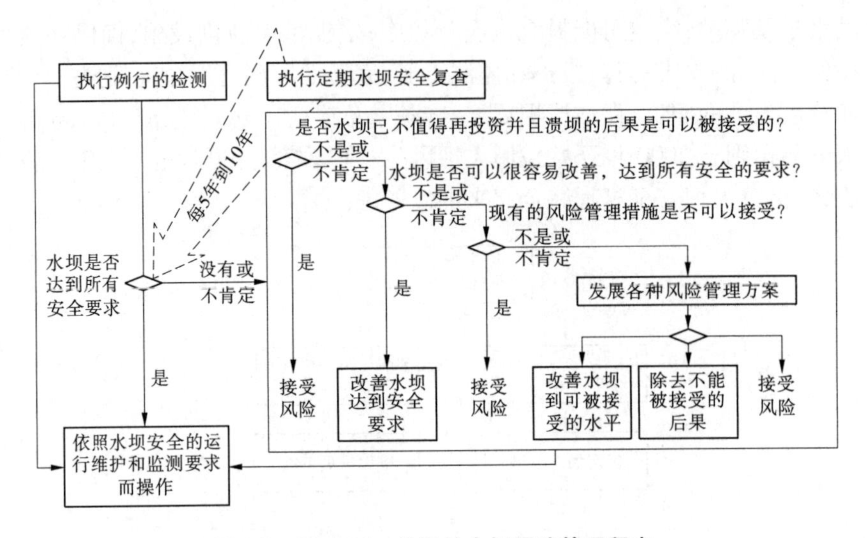

图 1-3　BC Hydro 公司的大坝风险管理程序

等提供了比较详细的指导。此外，昆士兰州自然资源和矿产部也制定了《大坝溃决影响评价指南》和《昆士兰州大坝安全管理指南》。在相关法规和指南的帮助指导下，澳境内已有相当多的水库大坝经过风险评价分析，仅昆士兰州就对近70%的大坝进行了风险评价。在大坝较多地区的群坝风险管理上也取得了令人瞩目的成就[50]，ANCOLD 提出的群坝风险管理程序（见图 1-4）以单坝风险评价（见图 1-5）为基础，通过对单坝评价结果的排序比较进而确定最佳决策规划，并通过相关措施来降低坝群风险。

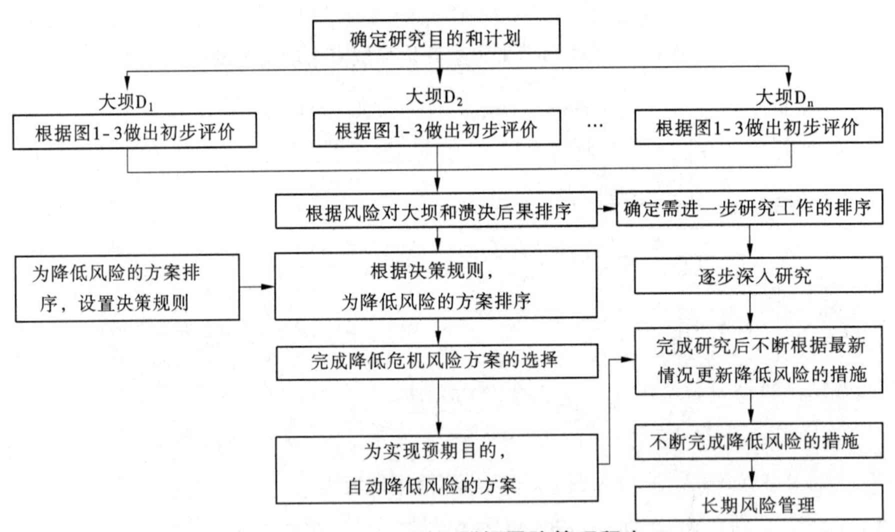

图 1-4　ANCOLD 群坝风险管理程序

欧洲含有风险管理性质的大坝管理最早始于法国，自 1959 年 Malpasset 坝溃决失事后，法国于 1968 年建立了欧洲第一个溃坝风险分析法规[32]。之后，特别是近期其他欧洲国家也相继建立了自己的法规。挪威在 2000 年 2 月颁布了新的大坝安全条例，要求在大坝规划、设计和施工过程中进行系统的风险分析。此外，挪威还在探索研究一种简单的风

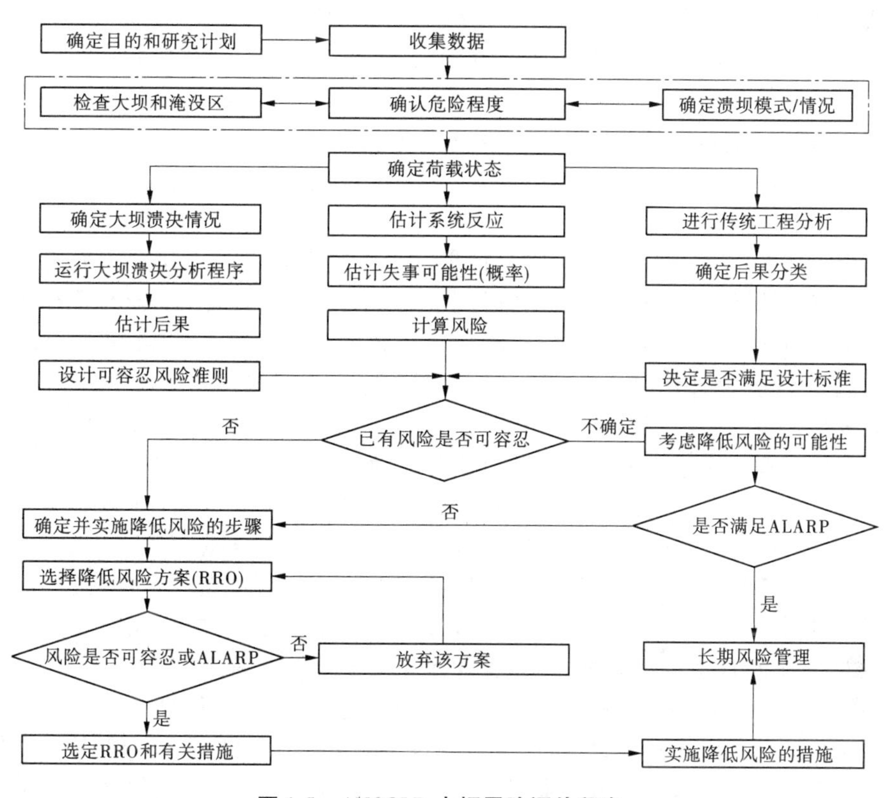

图 1-5　ANCOLD 大坝风险评价程序

险分析方法,并将大坝风险分析结果用于制订应急计划[51]。在英国,许多业主都注重风险评估分析,并采用 DAMBRKUK 计算机程序来进行溃坝洪水分析,预测大坝一旦发生失事时洪水波的推进路线、淹没深度和持续时间,并据此编制洪水淹没图,制订突发事件应急行动计划[52]。但英国大坝业主的定量风险分析未得到官方的支持和应用,这主要是由以下两个原因造成的[53]:①人们对“风险”和“风险分析”方法缺乏清晰的认识;②进行风险分析需要收集早期的或更多的资料数据进行统计分析,使得实际操作中难以准确确定大坝溃决概率。葡萄牙则从 1992 年开始就“大坝稳定性研究计划”的研究范围提出了 OTAN 开发计划。该计划自 1994 年启动,2000 年完成,其中包括:改进大坝溃决洪水的计算软件,开发尽可能先进、高效的水文动态模型;采用适合风险管理的科学方法,特别涉及大坝运行期间公众对风险的认识、学术报告及流域开发情况;在新的信息技术基础上开发有助于大坝风险管理的软件[24]。芬兰的 RESCDAM 计划对大坝风险评价、溃坝危险分析和紧急行动计划进行了研究[54-57],并利用 RESCDAM 的溃坝生命损失评估方法对 Kyrkösjärvi 坝的溃坝损失进行了评估,建立了溃坝应急救援方案[47]。荷兰由于有着众多的海岸防护工程和灌溉工程,对堤防安全格外重视,对防洪安全和堤坝溃决损失评估方法进行了研究[58-60],荷兰住宅空间计划及环境部(Ministerie Van Volkshuisvesting, Ruimtelijke Ordening en Milien, VROM)根据有关研究,提出了堤坝溃决引起的生命损失风险(个体生命损失和社会生命损失)、经济风险、社会风险和环境风险等风险准则[50,53],并在工程和研究中得到了应用[61-66]。

虽然亚洲的大坝总数占世界总数的55%[67,68]，并且许多大坝处于高风险状态，但由于受各种原因的影响，各国的风险管理研究和应用仍然起步较晚，目前部分国家已经开始在国际大坝委员会（International Commission On Large Dame，ICOLD）和其他国家的帮助下开展大坝风险的研究和应用。泰国在1999～2000年和加拿大SNC -Lavalin公司合作，探讨了加拿大大坝安全指南的原则在泰国应用的可行性，并加以改进，以适应泰国国情，在此基础上，对斯里纳加林德大坝和电站进行了安全评估、工况评价及研究如何提高效率[26]。印度的大坝安全保障和工程修复计划在分配有限资金以产生最大效益，以及改善那些处于最危险的大坝安全状态时考虑到了基于风险分析的大坝安全鉴定和优化策略的研究。为此，1999年印度和加拿大的BC Hydro公司开展国际合作，由BC Hydro公司负责印度的大坝安全和风险分析的研讨培训班，并制定出印度的大坝安全导则[69]。

我国开展大坝风险研究也比较晚，但近年来发展迅速，已取得了一定的成就。其中相当一部分研究主要集中在水库大坝的防洪风险方面。国内有许多学者对防洪安全风险率的计算进行了研究[70-75]。徐祖信[71]在20世纪80年代末提出了一种计算防洪风险率的极限状态方法，认为最大入库洪峰流量等于溢洪道泄流能力为极限状态，在洪水超标准的条件下才会发生漫顶事故。杨白银[70]等则认为不同频率的洪水都有可能漫顶，而不仅仅只是超标准的洪水。除用洪水作为风险事故发生的一个控制条件外，调蓄后最高坝前水位Z超过坝顶高程D也可作为事故发生的条件。姜树海[72]、陈肇和[73]和梅亚东[74]建立的风险率计算模型都是基于上述事故条件。姜树海建立了调洪过程的随机微分方程，通过求解库水位变化的随机过程，确定调洪过程各个时刻库水位的概率分布，从而求得泄洪风险。陈肇和的模型除考虑洪水荷载外，还考虑了风荷载，坝前水位包含了由风引起的壅高和爬高；姜树海与陈肇和的模型在计算库水位Z的变化时，都依据所建立的调洪演算随机微分方程，求得调洪过程中不同时刻库水位的分布，最后求得最大的随机风险。这两类模型可以将大坝漫顶的风险率与整个调洪过程联系起来，考虑入库洪水过程和出库泄洪过程的水力条件、库容和水位边界条件、防洪起调水位初始条件的不确定性等。梅亚东所进行的大坝防洪安全风险分析利用随机模拟的方法，来模拟水库未来可能面临的洪水情势，除考虑上述所有的不确定性外，对水文的不确定性考虑得更充分。但上述分析方法都没有考虑大坝失事对下游地区造成的潜在损失。

南京水利科学研究院的姜树海、范子武、李雷、王仁钟等在我国的堤坝风险问题研究领域进行了一些有益的探索，在洪灾风险分析方法和设防标准、防洪工程措施对降低洪灾风险率的作用、已建堤防工程防洪风险应急对策、时变效应对已建堤防工程的防洪安全的影响、洪泛区洪水演进特性和洪灾损失评估方法以及基于风险分析方法的防洪风险决策[41,76-81]等方面取得了一些成果。此外，南京水利科学研究院还对土石坝的溃坝模式和溃坝路径，以及不同溃坝路径失事概率的估计方法进行了研究，在风险损失评价方面初步提出了基于洪水损失重要性的损失评价方法，并模仿生命损失评价标准中$F \sim N$线，对生命损失、经济损失和社会环境损失标准进行了有益的探讨，并尝试在工程中进行应用[41,82-85]。

1.2.2 溃坝损失评估方法

随着风险分析应用程序研究的深入，大坝失事下游损失评估方法也得到了发展，大坝损失的简单经验分析方法先后被美国垦务局(USBR,1986 年)[86]、Brown & Graham(1988 年)[87],Dekay & McClelland(1993 年)[88]以及 Graham(1999 年)[89]不断改进。USBR 在 1986 年还改进了核定大坝失效引起生命损失的评估步骤,并为选择洪水事件、风险人口(Par, Population at Risk)估计、生命损失(Lol, Loss of life)、预警、大坝泄洪提供了一个简要的指南。Brown & Graham 在 1988 年改进了生命损失方法,并被美国垦务局所采用。Dekay & McClelland 在 1993 年根据预警时间、风险人口数量、洪水强度、大坝失事历史洪水记录以及洪水历程,应用逻辑回归方法推导了一个来自特大洪水的生命损失(Lol)表达式。Graham 在 1999 年提出了一种根据洪水强度、预警时间和对洪水强度的认识程度估计死亡人数的方法。

1.2.2.1 个体风险

个体风险(Individual Risk,IR)是生命损失风险的一种度量方式。荷兰住房部(Dutch Ministry of Housing,DMOH)、空间规划和环境部(Spatial Planning and Evironment)定义的个体风险为长期驻留在某个地方未受保护的个体由于意外事故引起的危险所造成的平均死亡率[58]。

$$IR = P_f P_{d/f} \tag{1-1}$$

式中:P_f 为失效概率;$P_{d/f}$ 为个体在失效事件中死亡的概率(假设未受保护的个体一直存在)。

IR 在比较多种计划(工程或非工程)时更能体现其价值所在。荷兰的技术咨询委员会(Technical Advisory Committee on Water Defences,TAW)[61]和 Bohnenblust 对 IR 是否代表实际个体风险在定义上存在细微的差别[59]。英国健康和安全委员会(UK's Health and Safety Executive,HSE)定义的个体风险是指暴露于危险剂量或更糟的有毒物质、热辐射或高压环境的典型用户[90]。危险剂量很可能导致人体严重残疾或伤害,但这并不至于导致某些死亡。

1999 年 Graham 根据收集到的洪水损失数据,经过统计分析,提出了一种大坝溃决死亡率估计方法。Graham 的方法考虑了洪水强度、预警时间长短和人们对洪水严重性的理解(见表 1-1)。

在决定洪水严重性高低时,Graham 推荐使用下述准则:

(1)当没有建筑物被冲离基础时,定为低强度洪水。

(2)当有些家庭房屋受到破坏,但树木或受灾房屋仍未倒塌并为人们提供庇护时,定为中等强度洪水。

(3)当附近的混凝土坝瞬间失事或土坝液化成果冻状并在几秒钟内垮掉时,由此引发的洪水定为高强度洪水。而且,这种洪水在所经之处一扫而过,只留下很少或未留下人类曾经活动的痕迹,几乎所有由这种洪水造成的事故水深都在几分钟内达到水深极限。

(4)在判断洪水是否是低强度洪水时,如果大部分结构在水中暴露深度小于或不超过 3.05 m (10 ft),就属于低强度洪水;如果大部分建筑在水中暴露深度大于等于 3.05 m 就属于中等强度洪水。

表 1-1　估计大坝失事生命损失的生命损失率(Graham,1999)

洪水强度	预警时间(min)	对洪水强度的理解	生命损失率	
			建议值	建议范围
高	15 ~ 60		0.75	0.30 ~ 1.00
		模糊	利用上面的数据和警报发出后大坝失事时仍处于洪水淹没区的人口数量估计生命损失,但有多少人待在淹没区没有规范可依	
	超过 60	精确		
		模糊		
		精确		
中	无预警		0.15	0.03 ~ 0.35
	15 ~ 60	模糊	0.04	0.01 ~ 0.08
		精确	0.02	0.005 ~ 0.04
	超过 60	模糊	0.03	0.005 ~ 0.006
		精确	0.01	0.002 ~ 0.02
低	无预警		0.01	0 ~ 0.02
	15 ~ 60	模糊	0.007	0 ~ 0.015
		精确	0.002	0 ~ 0.004
	超过 60	模糊	0.000 3	0 ~ 0.000 6
		精确	0.000 2	0 ~ 0.000 4

(5)另外一种区别低强度洪水和中等强度洪水的办法是使用 DV 值:

$$DV = \frac{Q_{df} - \overline{Q}}{W_{df}} \tag{1-2}$$

式中:Q_{df} 为大坝失事在某个特殊断面上的溃坝泄流流量;$\overline{Q}$ 为与 Q_{df} 在同一断面的年平均流量;W_{df} 为大坝失事洪水与 Q_{df} 在同一断面造成的最大水深。

DV 的单位是 m^2/s。虽然参数 DV 不代表在任何结构位置的水深和流速,它代表的是洪水可能引起的破坏水平。通常,当 DV 值小于 4.645 m^2/s 时,被认为是低强度洪水;当 DV 值大于 4.645 m^2/s 时,被认为是中等强度洪水。

预警时间是另一个决定死亡率的重要因子,大坝下游特定地区的预警时间基于大坝失效警报开始发布和洪水下泄前进时间。Graham 建议预警时间分为以下三类:

(1)未预警意味着在洪水到来之前的特殊地区,媒体或官方未发表预警信息,只有一些洪水可能到来的迹象或洪水发出的声音作为预警。

(2)部分预警意味着在洪水到达特定地区之前 15 ~ 60 min,媒体或官方开始发布预警,一些人间接地从朋友、邻居或亲戚那里了解到洪水预警信息。

(3)预警时间充分意味着在洪水到达特定地区之前媒体或官方开始发布预警时间超过 60 min,一些人间接地从朋友、邻居或亲戚那里了解到洪水预警信息。

对洪水严重性的理解是一个和大坝距离、失事发生时间或洪水来源的函数,与死亡率密切相关。Graham 建议的洪水严重性分类为:①对洪水严重性理解模糊意味着预警发布者未意识到大坝失事的事实或对地震洪水缺乏真正的理解;②精确理解洪水严重性意味着预警发布者对将要到来的洪水有清晰的认识。

1.2.2.2 社会风险

社会风险是“受到来自特定危险的人口中受到来自特定伤害水平的频率和人员数目”[91]。当某个地点的个体死亡风险率给定时,社会风险提供的是整个地区的风险程度。

Friedman 根据洪水引起的生命损失人数和该地区总人数之间的关系最先提出了一种生命损失估计方法。此后,Allen & Hoshall 等在 1985 年对该方法进行了改进,考虑了人口、用工、建筑物类型以及洪水发生时段等因素。Brown & Graham 根据历史溃坝生命损失资料建立了一个估计总体溃坝生命损失的统计模型[87]:

$$LOL = \begin{cases} 0.5P_{ar} & W_T < 0.25 \\ P_{ar}^{0.6} & 0.25 < W_T < 1.5 \\ 0.0002P_{ar} & W_T > 1.5 \end{cases} \tag{1-3}$$

式中:LOL 为损失人口数量;P_{ar} 为风险人口数量;W_T 为警报时间。

针对该公式使用中比较粗糙的缺点,Dekay、McClelland 进行了改进[88]:

$$LOL = \frac{P_{ar}}{1 + 13.277 \cdot P_{ar}^{0.44} \cdot \exp(0.759W_T - 3.79F + 2.223W_TF)} \tag{1-4}$$

式中:F 为洪水强度;其余符号意义同前。

在此基础上又根据洪水严重性高低,提出了两个简化计算公式:

(1)中低强度洪水:

$$LOL = \frac{P_{ar}}{1 + 13.277 \cdot P_{ar}^{0.44} \cdot \exp(2.982W_T - 3.79)} \tag{1-5}$$

(2)高强度洪水:

$$LOL = \frac{P_{ar}}{1 + 13.277 \cdot P_{ar}^{0.44} \cdot \exp(0.759W_T)} \tag{1-6}$$

Piers 则提出了一种累计加权风险(Aggregated Weighted Risk,AWR)[92]计算方法。该方法根据计算区域内具有不同个体风险的家庭来计算总体风险:

$$AWR = \iint_A IR(x,y)h(x,y)\mathrm{d}x\mathrm{d}y \tag{1-7}$$

式中:$IR(x,y)$ 是 (x,y) 位置的个体风险;$h(x,y)$ 是 (x,y) 位置的家庭数量;A 为 AWR 的计算区域。

把个体风险水平和人口密度相结合可得到生命损失的期望值[93]:

$$E(N) = \iint_A IR(x,y)m(x,y)\mathrm{d}x\mathrm{d}y \tag{1-8}$$

式中:$E(N)$ 为生命损失期望值;$m(x,y)$ 为 (x,y) 位置的人口密度。

此外,社会风险也往往采用 $F-N$ 线表示。该曲线表示了生命损失数函数的超越概率，并用双对数坐标予以显示。

$$1 - F_N(x) = P(N > x) = \int_x^{\infty} f_N(x) \tag{1-9}$$

式中：$f_N(x)$ 为每年死亡人数的概率密度函数(PDF)；$F_N(x)$ 为每年死亡人数小于 x 的概率分布函数。

计算社会风险的另一个简单方法是每年死亡人数的期望值 $E(N)$：

$$E(N) = \int_0^{\infty} x f_N(x)\,\mathrm{d}x \tag{1-10}$$

Ale 等建议用 $F \sim N$ 线以下的面积计算社会风险，这种方法等价于每年生命损失的期望[94, 95]：

$$\int_0^{\infty} (1 - F_N(x))\,\mathrm{d}x = \int_0^{\infty}\int_x^{\infty} f_N(u)\,\mathrm{d}x\mathrm{d}u = \int_0^{\infty} u f_N(u)\,\mathrm{d}u = E(N) \tag{1-11}$$

英国健康和安全委员会(HSE)定义的个体风险的积分作为社会风险[96]：

$$RI = \int_0^{\infty} x(1 - F_N(x))\,\mathrm{d}x \tag{1-12}$$

可以证明 RI 能够用死亡人数概率密度函数(PDF)的期望值 $E(N)$ 和标准偏差 $\sigma(N)$ 来表示[95]：

$$RI = \frac{1}{2}(E^2(N) + \sigma^2(N)) \tag{1-13}$$

HSE 定义的加权风险积分参数称为风险积分 RI_{COMAH}[96, 97]：

$$RI_{COMAH} = \int_0^{\infty} x^{\alpha} f_N(x)\,\mathrm{d}x \tag{1-14}$$

意外死亡人数的多少由系数 α 表示（$\alpha \geqslant 1.0$）。Smets 提出了类似的方法[98]：

$$\int_0^{1\,000} x^{\alpha} f_N(x)\,\mathrm{d}x \tag{1-15}$$

如果不考虑边界变化，Smets 积分和 RI_{COMAH} 在 $\alpha = 1$ 时的期望值相等。$\alpha = 2$ 时的表达式为概率密度的二阶矩：

$$\int x^2 f_N(x)\,\mathrm{d}x = E(N^2) \tag{1-16}$$

$$E(N^2) = E^2(x) + \sigma^2(N) \tag{1-17}$$

Bohnenblust 提出用集体风险 R_p 来衡量社会风险[59]：

$$R_p = \int_0^{\infty} x\varphi(x) f_N(x)\,\mathrm{d}x \tag{1-18}$$

式中：$\varphi(x)$ 为风险反映指数，可近似表示为[95]：

$$\varphi(x) \approx \int_0^{\infty} \sqrt{0.1}\, x f_N(x)\,\mathrm{d}x$$

Kroon 和 Hoej[99] 也提出了一种类似的称为系统负效应期望 U_{sys} 的方法：

$$U_{sys} = \int_0^{\infty} x^{\alpha} P(x) f_N(x)\,\mathrm{d}x \tag{1-19}$$

式中：α 为规避风险因子。

其实，RI_{COMAH} 以及 Smets、Bohnenblust、Kroon、Hoej 等提出的各种期望计算方法可以

用通式表示为

$$\int x^{\alpha} C(x) f_N(x) \mathrm{d}x \tag{1-20}$$

α 取值范围为 1 ~ 2,因子 C 是一个常数或 x 的函数。

1.2.2.3 经济风险

溃坝经济损失指由于溃坝洪水对大坝工程和下游地区造成的直接经济损失和间接经济损失。直接经济损失包括洪水对大坝工程以及下游淹没区内城市、乡村、工矿企业、道路、桥梁、河流的破坏、损毁;间接经济损失包括电站因大坝溃决而损失的发电收益(如果建有水电厂)、灌区因失去水库水源而造成的减产[100-103]、工矿企业因遭淹没停工造成的企业损失、运输业因交通中断造成的损失、旅游业因环境恶化造成的损失等。

目前,国内外对经济损失的研究相对较少,国内的朱怀宁比较系统地探讨了溃坝经济损失问题[104]。此后,李雷、王仁钟等[41]对溃坝经济损失估计方法做了进一步完善,提出了层次抽样估计模型。

如果有大坝下游经济损失的 $F \sim D$ 线,也可利用 FD 线得到溃坝经济损失的期望 $E(D)$,$F \sim D$ 线下面区域的面积等于 $E(D)$ 期望值。$F \sim D$ 线和经济损失期望值可以从经济损失概率密度函数($f_D(x)$)推导得到:

$$1 - F_D(x) = P(D > x) = \int_x^{\infty} f_D(x) \mathrm{d}x \tag{1-21}$$

式中:$f_D(x)$ 为经济损失分布概率函数。

制定溃坝经济损失可接受风险水平的问题可转化为经济决策问题[63]。根据最优化经济方法,系统总的经济费用(C_{tot})由保证系统安全的支出费用(I)和经济损失期望决定。在最佳经济条件下,系统总的费用支出应最小化:

$$\min(C_{tot}) = \min(I + E(D)) \tag{1-22}$$

该准则可以决定系统最佳失事概率,其中投资 I 和经济损失期望 $E(D)$ 是失效概率的函数。Slijkhuis 等指出其中的不确定性和风险转移可以在最优化经济方法中进行模拟[64],即把投资额和经济损失作为随机参数,并考虑经济损失标准差和风险转移因子(k)的影响,则理想的决策通过经济最优化方法可得到:

$$\min(\mu(C_{tot})) = \min(I + E(D)) \tag{1-23}$$

1.2.2.4 环境风险

国内外对环境溃坝环境损失的都比较少,估计方法也完全不同。挪威的 Norsok 提出用超过恢复被破坏生态系统需要时间的概率来衡量环境风险[105]:

$$1 - F_T(x) = P(T > x) = \int_x^{\infty} f_T(x) \mathrm{d}x \tag{1-24}$$

式中:$F_T(x)$ 为恢复时间的概率分布函数;$f_T(x)$ 为生态系统恢复时间的概率密度函数。

Vanmarcke 等则使用活力影响指数来衡量环境中每年损失的能量(焦耳)[106]。这种方法把人类也作为生态系统的一部分,把因受伤和死亡的人及其他动物造成的能量损失都用焦耳表示。这种方法估计的人类生命大约相当于 8 000 亿 J 的能量,用公式表示为

$$GPP_{LOST} = EPP + GPP'T \tag{1-25}$$

式中:GPP_{LOST} 为对生态系统和人类的影响,J;EPP 为能量损失系统,J;GPP' 为受损机体

在时间段 T 内恢复所需的能量，J。

环境风险估计的难点在于环境损失的量化估计，国内有学者通过对影响环境损失的风险人口、重要城市系数、重要设施系数、文物古迹系数、河道形态系数、生物生镜系数、人文景观系数、污染工业系数等因素定性赋值，得到一个综合环境影响指数[41, 107]。但该方法在具体实施时存在太多的不确定性，各系数值大小的确定主观性太强，评估结果的准确性有待进一步检验。

1.2.3　结构可靠度问题

结构可靠度是指结构在规定时间内、在规定条件下、完成预定功能的概率。是人们在工程实践中，逐渐对荷载和材料的不确定性因素认识的基础上发展起来的。

可靠度的研究最早可以追溯到20世纪初。早在1911年，匈牙利布达佩斯的卡钦奇(Качинчи)提出用统计数学研究荷载及材料强度。1928年苏联哈奇诺夫(Н. А. Хациалов)、1935年斯特列里茨基(Н. С. Стрелецкий)等相继发表了这方面的文章。第二次世界大战期间，美国、德国将可靠度理论应用于军工项目，对火箭及B-29型飞机按可靠度理论进行设计。20世纪50年代开始，美国国防部建立了专门的可靠度研究机构"A-GREE"，对一系列可靠度问题进行研究。

可靠度在结构设计中的应用从20世纪40年代开始。1946年，美国的弗罗伊詹特(A. M. Freudenthal)发表了题为《结构的安全度》(英文题名为《The safety of structure》)的研究论文[108]，初步确立了应用概率理论和概率来分析结构可靠性的基础。这使得人们充分意识到实际工程的随机因素，首次将概率分析和概率设计的思想引入了实际工程。同期，苏联的尔然尼钦[109]提出了一次二阶矩理论的基础概念和计算结构失效概率的方法及对应的可靠指标公式，但其研究都局限于应用古典可靠度概念。设计中随机变量完全由其均值和标准差所确定。显然，这只有随机变量都是正态分布条件下才是精确的。1969年，美国的柯涅尔在尔然尼钦工作的基础上，提出在可靠度分析中应用直接与结构失效概率相联系的可靠指标来衡量结构可靠度，并建立了结构可靠度的一阶二次矩理论[110]。1971年，加拿大的林德对这种模式采用分离函数的方法，将可靠度指标表达成设计人员习惯采用的分项安全系数形式[111]。1972年，罗森布鲁斯(E. Rosenblueth)和L. Esteva等提出对数正态分布下的二阶矩模式。这些进程都加速了结构可靠度方法的实用化。在结构可靠度研究方面，美国伊利诺大学的洪华生教授(A. H. S. Ang)也有较大的贡献，他通过对各种结构的不定性分析，提出了广义可靠度概率法，1974年他和Cornell合作编写了《结构安全和设计的可靠度基础》一文，对当时的概率设计法作了系统概述。洪华生与邓汉忠(W. H. Tang)合作编写的名为《工程规划和设计中的概率概念》一书，在世界上已广为应用。1974年，哈绍福(Hasofer)和林德提出由失效面到原点的最小可靠度指标(H-L可靠指标)，使得采用对应于同一失效面的失效方程的不同表达式，得到的可靠指标是唯一的。1976年，国际"结构安全度联合委员会"(JCSS)采用德国的拉克维茨(Rackwitz. R)和菲斯莱等提出的通过"当量正态化"的R-F方法(也称为JC法)[112]，解决了随机变量非正态分布情况下的结构可靠度计算问题。近年来，工程可靠性理论和方法又有了长足的发展，如随机有限元法(Stochastic Finite Element Method)。1997年，在日本京都市召开了结构安全性和可靠性国际会议(ICOSSAR'97),奥地利 Innsbruck 大学的 Schueller 作了题为"结构可靠度的研究进展"特邀报告。1997 年年底,"结构安全性"(Struct. Safety)国际期刊的编委们联合撰写了题为"计算随机力学的研究动态"一文,从多个角度综述了计算随机力学的最新进展。在二次二阶矩研究方面,1979 年 Fiessler 首先采用 Taylor 二次展开和曲率拟合二次曲面,对二次二阶矩方法进行了较全面的研究[113]。此后经过 Tvedt[114]、Kiureghian[115]、Cai 和 Elishakoff 的研究,二次二阶矩方法逐渐适用于更广泛的方面。另外,相关文献分别对一次三阶矩和二次四阶矩可靠度方法也进行了研究。1998 年,在上海召开的中美日三国土木与基础工程系统交流大会上,又有多位国际知名专家,如美国南加州大学的 Shinozuka、日本武藏工业大学的星谷胜以及香港科技大学的邓汉忠等学者作了内容广泛的报告。1999 年,在澳大利亚召开了第八届统计概率应用国际会议,该会的主题之一就是探讨将工程可靠性理论及概率分析方法引入设计规范的修改和基于全概率理论进行结构设计的研究。可以看出,最近几年,工程可靠性理论和方法又有了长足的进步。

在我国,结构可靠度问题的研究工作开展较晚。20 世纪 50 年代中期,开始采用苏联提出的极限状态设计法。从那时开始,有关高等院校和科研单位开展了极限状态法的研究和讨论,采用数理统计方法研究荷载、材料强度的概率分布,确定超载系数及材料(钢筋、混凝土)强度匀质系数。60 年代,在工程结构方面,以中国土木工程学会为主,广泛开展过安全度问题研究与讨论。70 年代开始把半经验半概率(水准 I 法)的方法用到六种结构设计的规范中去。

20 世纪 70 年代以来,随着结构可靠性理论在我国的发展,对既有工程结构可靠性鉴定的理论研究和应用方面也取得了一定的进展。至 80 年代,我国已掀起结构可靠度研究和应用的热潮,涌现出一批结构可靠度的理论专著,研究成果被用于许多大型工程。此外,建筑、铁路、公路、水运和水利五大部门还联合编制了《工程结构可靠度设计统一标准》。1992 年,在河海大学召开的"工程结构可靠性全国第三届学术讨论会议"再一次把结构可靠度在国内的研究推向高潮。1994 年,国家技术监督局和建设部联合发布了《水利水电工程结构可靠度设计统一标准》(GB 50199—94)。1995 年,在西安又成功地召开了"工程结构可靠性全国第四届学术讨论会",标志着可靠度研究仍然保持着持续发展的良好势头。2002 年 11 月,在长江科学院成功召开的"工程结构可靠性全国第五届学术讨论会"对近几年的研究是一次很好的总结,其特色在于开始重视可靠度中的适用性的研究和应用。

考虑模糊性的可靠性模型是在 20 世纪 70 年代末才发展起来的。应用模糊数学处理结构可靠性问题开始于 1975 年 A. Kaufmann[116]的工作。当时引入可能性概念来表示元件的可靠度,但他的工作只是一个抽象的想法,缺乏实践基础。Kaufmann 既未能对可能性概念加以系统阐述,也未能给出明确的物理意义。1980 年,C. B. Brown 提出了结构安全测度的概念[117],用模糊集理论来表示结构的可靠度,进而又提出用信息熵来表示可靠度,使得广义可靠度的分析方法得到了发展。B. M. Ayyub[118]对于模糊数学在结构可靠性的应用进行了较为全面的评价。H. Tanaka[119]引入了模糊概率的概念。D. Singer[120]对传统可靠性结构函数进行了模糊化描述。我国学者王光远院士从抗震结构所受荷载(地震荷载)的模糊性和随机性出发,建立了抗震结构的模糊可靠性分析方法。随后,经过十余年的系统研究,以王光远院士为首的课题组辛勤开拓,创立了具有国际先进水平的工程软件设计理论。

在可靠度的优化计算方面,一些学者通过将遗传算法、粒子群算法以及 Matlab 软件应用到水工结构的可靠度分析中,验证了优化算法在水工结构可靠度分析中的有效性和正确性,为可靠度的计算拓展了新的思路。段楠等应用蒙特卡罗法进行了可靠度的模拟计算,并对其中一些关键问题作了有益的探讨[121]。

水工结构工程是可靠性理论应用的一个重要领域,这主要是因为水工建筑物中许多设计量都是随机量。因此,可靠度理论在水工设计中是具有实际意义的。进入 80 年代以来,可靠性理论引入水工结构工程领域,河海大学在这方面作了很多工作,其研究的成果已成功地应用于李家峡、二滩、三峡、小湾等大型水利工程的可靠度校核中。但可靠度理论在水工结构中的运用尚不够成熟,仍存在较大争议,需作进一步的研究。

1.2.4 结构的不确定性问题

早在 1836 年,詹姆斯·穆勒就明确提出了"不确定性"的概念,但是直到 1933 年苏联的数学家科尔莫哥洛夫在《概率论的基本概念》中首次提出并建立了在测度论基础上的概率论与公理化方法时,作为第一种不确定性的随机性问题才真正被人们所重视。20 世纪 50 年代末,Moore 提出了区间算法的概念[122],之后逐渐发展形成了区间分析方法。1965 年,美国控制论专家扎德创立了模糊集合论[123],给出了模糊信息的概念,发展了不确定性问题的研究领域。我国华中科技大学的邓聚龙教授于 1982 年创立了灰色系统理论[124],并建立了灰色集合,形成了灰色数学。我国学者赵克勤于 1989 年提出了集对分析理论[125],将确定不确定看作一个系统,用联系数来描述事物的"同一性""差异性"和"对立性"相互联系、相互影响、相互制约,在一定条件下能相互转化,从而把不确定性的辩证认识转化成一个具体的数学工具。1990 年,我国的王光远院士提出了未确知信息,产生了未确知数学。1991 年,王清印等建立了泛灰集,尝试通过它来包含各种类型的不确定性信息。这些研究不确定性问题的各种理论方法在各个领域中得到越来越广泛的应用。

在结构计算方面,自 20 世纪 70 年代开始,Cambou、Handa 等从多个角度将随机理论与有限元结合起来,开创了随机有限元分析方法[126, 127]。国内随机有限元的研究起步相对较晚,但发展较快,吴世伟、刘宁等也分别从不同的角度对随机有限元法的研究现状进行了总结[128, 129]。1979 年,Gawronski 将模糊数学的隶属函数引入求解域的积分中[130],首次提出模糊有限元概念。郭书祥、吕震宙等提出了将区间模型和传统的有限元方法相结合[131],建立起不确定结构的一种静力区间有限元解法。刘寒冰等考虑了材料参数的不确定性,对水工结构进行了不确定的随机边界元法分析[132]。

在大坝系统风险分析研究方面,Yen. B. C. 在详尽分析涵洞排水量不确定性、雨强不确定性和设计流量不确定性的基础上,研究了如何建立风险 - 安全系数关系[133 - 135];Tung Y. K. 建立了动态和静态两种风险模型,主要考虑水文和水流不确定性,对水工设计中的风险进行了研究[136];Loucks D. P. 和 Stedinger J. R. 等通过分析来水量和防洪库容之间的关系[137]，得出了在一定防洪库容下不同来水洪量可能造成的损失；Tung Y. K. 详细研究了基于风险的水工结构优化设计中水文的不确定性、参数的不确定性以及水力的不确定性。肖焕雄、孙志禹综合考虑了大坝施工中基坑淹没次数和每次淹没损失两方面的随机性[138]，首次提出了费用风险率的概念，建立了两重随机有偿服务系统的风险率计算模型，并用切尔诺夫定理进行计算，使得该模型具有较大的实用性；姜树海对大坝防洪安全的评估和校核进行了研究[139]，在阐述大坝防洪系统随机不确定性和模糊不确定性的基础上，建立了漫坝失事的随机模糊风险分析模型，并采用事故树方法，按逐层顺序讨论了漫坝失事事故的形成，定量给出了相应的漫坝失事风险率；周宜红和肖焕雄分析了三峡工程大江截流施工过程中水文、水力等的不确定性因素，计算了其动态风险率，并提出了相应的风险控制措施[140]；王卓甫在计算施工导流风险时，考虑了水文的不确定性，提出了用 Mote - Carlo 法计算施工导流风险的步骤和用简化近似法计算施工导流风险的公式[141]。

在其他方面，王建群对水利建设项目不确定性经济评价方法进行了研究[142]。何鲜峰等将不确定理论引用到大坝安全监测系统中[143]，对大坝安全监测不确定信息分析系统框架进行了探讨。张婕等将不确定分析方法应用到水利工程投资的决策支持中[144]。戈龙仔等用不确定理论对闸门开度示值误差测量结果进行了评定[145]。金永强和何鲜峰对溃坝故障树中节点发生概率取值的不确定性进行了研究[146, 147]。

1.2.5 大坝安全评估模型

尽管风险分析有着不少的优点，但在早期的大坝工程应用中仍遇到不少麻烦[51]。转机出现在 1976 年，当美国 Teton 坝溃坝事件发生后，大坝安全工程师们认识到进行风险分析的必要性并被推荐执行。为此，不少专家学者在风险分析指南和分析流程方面进行了很多努力。Bowles、Anderson & Glover(1978)对现役大坝提出了一种综合评估方法[148]，另有文献提出了一些风险分析的简化流程并在大坝工程中得以应用[149 - 151]。美国垦务局(USBR)在 1983 年提出了大坝安全检测、评价方案综合指南[30]。在处理大坝基础恶化、溢洪道泄洪能力不足和混凝土老化、劣化方面也出现了各种模型和方法。1989 年，USBR 的大坝安全计划讨论决定对大坝安全、大坝失事、洪水泛滥进行以及大坝安全对生命威胁的评估进行研究[31]。Stedinger & Heath & Nagarwalla(1989)应用事件树法来进行大坝安全分析[152]，事件树用于描述许多可能引起大型洪水的随机因素、水库管理和可能的溃坝事故。这种方法可以评估大坝失效以及伴随的生命财产损失的可能性。在溃坝风险分析方面，D. S. Bowles[148] 和 M. A. 福斯特[153] 分别探讨了溃坝风险分析时的最大洪水和库水位取值问题。Bowles、Anderson & Glover 在 1996 年编制了一种相容框架[154]，用于拓展和解释对失效概率的评价。他们提出了一种利用事件树进行风险分析的方法，用于大坝风险的定量分析。Tompson & Stedinger & Heath(1997)讨论了用于大坝安全分析的事件树法、简单蒙特卡罗抽样法、Latin 超立方抽样法、重要性抽样法以及分解/层次蒙特卡罗法等不同方法的有效性[158]。基于 Bowles(1989)提出的分析框架和事件树分析原则[155]，Chauhan(1999)提出了使用微软的 Excel 和 Visual Basic Application(VBA)发展的一种用于计算大坝风险分析的计算模型[156]，利用该模型计算得到了大坝的风险水平，并和风险指南中的可容忍风险进行了对比。Sanjay Singh Chauhan(1999)和 Jong - Seok Lee(2002)则对大坝风险评价中的溃坝洪水分析模型、损失评估模型以及风险评价模型中的不确定性进行了探讨,提出了模型分析时一些不确定参数的分布假定[156, 157]。

1.2.6 大坝风险决策

风险决策方法已经得到国外很多机构的重视,研发了一些方法,并在部分工程中得到应用。Bohnenblust & Vanmarcke(1982)利用决策概念分析了各种修补手段资金投入的优先性问题。美国在役大坝安全委员会(The Committee on the Safety of Existing Dams)在1983 年根据漫坝和结构失效评分进一步讨论了基于风险决策分析和相关风险指数的概念。Parrett(1987)提出了基于风险分析方法的垦务局规则,用于选择和决策与大坝安全相关的行动。为了给美国联邦机构使用基于风险的优先级排序方法时提供法规依据,美国总统办公室于1993 年9 月30 日发布了12866 号"监管规划和审查" 问题条例,1996 年1 月 11 日由管理和预算办公室(OMB)发布了另一个伴随文件"执行 12866 条令的联邦经济分析条令"。执行条令和 OMB 的落实文件鼓励发展基于风险的指南以及投资优化决策方法。在 OMB 的鼓励下,联邦机构制定了一个指南用作风险决策工具。美国运输部联邦航空署和能源部进一步发展了该指南,并用于工程投资分析[158]。美国工程兵团也认识到大型工程的修复项目是一种降低后期运行、紧急维修和损失费用的投资行为,因此制定了一种基于经济决定的框架。在此期间,相关机构和个人先后开发了 PAR 方法[159 - 164]、RBPS 方法[158]和条件索引法等方法[165 - 168]。

1.3 当前大坝风险研究存在的问题

综上所述,我国在大坝安全技术领域落后发达国家一二十年,还处于风险管理的初级阶段,当前工程技术人员对大坝风险概念的认识还没有统一,相当一部分人的研究还局限于结构失效和工程失事概率的狭义风险中;在广义风险的研究中风险分析体系和分析导则尚没有建立。虽然近几年通过国际交流和合作引进了大坝风险技术,但在风险分析方法和技术中仍有很多问题有待解决。

(1)大坝失事模式和失事路径由于受坝型、坝址地质条件和外部荷载的综合作用,存在很多不确定性。作为大坝风险分析的基础,能否正确识别失效模式和失事路径直接影响到风险分析结果的正确性。目前,国内对大坝失效模式和失事路径识别技术的研究还很少,缺乏系统的理论支持,因此有必要对此开展深入研究。

(2)大坝风险包含的内容、风险损失的度量方式、风险估计方法和风险标准是风险分析中的几个主要问题,国内对上述问题的研究刚刚起步,尚需深入研究。此外,风险标准的高低不仅影响到水库大坝的正常运行,对下游地区的安全也会产生深远的影响。风险标准的制定需要了解整个系统中的风险,这一系统不仅限于大坝本身,还可能包括下游地区、整个省,甚至邻近国家。较低的风险标准虽然可以节省维修加固资金,但会增加下游地区的损失风险;而过高的风险标准又会造成维护、加固和管理成本的飚升。对我国这样一个东西部地区经济、人口、文化发展极不平衡的国家来说,有必要对分区风险标准进行研究。

(3)大坝风险分析是一个复杂过程,涉及人员组织、评价程序拟定、现场考察、资料收集、溃坝模拟、溃坝概率和溃坝损失分析、风险评价等诸多环节。完善的风险分析流程不仅要保证风险评价工作得以顺利开展,还应能够提供翔实可靠的分析依据和结论。国外开展大坝风险分析的国家大都根据其国内法规制定了相应的风险分析体系。我国在大坝风险分析领域起步不久,在这方面还缺乏经验,相关分析、评价体系流程都不健全,有待深入研究。

(4)在实践中,大坝风险工作任务艰巨,设计专业较多,如果能在风险分析理论基础上开发一种风险分析系统,将大幅减少人工处理的工作量,同时在分析的精度和效率上也会有质的飞跃。此外,大坝运行管理部门也可以根据需要,用大坝风险评价系统开展一些相对简单的自我评估,或对拟开展的工程和非工程实施方案进行比较,有助于及时发现潜在的问题,提高大坝管理水平。因此,有必要对大坝风险评价系统进行研究。

第2章　失事规律和模式识别

2.1　概　述

由于大坝工作条件的复杂性，任何不利荷载或运行方式都可能导致大坝从最薄弱的环节开始出现异常，并在未加干预或干预失败的情况下进一步加速恶化，最终发展为难以控制的局面，导致大坝失事。这一过程可能是几秒钟、几分钟，也可能是几小时、几天、几周或数月，这就涉及大坝失事模式和失事路径的问题。由于不同坝型的筑坝材料和工作机理存在差异，因此不同的坝型有着不同的失事模式和失事路径。对一座大坝而言，通过对其失事模式和失事路径的分析，可以更深入地认识该大坝的工作状态，发现其中存在的潜在问题，并通过失事模式和失事路径的分析，结合其他方法估计出大坝的失效概率，为大坝风险估计提供保障。

本章针对大坝失事问题，提出了基于贴近函数和投影追踪的大坝失事模式分析方法和基于归纳的分析方法，并对土石坝、混凝土重力坝、拱坝等坝型失事原因和失事机理进行了分析；在此基础上，建立了上述坝型的主要失事模式以及不同失事模式下的失事路径；提出了包括传统大坝安全评价方法在内的大坝失事路径识别技术、失事概率的确定方法。

2.2　失事规律和失事路径分析

2.2.1　失事规律和失事模式分析

大坝失事模式分析是失效路径分析的基础，不同坝型的失事模式和失效路径既有联系又有区别，具有各自的特点。同一类坝型或不同类坝型在相似运行条件下发生类似失事模式时，相互间在一些指标上具有一定的相关性，如土石坝的渗透、管涌与流土等破坏，不同坝型在防洪能力不足的情况下都可能发生漫顶模式等。如果能充分利用目前已经掌握的国内外大坝失事资料，合理选择识别参数，对不同坝型的失事模式进行识别，将对大坝失事模式分析提供有利条件。而模式识别技术则可以较好地解决上述问题，鉴于大坝失事资料的获取难度较大，在掌握失事资料有限的情况下，可结合坝工理论进行分析识别。基于上述考虑，本文提出了以下几种大坝失事模式分析方法。

2.2.1.1　基于贴近度的识别方法

1.基本原理

模式识别方法是通过计算待识别对象与标准模式之间的贴近度来确定识别对象属于哪一类标准模式，因此选择合适的贴近函数是模式识别成功的重要因素之一。贴近函数不是某一固定的函数,满足下述定义的函数原则上都可作为贴近函数。

定义:对任意模糊集 $A,B,C \in F(X)$,$X \neq \varphi$,$\xi \subseteq F(X)$,贴近函数 $N: \xi \times \xi \to [0,1]$ 应满足下列条件:

(1)若 $A \neq \varphi$, 则 $N(A,A) = 1$;

(2)若 $A \cap B = \varphi$,则 $N(B,A) = N(A,B) = 0$;

(3)若 $C \subseteq B \subseteq A$, 则 $N(A,C) \leqslant N(A,B)$ 。有时,N 还应满足 $N(B,A) = N(A,B)$ 。

一般可采用以下几种贴近度函数[169]:

(1)设 $X \neq \varphi$,$\xi \subseteq F(X)$,且 ξ 是 X 上的正规模糊集的全体。$N_1,N_2:\xi \times \xi \to [0,1]$,对任意模糊集 $A,B \in F(X)$,令:

$$N_1(B,A) = \bigvee_{x \in X}(\mu_B(x) \wedge \mu_A(x)) \tag{2-1}$$

$$N_2(B,A) = \bigvee_{x \in X}(\mu_B(x) \top \mu_A(x)) \tag{2-2}$$

式中:$\top$是[0,1]上的 t-模;$\wedge$, $\vee$ 是取小、取大运算。

(2)设 $X \neq \varphi$, $\xi \subseteq F(X) - \{\varphi\}$, $N_3,N_4:\xi \times \xi \to [0,1]$,对任意模糊集 $A,B \in F(X)$, 令:

$$N_3(B,A) = \frac{N_1(B,A)}{N_1(A,A)} \tag{2-3}$$

$$N_4(B,A) = \frac{N_2(B,A)}{N_1(A,A)} \tag{2-4}$$

(3)设 $X = \{x_1,x_2,\cdots,x_n\}$ 是有限集,$\xi \subseteq F(X) - \{\varphi\}$, $N_5,N_6,N_7:\xi \times \xi \to [0,1]$,令:

$$N_5(B,A) = \frac{\sum_{i=1}^{n}(\mu_A(x_i) \wedge \mu_B(x_i))}{\sum_{i=1}^{n}\mu_A(x_i)} \tag{2-5}$$

$$N_6(B,A) = \frac{\sum_{i=1}^{n}(\mu_A(x_i) \wedge \mu_B(x_i))}{\sum_{i=1}^{n}(\mu_A(x_i) \vee \mu_B(x_i))} \tag{2-6}$$

$$N_7(B,A) = \frac{\sum_{i=1}^{n}(\mu_A(x_i) \wedge \mu_B(x_i))}{\frac{1}{2}\sum_{i=1}^{n}(\mu_A(x_i) + \mu_B(x_i))} \tag{2-7}$$

根据分类指标对大坝失事资料进行聚类分析是进行失事模式分析的前提,分类依据的指标包括大坝设计参数、防洪能力、运行管理情况等多种因素。利用这些因素对失事进行归类,首先应对其进行量化,对自身是数值化的指标用其相应指标值作为量化值,对自身不是量化值的指标采用专家打分法量化。量化后的指标采用向量表示,如要对 n 个样本大坝进行归类,并用 m 项指标进行描述,则样本向量可记为 $u_i = (u_{i1},u_{i2},\cdots,u_{im})$ $(i = 1,2,\cdots,n)$ 。为了便于归类时进行数据处理,还须对各指标进行必要的标准化操作:

(1)指标值标准化:

$$u'_{ik} = \frac{u_{ik} - \bar{u}_k}{S_k} \tag{2-8}$$

式中：$\bar{u}_k$ 、S_k 分别为各指标原始数据的均值和标准差。

（2）指标极值标准化在[0,1]区间之内：

$$u''_{ik} = \frac{u'_{ik} - u'_{\min k}}{u'_{\max k} - u'_{\min k}} \tag{2-9}$$

进行聚类分析的模糊相似矩阵 R 中各因素之间的相似系数 r_{ij} 可用专家打分法或距离法计算。根据建立的模糊相似关系矩阵，求其传递闭包 $t(R)$ 可得到 R 的模糊等价关系矩阵 R^*，根据等价矩阵中反映的各样本间的等价关系，利用选定的阈值 λ 可以得到样本大坝不同失事模式的分类情况。

根据样本的标准分类模式对待评估大坝进行失事模式识别时，利用选定的模式函数分别计算待分析大坝各因素与各个标准模式的模式中心的贴近度，最后进行综合评估。综合评估可用以下两种方法：

（1）若

$$\bigwedge_{j=1}^{m} N(B_j, A_{kj}) = \bigvee_{i=1}^{4}\left(\bigwedge_{j=1}^{m} N(B_j, A_{ij})\right) \tag{2-10}$$

则判定待评大坝属于第 k 类模式。

式中：m 为评估因素的个数；B_j 为待评大坝的第 j 个因素；A_{ij} 为第 i 个标准模式的第 j 个因素的模糊集。

（2）给定权向量 $W = (w_1, w_2, \cdots, w_n)^{\mathrm{T}}$，其中 $w_j \geq 0$，$\sum_{j=1}^{m} w_j = 1$，若

$$\sum_{j=1}^{m} w_j N(B_j, A_{kj}) = \bigvee_{i=1}^{4}\left(\sum_{j=1}^{m} w_j N(B_j, A_{kj})\right) \tag{2-11}$$

且 $\sum_{j=1}^{m} w_j N(B_j, A_{kj}) \geq \lambda_0$（$\lambda_0$ 为所取阈值），则判定待评大坝属于第 k 类失效模式。

2. 聚类分析

开展模式识别的前提是已经得到所要识别对象可能存在的标准模式划分，而要完成模式划分必须先进行聚类分析。聚类的实质就是将事物按其某种属性进行分类。聚类分析的具体步骤如下。

1）原始数据处理

作为事物分类依据的属性可以是外在几何尺寸、物理、化学特性等，也可以是其内在功能。为了能够充分利用这些属性对事物进行归类，需要将这些属性量化，使其成为量化指标。例如对大坝枢纽工程中常见的水闸系统进行评价时，层次分析模型中的影响因素评分值一般要用若干项指标来描述，这些指标可用一向量表示[169]，如要对 $u_1, u_2, \cdots, u_n$ 个样本水闸进行归类，并用 m 项指标进行描述，则样本向量可记为 $u_i = (u_{i1}, u_{i2}, \cdots, u_{im})$ $(i = 1,2,\cdots,n)$。为了便于归类时进行数据处理，还要先对各指标进行标准化，具体过程如下：

（1）计算各指标原始数据的平均值。

$$\bar{u}_k = \frac{1}{n}(u_{1k} + u_{2k} + \cdots + u_{nk}) \quad (k = 1,2,\cdots,m) \tag{2-12}$$

(2)求各指标原始数据的标准差。

$$S_k = \sqrt{\frac{1}{n}\sum_{i=1}^{n}(u_{ik} - \bar{u}_k)} \quad (k = 1,2,\cdots,m) \tag{2-13}$$

(3)指标值标准化,利用式(2-8)。

(4)指标极值标准化在[0,1]区间之内,利用式(2-9)。

2)建立模糊相似矩阵

在完成原始数据的预处理后,要想完成聚类工作,还须建立起模糊相似矩阵$\underset{\sim}{R}$,其一般形式为

$$\underset{\sim}{R} = \begin{bmatrix} r_{11} & r_{12} & \cdots & r_{1n} \\ r_{21} & r_{22} & \cdots & r_{2n} \\ \vdots & \vdots & & \vdots \\ r_{n1} & r_{n2} & \cdots & r_{nn} \end{bmatrix} \quad (i = 1,2,\cdots,n;j = 1,2,\cdots,n) \tag{2-14}$$

式中,r_{ij} 计算方法较多,可用下列公式计算[170]。为便于书写,下列公式中将极值标准化后的指标 u''_{ik} 仍记为 u_{ik}。

(1)最大最小法:

$$r_{ij} = \frac{\sum_{k=1}^{m}\min(u_{ik},u_{jk})}{\sum_{k=1}^{m}\max(u_{ik},u_{jk})} \quad (i,j \leqslant n) \tag{2-15}$$

(2)算术平均法:

$$r_{ij} = \frac{\sum_{k=1}^{m}\min(u_{ik},u_{jk})}{\frac{1}{2}\sum_{k=1}^{m}(u_{ik} + u_{jk})} \quad (i,j \leqslant n) \tag{2-16}$$

(3)几何平均最小法:

$$r_{ij} = \frac{\sum_{k=1}^{m}\min(u_{ik},u_{jk})}{\sum_{k=1}^{m}\sqrt{u_{ik} \cdot u_{jk}}} \quad (i,j \leqslant n) \tag{2-17}$$

(4)相关系数法:

$$r_{ij} = \frac{\sum_{k=1}^{m}(u_{ik} - \bar{u}_i)(u_{jk} - \bar{u}_j)}{\sqrt{\sum_{k=1}^{m}(u_{ik} - \bar{u}_i)^2}\sqrt{\sum_{k=1}^{m}(u_{jk} - \bar{u}_j)^2}} \quad (i,j \leqslant n) \tag{2-18}$$

其中 $\bar{u}_i = \frac{1}{m}\sum_{k=1}^{m}u_{ik}$,$\bar{u}_j = \frac{1}{m}\sum_{k=1}^{m}u_{jk}$。

(5)夹角余弦法:

$$r_{ij} = \frac{\sum_{k=1}^{m} u_{ik} \cdot u_{jk}}{\sqrt{\sum_{k=1}^{m} u_{ik}^2 \cdot \sum_{k=1}^{m} u_{jk}^2}} \quad (i,j \leqslant n) \tag{2-19}$$

(6)指数相似系数法:

$$r_{ij} = \frac{1}{m}\sum_{k=1}^{m} \mathrm{e}^{-\frac{3}{4}\frac{(u_{ik}-u_{jk})^2}{S_k^2}} \quad (i,j \leqslant n) \tag{2-20}$$

其中

$$S_k = \sqrt{\frac{1}{n}\sum_{i=1}^{n}(u_{ik} - \bar{u}_k)^2} \quad (k = 1,2,\cdots,m)$$

$$\bar{u}_k = \frac{1}{n}\sum_{i=1}^{n} u_{ik} \quad (k = 1,2,\cdots,m)$$

(7)距离法:

$$r_{ij} = \begin{cases} 1 & i = j \\ \sqrt{\frac{1}{m}\sum_{k=1}^{m}(u_{ik} - u_{jk})^2} & i \neq j \end{cases} \tag{2-21}$$

(8)绝对值指数法:

$$r_{ij} = \mathrm{e}^{-\sum_{k=1}^{m}|u_{ik}-u_{jk}|} \tag{2-22}$$

(9)专家打分法:

根据专家或有经验的工程人员打分,经统计平均,最后归为[0,1]上的数。类似的建立相似关系矩阵的方法还有很多,使用时具体选用哪种方法为好尚无定论,实际应用时,可酌情选用。

3)聚类分析

根据建立的模糊相似关系矩阵,求其传递闭包 $t(\underset{\sim}{R})$ 可得到 $\underset{\sim}{R}$ 的模糊等价关系矩阵 $\underset{\sim}{R}^{+}$,根据等价矩阵中反映的各样本间的等价关系,根据选定的阈值 λ 可以判断哪些样本可归为一类。

3. 举例

作为应用举例,这里以文献提出的层次结构模型为例[171],分析其三个一级评价指标(即安全性 v_1 、适用性 v_2 、耐久性 v_3)构成聚类因素集。根据已得到 15 座水闸的检测资料,首先利用聚类方法将其分类,然后对一待评水闸进行模式识别。已评水闸和待评水闸的具体指标如表 2-1 所示。

表 2-1　水闸概况

水闸编号	聚类指标			评估等级	说明
	v_1	v_2	v_3		
1	0.45	0.53	0.48	D	已知水闸资料
2	0.64	0.65	0.66	C	
3	0.76	0.79	0.78	B	

续表 2-1

水闸编号	聚类指标			评估等级	说明
	v_1	v_2	v_3		
4	0.53	0.52	0.51	D	已知水闸资料
5	0.93	0.91	0.95	A	
6	0.77	0.81	0.79	B	
7	0.69	0.63	0.68	C	
8	0.93	0.95	0.90	A	
9	0.75	0.77	0.79	B	
10	0.65	0.70	0.66	C	
11	0.79	0.80	0.75	B	
12	0.91	0.92	0.89	A	
13	0.49	0.50	0.52	D	
14	0.92	0.94	0.93	A	
15	0.52	0.51	0.54	D	
16	0.63	0.52	0.68	C	待评水闸

经标准化后利用最大最小法，并取阈值 $\lambda_0 = 0.9$ 经计算后建立的模糊矩阵为（因该矩阵为对称阵，故仅给出了下三角值）

$$
R = \begin{bmatrix}
1 & & & & & & & & & & & & & & \\
0 & 1 & & & & & & & & & & & & & \\
0 & 0 & 1 & & & & & & & & & & & & \\
1 & 0 & 0 & 1 & & & & & & & & & & & \\
0 & 0 & 0 & 0 & 1 & & & & & & & & & & \\
0 & 0 & 1 & 0 & 0 & 1 & & & & & & & & & \\
0 & 1 & 0 & 0 & 0 & 0 & 1 & & & & & & & & \\
0 & 0 & 0 & 0 & 1 & 0 & 0 & 1 & & & & & & & \\
0 & 0 & 1 & 0 & 0 & 1 & 0 & 0 & 1 & & & & & & \\
0 & 1 & 0 & 0 & 0 & 0 & 1 & 0 & 0 & 1 & & & & & \\
0 & 0 & 1 & 0 & 0 & 1 & 0 & 0 & 1 & 0 & 1 & & & & \\
0 & 0 & 0 & 0 & 1 & 0 & 0 & 1 & 0 & 0 & 0 & 1 & & & \\
1 & 0 & 0 & 1 & 0 & 0 & 0 & 0 & 0 & 0 & 0 & 0 & 1 & & \\
0 & 0 & 0 & 0 & 1 & 0 & 0 & 1 & 0 & 0 & 0 & 1 & 0 & 1 & \\
1 & 0 & 0 & 1 & 0 & 0 & 0 & 0 & 0 & 0 & 0 & 0 & 1 & 0 & 1
\end{bmatrix}
$$

从上面的模糊矩阵可以发现，它已经把已知水闸进行了正确分类，即将给定水闸划分为四类，即（1、4、13、15），（2、7、10），（3、6、9、11），（5、8、12、14），根据每组指标特征将其分别归为 D、C、B、A 四类级别，对应的聚类中心分别为(0.50、0.52、0.51)，(0.66、0.66、0.67)，(0.77、0.79、0.78)，(0.92、0.93、0.91)。待评水闸与各组聚类中心的贴近度计算结果见表2-2。根据表中数据可以发现，如果选用 N_6、N_7 做本次计算的贴近函数，并取阈值 $\lambda_0 = 0.9$，根据择近原则认为待评水闸的可靠性分类为C类。但若选用不同的贴近函数，所得结果有时会有较大的差异，这也说明在应用中应根据不同问题选用合适的贴近函数。

表2-2 待评水闸与各模式中心的贴近度

贴近函数	模式			
	A	B	C	D
N_1	0.68	0.68	0.67	0.52
N_2	0.62	0.53	0.46	0.35
N_3	0.73	0.86	1.00	1.00
N_4	0.67	0.67	0.69	0.67
N_5	0.66	0.78	0.91	1.00
N_6	0.66	0.78	0.91	0.84
N_7	0.80	0.88	0.95	0.91

2.2.1.2 基于投影寻踪的主要溃坝模式识别[147]

1. 投影寻踪聚类方法

投影寻踪的思想是将高维数据通过某种组合投影到低维(1~3维)子空间上，通过极化某个投影指标，寻找出能反映原高维数据结构或特征的投影，在低维空间上对数据结构进行分析，以达到研究和分析高维数据的目的。在大坝溃坝模式分析中，可采用投影寻踪方法将含有 n 个大坝、p 个影响因素的样本指标集 $x_{ij}(i = 1,2,\cdots,n;j = 1,2,\cdots,p)$ 综合成投影方向 $a = \{a(1),a(2),\cdots,a(p)\}$ 上的1维投影值序列 $\{z(i)\mid i = 1,2,\cdots,n\}$，通过分析投影指标 $Q(a)$ 来对各个大坝的溃坝模式进行聚类分析。

2. 大坝主要溃坝模式的投影寻踪聚类识别

大坝溃坝模式投影寻踪识别的主要建模步骤如下：

(1)对大坝溃坝影响因素进行归一化处理。设有 n 个大坝溃坝的实例，p 个影响因素的样本集 $\{x^*(i,j)\mid i = 1,2,\cdots,n;j = 1,2,\cdots,p\}$，对于各个指标，可以采用下式进行极值归一化处理。

对于越大越优的指标：

$$x(i,j) = \frac{x^*(i,j) - x_{\min}(j)}{x_{\max}(j) - x_{\min}(j)} \tag{2-23}$$

对于越小越优的指标：

$$x(i,j) = \frac{x_{\max}(j) - x^*(i,j)}{x_{\max}(j) - x_{\min}(j)} \tag{2-24}$$

式中：$x_{\max}(j)$、$x_{\min}(j)$ 分别为各个大坝关于第 j 个影响因素的最大值、最小值；$x(i,j)$ 为

归一化后的第 i 个大坝、第 j 个影响因素的评价指标值。

(2)构造投影指标函数。对于任意投影方向 $a = \{a(1),a(2),\cdots,a(p)\}$，可以计算评价指标 $x(i,j)$ 在该方向的投影值序列 $\{z(i)\mid i = 1,2,\cdots,n\}$。

$$z(i) = \sum_{j=1}^{P} a(j) \times x(i,j) \tag{2-25}$$

聚类分析要求局部点尽可能密集，最好聚成若干个点团，而在整体上，各点团之间尽可能散开，因此可以采用以下函数作为投影指标：

$$\left.\begin{aligned} Q(a) &= S_z \times D_z \\ S_z &= \sqrt{\frac{\sum_{i=1}^{n}(z(i) - E(z))^2}{(n-1)}} \\ D_z &= \sum_{i=1}^{n}\sum_{j=1}^{n}(R - r(i,j)) \times u(R - r(i,j)) \end{aligned}\right\} \tag{2-26}$$

式中：$E(z)$ 为投影值序列 $\{z(i)\mid i = 1,2,\cdots,n\}$ 的平均值；S_z 为投影值序列 $z(i)$ 的标准差；R 为局部密度的窗口半径，一般可取为 $0.1\,S_z$；$r(i,j)$ 表示样本投影值之间的距离，$r(i,j) = |z(i) - z(j)|$；$u(t)$ 为函数，当 $t \geqslant 0$ 时取为 1，反之取为 0；D_z 为投影值序列 $z(i)$ 的局部密度。

(3)优化投影指标函数。当样本集给定时，投影指标函数随着投影方向的改变而改变，不同的投影方向反映不同的数据结构特征，最佳投影方向可以最大程度上反映大坝的安全性态特征。因此，可以通过求解投影指标函数的最大值来估计最佳投影方向，最终归结为以下最优化问题：

$$\left.\begin{aligned} &\text{Max}: Q(a) = S_z \times D_z \\ &\text{s.t.} \sum_{j=1}^{p} a^2(j) = 1 \end{aligned}\right\} \tag{2-27}$$

这是一个以投影方向 $\{a(j)\mid j = 1,2,\cdots,p\}$ 为优化变量的复杂非线性优化问题，为了快速搜寻最佳投影方向，可采用优化算法进行编程求解。

(4)分类(优序排列)。将上一步求得的最佳投影方向代入式(2-25)中计算各实例评价指标的投影值。比较各个大坝的投影值大小，可以得出大坝溃坝模式聚类结果。该方法的具体流程参见图 2-1。

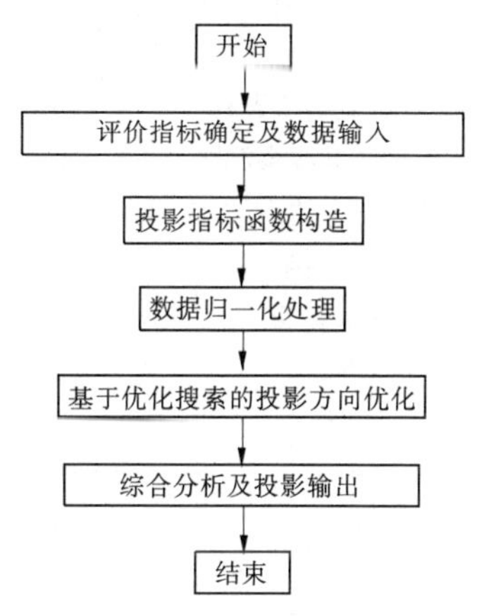

图 2-1　投影寻踪聚类流程

2.2.1.3　基于归纳的分析法

1. 国外大坝失事规律分析

对英国 1800～1984 年近 200 年间失事的 100 座土坝失事原因的统计表明：失事主要原因是坝内冲刷，约占失事的 55%，24% 为外部冲刷(如漫顶)，另有 14% 为剪应力(滑动与滑坡)，7% 为其他因素；失事的坝中 19% 刚开始运行就失事，另 81% 是在运行过程中失事；

失事大坝中25%是坝体达到极限状态而失事。

原西德大坝委员会主席汉斯·勃兰特(Hans Blind)教授在1982年收集了约600座大坝的失事事件,考虑到第二次世界大战前后坝工技术上的差别,整理结果如表2-3所示[172]。统计结果表明:无论是老坝还是新坝,大坝失事的主要原因都是防洪标能力不足导致的漫顶、溢洪道冲毁以及坝基或坝体渗漏破坏,上述几种原因新老坝所占比例差别不大;此外,库岸和边坡坍塌是大坝失事的另一个比较重要的原因,但新坝因此失事的比例明显下降,约为老坝的一半。表2-4~表2-6为20世纪70~90年代初国外30 m以下大坝的失事情况统计表[173],从表中可以看到,失事数量最多的是土石坝,混凝土坝和砌石坝数量很少;失事的主要原因是洪水漫顶和内部侵蚀。

表2-3 国外大坝失事统计表

坝型	坝数	失事坝数	每年坝失事数($\times10^{-4}$)
混凝土坝和砌石坝	5 500	2	0.142
土石坝坝高大于30 m	3 000	10	1.42
坝高小于30 m且库容大于10 km^3	2 000	17	3.33
坝高15~30 m且库容小于10 km^3	6 000	7	0.5
土石坝总计	11 000	34	0.1

表2-4 1970年以来国外高度低于30 m运行中失事的混凝土坝和砌石坝

坝名	国名	失事日期	建造日期	坝高(m)	坝长(m)	库容(km^3)	坝型
Chikahole	印度	1972	1966	30	670	11	重力坝
Leguaseca	西班牙	1987	1958	20	70	11	砌石坝

表2-5 国外部分坝型的大坝失事原因分析

失事原因	1945年以前的老坝		1945年以后的新坝		所有的坝	
	失事次数	比例(%)	失事次数	比例(%)	失事次数	比例(%)
漫顶或溢洪道毁坏	86	36.91	25	32.89	111	35.92
坝基出事或渗漏	77	33.05	27	35.53	104	33.68
库岸或边坡滑坡	24	10.30	4	5.26	28	9.06
施工缺陷	6	2.58	0		6	1.94
坝体裂缝	4	1.72	5	6.58	9	2.91
战争破坏	5	2.15	0		5	1.62
计算错误	3	1.29	1	1.32	4	1.29
地震	0	0	0	0	0	0
其他	28	12.02	14	18.42	42	13.59
合计	233	100	76	100	309	100

表 2-6　1970 年以来国外高度低于 30 m 运行中失事的土石坝

坝名称	国名	失事日期	建造日期	坝高(m)	坝长(m)	库容(km³)	原因
Lake Barcroft	美国	1972	1913	21	62	3	漫顶
Whitewater Brook	美国	1972	1949	19	137	15	漫顶
Caulk Lake	美国	1973	1950	20	134	17	漫顶
Wheatland	美国	1973	1960	13	2 000	11	内部侵蚀
LowerIdaho	美国	1976	1914	15	275	0	漫顶
ElSalto	玻利维亚	1976		15	30	15	内部侵蚀
Bolan	巴基斯坦	1976	1960	19	530	89	漫顶
Dharibara	印度	1976	1975	20	61		
LaPaz	墨西哥	1976		10	1 600		漫顶
Machu	印度	1979	1972	26	3 900	101	漫顶
Gotwan	伊朗	1980	1977	22	710		漫顶
HindsLake	加拿大	1982	1980	12	5 200	7 500	内部侵蚀
Dibbis	伊拉克	1984	1966	17	650	50	漫顶
Nopplkovski	瑞典	1985	1967	19	175	17	漫顶
Embalse LoOvale	智利	1985	1932	12	1 500	13	地震
Lliu2Lliu	智利	1985	1934	20	550	3	地震
SantaHelena	巴西	1985	1979	25	250	250	
Kantale	斯里兰卡	1986	1989	27	2 500	135	内部侵蚀
QuailCreek	美国	1988	1984	24	610	50	内部侵蚀
Spitskop	南非	1988	1975	17	760	61	漫顶
Bagaudo	尼日利亚	1988	1970	20	2 100	22	漫顶
TierportDam	南非	1988	1923	20	116	33	漫顶
Mitti	印度	1988	1982	17	900	19	漫顶
Belci	罗马尼亚	1991	1982	18	420	12	漫顶

苏联对 700 座不同坝型的失事原因分析表明,坝基和岸坡连接处发生渗漏占 16%,坝基不稳定占 15%,溢洪道泄洪能力不足导致漫顶占 12%,坝体渗漏破坏占 11%,生物侵害占 9%,温度或收缩裂缝占 6%,地震占 6%,初次拦蓄或突然降低水位占 5%,冻融破坏占 4%,运行不当占 4%,波浪侵蚀占 2%,其他占 11%。

美国在 20 世纪 90 年代末对美国西部各坝型的失事情况以及全国大坝部分大坝的失

事原因进行了统计(见表2-7、表2-8)。统计结果表明,在美国堆石坝的事故率和溃坝率均相对较高,分别达每年18.612×10^{-4}和22.600×10^{-4},其年均事故率约为重力坝的12倍、土坝的5倍、拱坝的2倍,年均溃坝率约为土坝的8倍、重力坝的7.5倍、拱坝的5倍。在各种溃坝方式中,由漫顶和管涌引起的溃坝率较高,分别为15.7%和9.51%,失事最多的坝型是土坝和堆石坝。

表2-7　美国西部溃坝统计表

坝型	溃坝数量	事故数量	大坝总数	使用年数	年均事故率($\times 10^{-4}$)	年均溃坝率($\times 10^{-4}$)
土坝	74	100	7 812	267 039	3.745	2.771
堆石坝	17	14	200	7 522	18.612	22.600
拱坝	4	8	200	9 101	8.790	4.395
重力坝	4	2	285	13 257	1.509	3.017
总计	99	124	8 497	296 919	4.176	3.334

表2-8　美国不同溃坝模式统计表

溃坝模式	年均事故率($\times 10^{-5}$)	年均溃坝率($\times 10^{-5}$)	分析得到的年均溃坝率($\times 10^{-4}$)	分析的大坝数量
漫顶	1.84	15.7	4.70	16
坝基渗流	9.22	1.88	134	17
管涌	9.24	9.51	3.19	20
滑坡	8.07	0.69	0.063 8	5
结构破坏	16.9	3.52	9.71	9
溢洪道	2.82	0.886	6.81	12
地震	1.18	0.69	18.5	42

2. 国内大坝失事规律分析

我国的水库大坝有一半以上建成于20世纪50~70年代,工程标准低,施工质量差,经过几十年的运行大多已处于病险状态。据统计,1999年底全国三类水库大坝共有30 413座,其中大型水库145座,占大型水库总数的42%;中型水库1 118座,占中型水库总数的42%;小(1)型水库5 410座,占小(1)型水库总数的36%;小(2)型水库23 740座,占小(2)型水库总数的36%。1954~1998年的45年间,全国共有3 446座水库垮坝,年均垮坝77座;1999~2006年,全国共有50座水库垮坝,其中一般中型水库1座,小型水库49座,年均垮坝6座[174],仅2004年全国就有7 286座水库发生水毁[175]。

根据水利部建管司对新中国成立以来国内水库的统计资料,得到全国不同时期的溃坝率统计如表2-9、图2-2所示。从中可以发现,各类型水库的溃坝有两个高峰期,分别出现在1959~1963年和1973~1975年,期间国内正处于"三年自然灾害"和"大跃进"的特殊时期,大量的"三边"工程以及不切实际的超标准、超规范/规程运行管理方式使得不少大坝在蓄水期或运行初期即遭溃坝命运。改革开放后，各级水利部门加强了水库大坝的运行管理和基建建设工作，从 1982 年起，年溃坝率明显降低，各类水库年溃坝率降为 $1.017\times10^{-4}\sim2.728\times10^{-4}$，平均为 2.544×10^{-4}，约为多年平均溃坝率的 1/4。

表 2-9 我国中小型水库的年均溃坝率（$\times10^{-4}$）

典型时段及极值	中型水库	小(1)型水库	小(2)型水库	平 均
1954 ~ 2003 年平均年溃坝率	9.777	9.601	8.852	8.954
1959 ~ 1960 年平均年溃坝率	107.86	45.61	8.463	18.317
1973 ~ 1975 年平均年溃坝率	10.97	31.95	55.23	49.163
1982 年后平均年溃坝率	1.017	2.13	2.728	2.544
最高年溃坝率	110.7	51.79	72.46	66.132
最低年溃坝率	0	0	0.15	0.117 9

注：计算时以中型水库 2 744 座、小(1)型水库 15 126 座、小(2)型水库 65 573 座计。

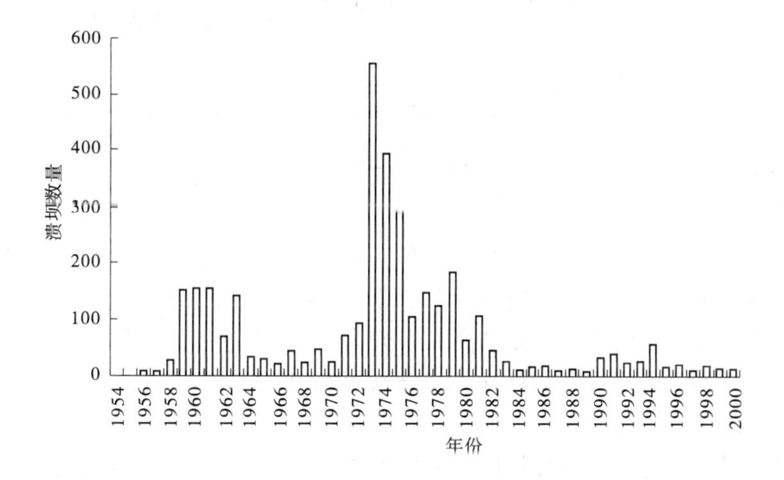

图 2-2 年溃坝数量分布

进一步的分析表明，我国各类水库存在的主要问题是：水库大坝防洪能力低；大坝抗震标准不够；白蚁等生物危害严重；坝体存在安全隐患；水库泄洪能力不足，溢洪道、泄洪涵闸冲刷严重，闸门与启闭机不配套、设备陈旧、老化锈蚀；水库管理设施简陋陈旧，缺少甚至根本没有观测设备；一些小型水库管理制度不完善或根本没有等。从各种溃坝原因的统计分析（见表 2-10）可以发现，防洪能力不足（洪水超标、泄洪能力低）是我国大坝失事的主要原因，占溃坝总数的 50% 以上；此外，坝基渗流破坏是溃坝的另一个主要因素，约占 20%。上述原因导致的年均溃坝率是其他原因的 2 ~ 10 倍。由此可见，泄水能力不足、防洪标准低、工程质量差是造成大坝失事，特别是土坝和堆石坝失事的主要原因。

表 2-10　我国溃坝原因统计表

溃坝原因		数量	比例（%）	年均溃坝率（$\times10^{-4}$）	说明
漫顶	超标准洪水	437	12.6	1.099 6	漫坝1 737座，比例为50.2%，年平均溃坝率为4.390 8 $\times10^{-4}$
	泄洪能力不足	1 305	37.6	3.291 2	
建筑物质量	坝体坝基渗流	702	20.2	1.772 0	由质量问题引起的溃坝事故为1 205座，占34.8%，年平均溃坝率为3.046 1 $\times10^{-4}$
	坝体滑坡	111	3.2	0.278 1	
	溢洪道	210	6.0	0.525 8	
	泄洪洞	5	0.1	0.012 6	
	涵洞	168	4.9	0.424 7	
	坝体塌陷	15	0.4	0.032 9	
管理不当		190	5.3	0.467 6	包括无人管理，超蓄、维护运行不当，溢洪道筑堰等
其他		220	6.1	0.535 9	人工扒口、近坝库岸滑坡、溢洪道堵塞、工程布置不当等
总计		3 363		8.440 4	

下面分别对土石坝、拱坝和重力坝的失效原因作一分析。

1）土石坝失事原因分析

国内外的统计均表明，土石坝的失事数量最多，失事原因各异，通过对前文土石坝失事资料的归纳分析，可将失事机理分为防洪能力不足、坝体（坝基）渗流破坏、结构失稳、管理不当及其他等几种情况，把失事模式划分为漫坝、渗透变形破坏、坝体滑坡、溢洪道冲溃等。不同失事模式的主要原因和机理分析如表 2-11 所示。

2）拱坝失事原因分析

拱坝作为高次超静定结构，独特的工作方式使得坝体对坝肩稳定性、自身材料强度和温度荷载的变化比较敏感。到目前为止，拱坝实际失事的数量与土石坝相比依然很少，但二者失事和事故坝的数量占各自坝型总数的比例，彼此相差不大，说明拱坝事故数量较少的主要原因是其在役和工作年份较少造成的。鉴于目前拱坝在国内外的蓬勃发展，对拱坝失事模式进行分析很有必要。基于拱坝的工作特点以及前人对拱坝失事和事故原因的分析，本文将拱坝失事原因划分为防洪能力不足、坝体应力超限、地震、岸坡坍塌、坝体混凝土劣化、坝基扬压力增大、基岩破坏、勘测设计不当等八类，失事模式分为漫顶、溢洪道冲毁、坝体开裂、进水塔等附属结构破坏、拱座坍塌失稳、坝体材料劣化等六种。不同失事模式的主要产生原因和机理分析如表 2-12 所示。

表 2-11　土石坝失事模式分析

机理	失事原因	失事模式	典型失事大坝
防洪能力不足	1. 洪水系列过短,设防标准低 2. 坝体沉陷,坝高不满足要求 3. 坝顶超高不足 4. 无溢洪道 5. 有溢洪道但设计泄流能力不足 6. 溢洪道设计过流能力满足要求,但被淤堵或填塞,泄流能力下降 7. 门槽或起闭机故障导致闸门操作失灵 8. 坝群中的上游坝失事诱发下游坝失事	1. 漫顶 2. 溢洪道冲毁并扩展引起坝体坍塌	1. 板桥土坝[176] 2. 石漫滩土坝[176] 3. 八一水库大坝[177]
渗流破坏	1. 坝体或坝基的反滤层设计不合理 2. 坝体或坝基的反滤层施工质量差,反滤层破坏 3. 坝体或基础不均匀沉陷或地震导致坝身开裂 4. 坝身干缩裂缝 5. 坝内涵管断裂漏水 6. 沿坝内涵管外壁接触冲刷 7. 基础断层渗漏或基岩出现溶渗 8. 坝体与边坡接触部位处理不当	渗透变形引起溃坝	1. 提堂坝(美)[178] 2. 泥山坝(美)[179] 3. 沟后堆石坝[180, 181]
结构失稳	1. 地震诱发坝体或基础液化 2. 库水快速下降,造成上游坝坡空隙水压力增加 3. 黏土地基发生剪切破坏 4. 坝身渗漏或降雨使坝坡浸润线升高,坝体抗剪强度降低 5. 筑坝土料含水量较高、施工速度过快或因地震造成坝体空隙水压力迅速增加 6. 泄水建筑物(水闸、溢洪道及其附属建筑)泄流过程中冲毁 8. 施工质量差	1. 坝体滑坡破坏 2. 大坝附属建筑物损毁,破坏范围扩大引起大坝溃口	1. 红山水库大坝[182] 2. 七一水库土坝[176] 3. 文峪河土坝[176] 4. 罗田水库土坝[176]
管理不当	1. 缺乏维护 2. 运行管理不当或无人管理 3. 溢洪道淤堵或填塞未及时疏通	1. 漫坝 2. 溢洪道冲毁拉深溃坝	堰头塘水库大坝[183]
其他	1. 人为扒口 2. 设计不当	1. 溃口冲蚀扩大垮坝 2. 坝体或附属结构失稳	乱木水库大坝[177]

表 2-12　拱坝失事模式分析

溃坝/事故机理	失事/事故原因	失事/事故模式	典型失事大坝
防洪能力不足	1 洪水调查不充分,洪水序列短 2. 溢洪道设计泄流能力不足 3. 溢洪道被杂物堵塞,泄流能力下降 4. 闸门槽卡死 5. 起闭系统故障,闸门操作失灵	1. 漫顶 2. 溢洪道冲毁	帕拉奈得腊拱坝(瑞士)[184]
坝体应力超限	1. 封拱温度偏高 2. 环境高温或低温叠加低水位运行	坝体开裂渗漏	1. 火甲拱坝 2. 响水拱坝
地震	1. 坝体及附属结构物拉、压应力超限 2. 岸坡失稳 3. 基础软弱夹层和断层开裂	1. 坝体开裂 2. 进水塔、引水洞、溢洪道等结构破坏 3. 拱座坍塌	1. 帕卡伊玛(美)[184] 2. 拉贝尔坝(智利)[184]
岸坡坍塌	1. 上游库岸坍塌滑入水库 2. 坝肩或下游侧岸坡坍塌	1. 漫坝 2. 拱座失稳	1. 瓦依昂坝(意) 2. 圣罗萨坝(墨)
坝体混凝土质量问题	1. 碱－骨料反应 2. 混凝土冻融剥蚀 3. 分缝灌浆质量差 4. 新老混凝土结合面质量问题	1. 坝体材料质量劣化,诱发溃坝 2. 坝体开裂渗漏	1. 科罗拉多拱坝(美) 2. 鼓后池科罗拉多拱坝(美) 3. 陈村拱坝 4. 卡勃里耳拱坝(葡)
坝基扬压力增大	1. 坝基或坝肩岩体抗剪强度下降 2. 岩体冲蚀、溶蚀破坏	1. 坝基失稳滑动 2. 坝肩失稳滑动 3. 坝体开裂渗漏	1. 梅山拱坝 2. 波尔特拱坝(法)
基岩破坏	1. 基岩塑性变形过大 2. 基岩岩体受力疲劳破坏 3. 受外部施工影响,基岩应力破坏 4. 岩体软弱夹层处理不当	1. 坝体开裂 2. 坝基或坝肩岩体开裂 3. 坝体滑动失稳	1. 席勒格伦拱坝 2. 深沟拱坝 3. 马耳帕塞拱坝 4. 梅花拱坝
勘测设计不当	1. 坝基或坝肩软弱夹层或断层未及时发现 2. 坝基或坝肩软弱夹层或断层处理不当 3. 设计不当,坝体和坝基材料刚度不协调	1. 坝体开裂 2. 坝体滑动失稳	1. 圣玛利亚拱坝(瑞士) 2. 卡勃里耳拱坝(葡) 3. 常裕口拱坝

3)重力坝失事原因分析

重力坝在结构形式上也是一种安全性较高的坝型,但由于勘察、施工、设计和管理中出现的种种问题,已建重力坝仍然有不少出现了各种各样的事故,因此也有必要对混凝土重力坝的失事模式进行比较详细的分析。通过对重力坝工作原理以及收集到的失事坝发生原因的分析,确定重力坝的失事机理分为防洪能力不足、结构失稳、坝体应力超限、扬压力异常、地震、勘测设计不当、其他等几类,失事有漫坝、坝体开裂漏水、溢洪道冲毁、坝体滑动破坏、坝体倾覆等几种模式。不同失事模式的主要产生原因和机理分析如表2-13所示。

表2-13 重力坝失事模式分析

失事/事故机理	失事原因	失事/故障模式	典型失事大坝
防洪能力不足	1. 洪水序列调查过短,设计洪水偏小 2. 溢洪道设计泄流能力不足 3. 溢洪道淤堵或被填塞,过流能力下降 4. 闸门槽卡死,水闸无法正常起闭 5. 起闭设备系统故障	1. 漫坝 2. 坝体开裂 3. 溢洪道冲毁	
结构失稳	1. 基岩软弱面材料压碎或拉裂 2. 基岩软弱夹层受高压渗流冲蚀、溶蚀破坏 3. 坝基扬压力高	1. 坝体滑动破坏 2. 坝体倾覆破坏	
坝体应力超限	1. 坝体(坝踵、坝趾)应力超限 2. 坝体浇筑时稳控措施不当,温度应力超限	1. 坝体靠近基础部位出现裂缝 2. 坝体出现温度裂缝	
扬压力异常	1. 防渗帷幕设计不当 2. 防渗帷幕施工质量问题 3. 防渗帷幕冲蚀破坏 4. 排水孔淤堵	1. 沿坝基面向下游滑动失稳 2. 岸坡坝段下游或河床滑动失稳 3. 坝体倾覆	
地震	1. 地基断层或软弱夹层开裂 2. 坝段分缝裂缝错位,止水破坏 3. 坝顶或廊道部位应力超限	1. 坝基滑动失稳 2. 分缝开裂漏水 3. 坝顶、廊道等薄弱部位开裂	柯因纳坝(印)[192]
勘测设计不当	1. 地基深部断层或软弱夹层未能及时发现和处理 2. 剖面设计不当	1. 坝体滑动失稳 2. 坝体开裂漏水	
其他	1. 战争 2. 坝基软弱夹层和断层发现处理不及时	1. 坝体破坏 2. 坝体滑动失稳	埃德混凝土坝(德)[193]

2.2.1.4 基于粗集的大坝失事原因挖掘方法[147]

粗集理论是一种智能数据决策分析工具,能较好地解决不精确、不确定、不完全的信息的分类分析和知识获取等问题。该理论无须提供除与问题相关的数据集合外的任何先验信息,适合于发现数据中隐含的、潜在有用的规律(知识);并且能够显式的定量描述,容易理解。目前在数据挖掘、人工智能、模式识别与分类等领域已开始应用,但在大坝溃坝分析领域中的应用尚在研究之中。

1. 粗集理论

粗集理论研究的是一个决策系统 $S = [U,A,V,f]$,其中 S 是非空有限集合,即论域;$A = C \cup D$,称为属性集合,C 是条件属性集合,D 是决策属性,且 $C \cap D = \phi$;V 是所有属性值域的并集,$V = \bigcup\limits_{a \in A} V_a$,其中 V_a 为属性 a 的值域;f 是一个信息函数,给每个对象的各个属性赋值,即 $f:U \times A \to V$,对于任一对象 $x \in U$,属性 $a \in A$,有 $f(x,a) \in V_a$ 。

决策系统可以方便地表示为二维表,列是属性,行是对象,因此决策系统也被称为决策表。

设任一属性子集 $B \subseteq A$,如果

$$R(B) = \{(x_i,x_j) \in U^2 \mid \forall a \in B, f(x_i,a) = f(x_j,a)\} \tag{2-28}$$

则 $R(B)$ 称为不可分辨关系。属性子集 B 将全部样本 U 划分成若干等价类,每个等价类称为 B 基本元素。一个 B 基本元素中的任意两个对象 x 、y 根据 B 是不可区分的,称为相对于 B 是不可分辨的。即 $\forall a \in B$,如果 $f(x,a) = f(y,a)$,则 x 、y 在属性集合 B 上不可分辨。

如果用 $B(x)$ 表示对象所属的 B 基本元素,对于有限个对象的一个集合 X ,若满足:

$$\begin{gathered} B_{-}(X) = \cup \{x \in U : B(x) \subseteq X\} \\ B^{-}(X) = \cup \{x \in U : B(x) \cap X = \phi\} \end{gathered} \tag{2-29}$$

则集合 $B_{-}(X)$ 即为 X 的 B 下近似,$B^{-}(X)$ 为 X 的 B 上近似。

集合 $X \subseteq U$ 的 B 下近似和 B 上近似,将论域 U 分为三个不相交的区域:正区域 $POS_B(X)$ 、负区域 $NEG_B(X)$ 和边界区域 $BND_B(X)$,即:

$$\begin{gathered} POS_B(X) = B_{-}(X) \\ NEG_B(X) = U - B^{-}(X) \\ BND_B(X) = B^{-}(X) - B_{-}(X) \end{gathered} \tag{2-30}$$

由于边界区域的存在,使得属性集合 B 对 U 的划分是"粗糙"的,边界区域越大,其精确性越差;如果边界区域为空,即所有对象都是确定的,则成为完全确定问题。反映这种粗糙程度的指标可用近似精确度 $\alpha_B(X)$ 表示:

$$\alpha_B(X) = \frac{|B_{-}(X)|}{|B^{-}(X)|} \tag{2-31}$$

式中:$|\quad|$ 表示集合的势。

$\alpha_B(X) = 1$ 时,所有对象都是确定的;$\alpha_B(X) = 0$ 时,则所有的对象都是不确定的。

令属性集合 D 对 C 的依赖程度为 $\gamma_C(D)$,则:

$$\gamma_C(D) = \frac{|POS_C(D)|}{|U|} \tag{2-32}$$

式中：$POS_C(D)$ 是属性集 C 在 U/D 中的正区域，即：

$$POS_C(D) = \bigcup_{X \in U/D} C_*(X) \tag{2-33}$$

式中：U/D 是 D 在 U 上的划分。

将式(2-33)代入式(2-32)中，则：

$$\gamma_C(D) = \sum_{x \in U/D} \frac{|C_*(X)|}{|U|} \tag{2-34}$$

如果 D 是全部决策属性，C 是全部条件属性，则 $\gamma_C(D)$ 表示用 C 对 U 划分后，任一 $x \in U$ 能被正确划分到决策类(按决策属性 D 划分的集合，所希望的目标分类)的概率；同时，反映了条件属性 C 描述决策属性 D 的能力。

进一步，如果 C' 是 C 去掉某些条件属性后的条件属性集合，并能保持：

$$\gamma_{C'}(D) = \gamma_C(D) \tag{2-35}$$

则 C'称为是 C 的一个 D 约简、去掉的条件属性为冗余属性。

2. 基于粗集理论的大坝溃坝影响因素属性约简

基于上述粗集理论可以进行大坝溃坝影响因素的约简，主要步骤有：

(1)建立大坝溃坝成因的原始数据信息表。对数据挖掘来说，相关信息的收集是十分重要的，它是数据挖掘的前提和基础。

(2)连续属性的离散化。在大坝溃坝成因分析的原始数据信息表中的属性一般有两种类型：一种是连续型(定量)属性，其值取自某个连续的区间，如上游水位；另一种是离散型(定性)属性，这种属性的值一般用语言文字表示，如工程质量、结构形式等。在运用粗集理论处理决策表时，要求采用离散型数据。这里采用有关文献中的基于属性重要性的离散化方法[185]。

(3)属性约简。对上述离散化后的初始决策表应用粗集理论进行属性约简，经过约简的属性便是影响大坝溃坝的主要成因。具体流程见图2-3。

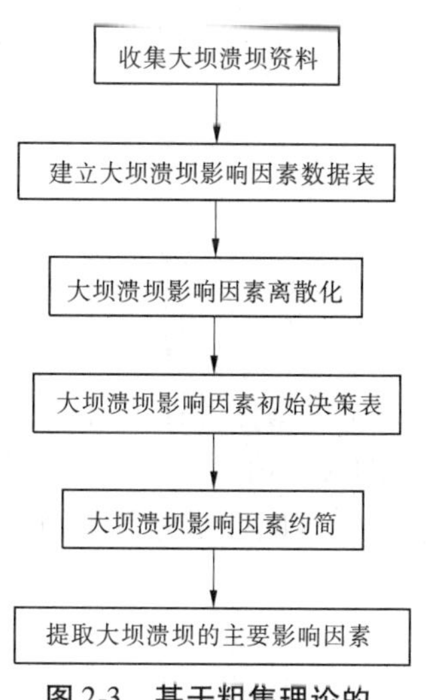

图2-3 基于粗集理论的大坝溃坝原因挖掘流程

需要指出的是，该方法是建立在大量历史数据和资料的基础上，但是由于时间限制和数据资料的不足，可能会导致分析结果出现偏差，但是该分析方法和思路是可行的。

3. 大坝溃坝成因的量化分析

在确定各种溃坝模式的影响因素指标后，需要解决这些影响因素指标的量化问题，方便以后进行水库大坝溃坝模式识别分析。上述的大坝溃坝影响因素是以不同的形式存在的，根据其性质可分为两类：一类是定量因子，可根据统计资料查出或者计算出指标值；另一类是定性指标，这类指标较难量化，在评价中如何克服主观因素是一大难题。定量因子我们可以通过一定的数学处理方法，例如线性方法、指数方法把现有数据进行无量纲化处理，得到一个处于一定范围内、可以比较的数据。而为实现定性因子的定量化，通常的做法是：结合具体技术参数等情况，多人对同一指标进行分别量化，然后进行数据处理，得到一个标准化的定量数据，使各评价指标之间具有可比性。

1）定量指标的量化

一般来说，安全评价定量影响指标可以分为“极大型”指标、“极小型”指标、“居中型”指标和“区间型”指标等。在安全影响因素分析中，“极大型”指标的取值越大，危险度越高；“极小型”指标的取值越小，危险度越高；“居中型”指标值太大或者太小，危险度越高；“区间型”指标值在某个区间时，危险度越低。一般评价体系中会同时包含上述若干类型，那么建立系统评价是必须将这些指标作类型一致化处理。

对于定量指标，由于指标的单位及量度不同而加大评价统一性困难程度。因此，需要利用一定的量化方法，消除指标之间由于单位及量度不同而产生的不可比性，将实际测值转化为0～1的指标评价值，即无量纲化处理，使指标间具有可比性。

指标之间无量纲化是通过数学变换来消除指标量纲影响的方法，是多指标综合评价中必不可少的一个步骤。从本质上讲，指标的无量纲化过程也是求隶属度的过程。由于指标隶属度的无量纲化方法多种多样，因此有必要根据各个指标本身的性质确定其隶属度函数的公式。为简单起见，可以选择直线型无量纲化方法解决指标的可综合性问题。下面给出了各种类型指标的无量化函数。

（1）“极大型”指标无量纲化函数：

$$y = \frac{x_{max} - x}{x_{max} - x_{min}} = \begin{cases} 0 & x \geqslant x_{max} \\ \dfrac{x_{max} - x}{x_{max} - x_{min}} & x_{min} < x < x_{max} \\ 1 & x < x_{min} \end{cases} \tag{2-36}$$

（2）“极小型”指标无量纲化函数：

$$y = \frac{x - x_{min}}{x_{max} - x_{min}} = \begin{cases} 0 & x \leqslant x_{min} \\ \dfrac{x - x_{min}}{x_{max} - x_{min}} & x_{min} < x < x_{max} \\ 1 & x \geqslant x_{max} \end{cases} \tag{2-37}$$

（3）“居中型”指标无量纲化函数：

$$y = e^{-k\left(x - \frac{x_{min} + x_{max}}{2}\right)^2} \tag{2-38}$$

式中：y 为指标的评价值；x 为影响指标的实际值；x_{max} 为影响指标的最大值；x_{min} 为影响指标的最小值。

（4）区间性指标无量纲化函数：

$$y = \begin{cases} 1 - \dfrac{a - x_i}{\max(a - x_{min}, x_{max} - b)} \\ 1 \\ 1 - \dfrac{x_i - b}{\max(a - x_{min}, x_{max} - b)} \end{cases} \tag{2-39}$$

式中：$[a,b]$ 为指标 x 的最佳稳定区域。

由上述公式可知，要计算指标的评价值，除需要确定指标的实际值外，还必须确定指标的优劣上下限,亦即各指标的最大值 x_{max} 和最小值 x_{min} ,根据对影响大坝溃坝指标历史情况的调查,拟定指标体系中各指标的最大值、最小值,得到各指标的上下限后,便可以利用公式计算指标的评价值。如某水库大坝的设计洪水位为 103.44 m(百年一遇),设计坝顶高程为 106.45 m,实际坝顶高程为 106.00 m,根据前述内容可知该指标为极小型指标,采用式(2-37)可计算出水库大坝的坝顶高程量化值为(106.00 - 103.44)/(106.45 - 103.44) =0.85。

2)定性指标的量化

大坝溃坝影响因素的定性指标分析中往往包含多种随机性、模糊性等不确定性。一般来说,对于这种定性指标的量化处理多采用"人为估分"的方式,本文拟采用加权集值统计法对定性指标进行量化,从而减少定性指标量化后的随机误差,改善定性属性量化的有效性。

假设有 K 个评审专家对某一评价指标 X 进行评价,相应的评价结果有效性范围为 Δ ,第 i 个专家给出的评价区间为 $[x_1^i,x_2^i]$,且 $[x_1^i,x_2^i]\subset\Delta$,则 K 个子集叠加在一起形成覆盖在评价轴上一种分布(见图 2-4),按照集值理论可得:

$$\overline{Y}(x)=\frac{1}{K}\sum_{i=1}^{K}Y_{[x_1^i,x_2^i]}(x) \tag{2-40}$$

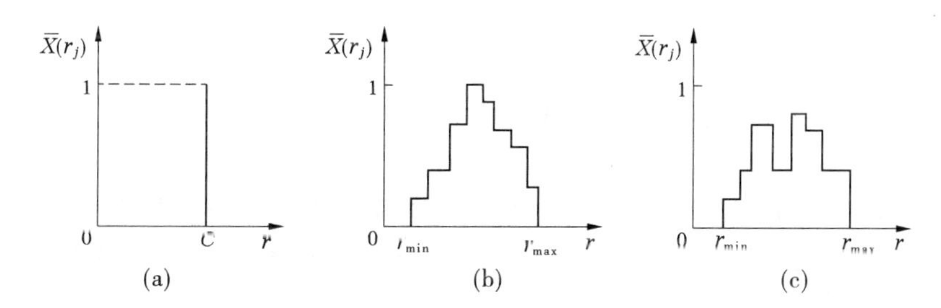

图 2-4　评价指标度量值的 3 种分布

虽然专家给出的评价区间是比较客观的,但不同专家对同一问题所给出的范围却不同。专家给出的区间范围越小,说明专家对该问题的把握性越大。因此,可以根据专家给出的区间大小确定其权重,采用下式计算第 i 个专家的权重:

$$w_i=\frac{d_k}{\sum_{i=1}^{K}d_i} \tag{2-41}$$

式中: $d_i=\dfrac{1}{x_2^i-x_1^i}$; w_i 为第 i 个专家的权重。

因此,可得加权集值统计法的权重公式为

$$\overline{Y}(x)=\sum_{i=1}^{K}Y_{[x_1^i,x_2^i]}(x)w_i \tag{2-42}$$

式中: $Y_{[x_1^i,x_2^i]}(x)=\begin{cases}1 & x_1^i\leqslant x\leqslant x_2^i\\0 & 其他\end{cases}$ 称 $Y_{[x_1^i,x_2^i]}(x)$ 为落影函数; $\overline{Y}(x)$ 为模糊覆盖频率落影的估计函数,它是一个模糊优良程度的反映,可进一步表示为

$$\overline{Y}(x)=\begin{cases}a_1 & x\in[b_1,b_2]\\ a_2 & x\in[b_2,b_3]\\ \vdots & \\ a_L & x\in[b_L,b_{L+1}]\end{cases} \tag{2-43}$$

式中：$b_1,b_2,\cdots,b_L,b_{L+1}$ 为各评价区间 $[x_1^i,x_2^i](i=1,2,\cdots,K)$ 端点从小到大的一个序列，L 为这一端点序列构成的区间个数；$a_j(j=1,2,\cdots,L)$ 是所有专家给出评价区间 $[x_1^i,x_2^i]$ 中包含区间 $[b_j,b_{j+1}](j=1,2,\cdots,L)$ 的专家权重之和，即：

$$a_j=\sum_{i=1}^{K}Z_{[x_1^i,x_2^i]}(x)w_i \tag{2-44}$$

式中：$Z_{[x_1^i,x_2^i]}(x)=\begin{cases}1 & x\in[b_j,b_{j+1}]\subset[x_1^i,x_2^i]\\ 0 & \text{其他}\end{cases}$。

根据集值统计原理，评价指标的综合评价值，即全部专家对该指标的定量化评估值为

$$E(x)=\frac{\int_{b_1}^{b_{L+1}}\overline{Y}(x)x\mathrm{d}x}{\int_{b_1}^{b_{L+1}}\overline{Y}(x)\mathrm{d}x} \tag{2-45}$$

然而，由于可能出现如图 2-4(c)所示的情况，使得无法得出较准确的评价值，因此在此引入估计盲度（$\overline{m_j}$）概念，即判断专家评分合理性的标准。

$$\overline{m_j}=\frac{1}{K}\sum_{i=1}^{K}(b_{ij}-a_{ij}) \tag{2-46}$$

$\overline{m_j}$ 越小，则估计的把握越大，当 $\overline{m_j}=0$ 时，即为如图 2-4(a)所示的情形，即各专家的意见统一且有绝对的把握。如果盲度较大，则应对专家的评价进行反馈和修改，直至 $\overline{m_j}$ 达到标准。

如对某一水库大坝的防渗水平进行分析，有四位专家对其进行打分，打分结果为[0.7,0.8]、[0.7,0.8]、[0.75,0.85]和[0.7,0.85]，在认为专家意见权重相等的情况下根据式(2-25)，可计算出该指标的量化值为 0.77。

4. 大坝溃坝成因赋权方法

确定影响因素重要性的方法可以大致分为两大类：一类是基于决策者的经验或偏好，通过对各个影响因素进行比较而确定重要性向量的方法，称为主观分析法；另一类是基于影响因素的客观数据而进行确定的方法，称为客观分析法。

1)确定重要性的主观分析方法

常用的重要性主观分析方法有专家调研法、层次分析法和 GI 法等。

(1)专家调研法。

专家调研法又称德尔菲法（Delphi 法），一种调查询问、集中众多专家意见的方法。它是由组织者就拟定的问题设计调查表，通过函件分别向选定的专家组成员征询调查，按照规定程序，专家组成员之间通过组织者的反馈材料匿名地交流意见，通过几轮征询和反馈，专家们的意见逐渐集中，最后获得具有统计意义的专家集体判断结果。

要确定大坝溃坝模式影响因素的相对重要性，假定有 m 个影响因素，可以邀请了 k 个

有经验的专家进行评价，等所有的专家对全部影响因素给定重要性向量后，然后集中这 k 个专家的意见，把经统计的结果返回给 k 个专家，请他们再予斟酌和修正。这样经过几次反复，最后确定 m 个指标的重要性向量。

德尔菲法既可以用于预测，也可以用于评估。国内外经验表明，德尔菲法能够充分利用人类专家的知识、经验和智慧，成为解决非结构化问题的有效手段。但是该方法存在以下几个缺点，限制了方法的进一步应用。

①在信息反馈过程可能会使专家将自己的意见向有利于统计结果的方向调整，从而削弱了专家原有见解的独立性；

②在意见集中时采用人为方式，主观性较强；

③操作过程繁杂，一般要经过多轮的调查统计，可能存在不收敛的情况。

(2)层次分析法。

层次分析法即 AHP 分析方法，也可称为特征值法、特征向量法或判断矩阵法，是集定性与定量分析于一身，能够很好地提高绩效的可比性与客观性的方法，大量运用于层次分析法中确定同一层次属性的重要性向量。其主要方法是对同一层次影响因子进行专家两两对比，构建比较判断矩阵，然后求判断矩阵与影响因素相对应的特征向量值，最后将其归一化后即为该影响因素的重要性向量。图 2-5 为应用该方法对大坝溃坝影响因素重要性进行分析的具体流程。该方法的优势是可以将主观判断结果的自然语言定量化，即在评判者保持思维一致性的条件下，将各种判断结果间的差异数值化，因而在实际工程分析中得到广泛应用。但是，特征值法存在一个明显的不足，即所建立的比较判断矩阵要进行一致性检验判断，一致时才能得到合理的重要性向量。而一致性检验不一致时，需要进行重新比较判断，周而复始，直至判断矩阵达到一致性时才能停止，运算量大，比较耗时。为此，东北大学郭亚军教授提出了一种无须一致性检验的新方法——GI 法[186]。

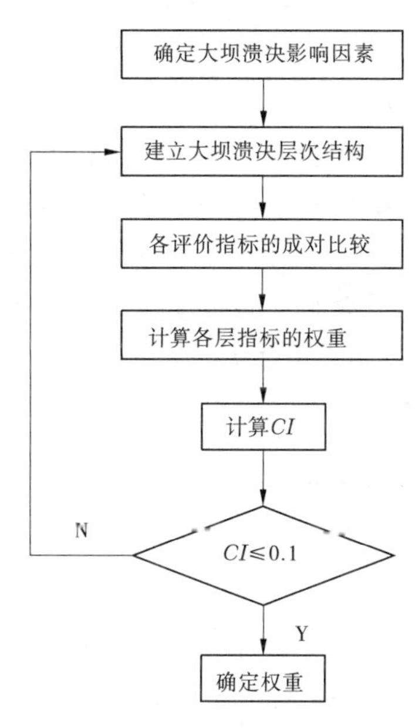

图 2-5　大坝溃坝影响因素重要性分析的层次分析法流程

(3)GI 法。

首先，根据评价准则，专家对同一层次影响因子进行重要性排序，定性确定各影响因子对上一层次重要性的不同影响程度，如果某一层次有 m 个影响因子，其重要程度表示为 $x_1 > x_2 > \cdots > x_m$，即 x_1 最重要，x_m 相对最不重要。然后在确定重要性排序的基础上进行两个影响因子的相互判断比较，满足一定条件即可确定各影响因子的重要性向量。GI 法是先进行重要性排序，然后进行重要性向量确定，确保各影响因子的重要性向量更加符合理论逻辑。但是，这种方法经常出现多个专家的意见不统一的问题，对众多专家意见的处理是一个需要值得深入探讨的问题。该方法分为以下三个步骤：

①确定序关系

定义1　若评价指标 x_i 相对某评价准则的重要性程度大于(或不小于) x_j，则记为 $x_i > x_j$。

定义2　若评价指标 $x_1, x_2, \cdots, x_m$ 相对于某评价准则具有关系式 $x_1^* > x_2^* > \cdots > x_m^*$，则称评价指标 $x_1, x_2, \cdots, x_m$ 之间按"$>$"确立了序关系。这里 x_i^* 表示 $\{x_i\}$ 按序关系"$>$"排定顺序后的第 i $(i = 1, 2, \cdots, m)$ 个评价指标。

对于评价指标 $x_1, x_2, \cdots, x_m$，可按下述步骤建立序关系：

ⅰ. 专家在指标集 $\{x_1, x_2, \cdots, x_m\}$ 中，选出认为是最重要的一个(只选一个)指标记为 x_1^*；

ⅱ. 专家在余下的 $m-1$ 个指标中，选出认为是最重要的一个指标记为 x_2^*；

……

ⅲ. 专家在余下的 $m-k+1$ 指标中，选出认为是最重要的一个指标记为 x_k^*；

……

ⅳ. 经过 $m-1$ 次挑选剩下的指标记为 x_m^*。

②给出 x_{k-1} 与 x_k 之间相对重要程度的比较判断。设专家关于评价指标 x_{k-1} 与 x_k 的重要性程度之比 ω_{k-1}/ω_k 的理性判断分别为

$$\omega_{k-1}/\omega_k = r_k, k = m, m-1, m-2, \cdots, 3, 2 \tag{2-47}$$

当 m 较大时，可取 $r_m = 1$；r_k 的取值可参考表2-14，如 $r_k = 1.1$，表明两指标之间的关系介于"指标 x_{k-1} 与指标 x_k 具有同样重要性"和"指标 x_{k-1} 比指标 x_k 稍微重要"之间，其余类同。

表2-14　GI法相对重要性取值

r_k 取值	说明
1.0	指标 x_{k-1} 与指标 x_k 具有同样重要性
1.2	指标 x_{k-1} 比指标 x_k 稍微重要
1.4	指标 x_{k-1} 比指标 x_k 明显重要
1.6	指标 x_{k-1} 比指标 x_k 强烈重要
1.8	指标 x_{k-1} 比指标 x_k 极端重要

关于 r_k 之间的数量约束，有下面定理：

定理1　若 $x_1, x_2, \cdots, x_m$ 具有序关系 $x_1^* > x_2^* > \cdots > x_m^*$，则 r_{k-1} 与 r_k 必须满足：

$$r_{k-1} > 1/r_k, k = m, m-1, m-2, \cdots, 3, 2 \tag{2-48}$$

③权重系数 ω_k 的计算。若专家给出 r_k 的理性赋值满足关系式(2-48)，则 ω_m 为

$$\omega_m = \left(1 + \sum_{k=2}^{m} \prod_{i=k}^{m} r_i\right)^{-1} \tag{2-49}$$

(4)基于信息扩散原理的专家权重融合。

信息扩散是一种对样本进行集值化的模糊数学处理方法，它可以将单值样本变成集

值样本。最简单的模型是正态扩散模型。设 $W = \{w_1, w_2, \cdots, w_n\}$ 是知识样本，V 是基础论域，记 w_j 的观测值为 v_j，设 $x = \varphi(v - v_j)$，则当 W 非完备时，存在函数 $u(x)$ 使 v_j 点获得的量值为 1 的信息可按 $u(x)$ 的量值扩散到 V 上去，且扩散所得到的原始信息分布 $Q(v) = \sum_{j=1}^{n} u(x) = \sum_{j=1}^{n} u(\varphi(v - v_j))$ 能更好地反映 W 所在总体上的规律，这一原理称为信息扩散原理。信息扩散原理说明，当信息不完备时，一定存在某种途径能够收集到 W 的模糊信息，以进行更为精确的估计。正态扩散函数是一个简单实用的扩散函数，其具体表达式如下：

$$\bar{f}_m(v) = \frac{1}{\sqrt{2\pi} nh} \sum_{j=1}^{m} \exp\left[- \frac{(v - v_j)^2}{2h^2} \right] \tag{2-50}$$

式中：n 为样本数；h 为扩散系数，可根据下式计算：

$$h = \alpha d = \alpha(b - a)/(n - 1) \tag{2-51}$$

式中：b 为样本集合中的最大值；a 为样本集合中的最小值；α 与样本数有关，当 $n > 10$ 时，可取 α 为 1.420 8。

信息扩散是一种变换，将非模糊的数据变成了模糊信息。为了消除信息扩散带来的影响，采用如下公式进行信息集中：

$$u = \sum_{i=1}^{n} b_i^k u_i / \sum_{i=1}^{n} b_i^k \tag{2-52}$$

式中：u 为所求变量的最终结果；b_i 为模糊近似推论求出的第 i 个元素的可能性分布；u_i 为等级 i 变量的大小；k 为常数，根据实际情况选用。

在大坝溃坝影响因素的重要性分析时，通常邀请几位专家进行权重赋值，不同专家的评价结果往往不完全一致。这时，可将各位专家的评价结果在真实值所在的空间范围内进行信息扩散，在此基础上，对各个指标权重进行归一化便可得出大坝的各个影响因素的融合权重向量。

(5)专家意见的权威性分析。

在对某座大坝溃坝险情成因分析时，由于大坝运行条件的极其复杂性，往往需要集中多个专家的意见，对各个影响因素作出全面合理的判断。然而，由于不同专家的自身经验和对大坝安全形态了解程度的不同，对于同一个影响因素重要性的判断，可能存在不同的意见。因此，需要考虑专家自身的素质、智慧等客观因素，对专家所给出的判断加以调整修正，以使得集中后的意见尽可能地科学、合理。

对于衡量大坝安全分析指标相对重要性的专家们权威性的测定，可以从专家的资历、学术水平、工程经验和对大坝实际情况的了解程度等方面加以考虑，采用打分的方法确定专家的权威性，再将各个专家的权威性进行权重分配，得出专家意见的权重。这里假设各方面对专家意见的影响程度一致，则有：

$$G_i = \frac{G_{ai} + G_{bi} + G_{ci} + G_{di}}{4}$$

$$W_i = \frac{G_i}{\sum_{i=1}^{n} G_i} \quad (i = 1, 2, \cdots, n) \tag{2-53}$$

式中：G_{ai}、G_{bi}、G_{ci}、G_{di} 分别为专家的资历、学术水平、工程经验和对大坝实际情况了解程度的得分；G_i 为专家权威性整体得分；W_i 为专家意见的权值；n 为所邀请的专家人数。

上述主观权重分析法中，德尔菲法主观性较强且操作过程繁杂；GI 法常出现多个专家的意见不统一。因此，较为实用的方法是改进的层次分析法和基于信息扩散原理的专家权融合法，前者理论性较强，而后者计算相对较为简单，实际应用时应根据具体情况采用不同的分析方法。

5. 确定权重的客观分析法

1）基于灰理论的权重模型

长期以来，由于缺乏理论依据和相应的求解方法，专家们只能依靠观察和大量的经验确定权值，从而难免出现权值划分的精细程度和量化的准确度不能令人满意的问题。权值是针对有关因素的重要性而言的，具体到大坝溃坝的模式评定则是针对影响因素的重要程度或影响因素对效能的影响程度而言的。影响因素的重要程度愈高，权值愈大；反之，则愈小。所以，找到确定重要程度或影响程度的理论依据和量化方法才是获取满意权值的关键。模糊数学在综合评判时所确定的权值实际上是一种人的经验性的心理测量结果。鉴于模糊数学的内涵是认知的不确定性，而由不确定性认知所造成的传递性结果，使得所得权重仍带有不确定性，并且不确定程度不会减小。所以，仅依靠模糊数学将难以解决此类问题。因此，可用灰色系统理论中的灰靶理论和灰靶贡献度理论来解决这个问题，并对所求结果进行理论分析。

分析的目的是最终求得各指标或影响因素对大坝溃坝模式的影响程度，即各指标或影响因素的贡献度，所以建立数学模型的实质就是确定各个指标或影响因素的求解公式。

Δ_{GR} 上的灰关联系数 $\gamma(x_i(0), x_i(k))$ 即为 k 指标对 i 模式的贡献系数：

$$\gamma(x_i(0), x_i(k)) = \frac{\min\limits_i \min\limits_k \Delta_i(0,k) + 0.5 \max\limits_i \max\limits_k \Delta_i(0,k)}{\Delta_i(0,k) + 0.5 \max\limits_i \max\limits_k \Delta_i(0,k)} \tag{2-54}$$

灰关联度 $\gamma(x(0), x(k))$ 即为 k 指标的贡献度，亦即各指标或影响因素对大坝溃坝模式的影响程度：

$$\gamma(x(0), x(k)) = \frac{1}{m}\sum_{i=1}^{m} \gamma(x_i(0), x_i(k)) \tag{2-55}$$

权的构造思路：求得各质保的贡献度以后，取其均值，考查各贡献度值与均值的相对大小，即求差，接着计算差值在均值中所占比例，并以此为依据，决定相应权值超出权均值的超出量，即：

$$q_i = \frac{1}{n}\left[1 + \frac{\gamma(x(0), x(k)) - \frac{1}{n}\sum\limits_{k=1}^{n} \gamma(x(0), x(k))}{\sum\limits_{k=1}^{n} \gamma(x(0), x(k))}\right] \tag{2-56}$$

$$\sum_{i=1}^{n} q_i = 1 \tag{2-57}$$

式中：i 为指标序数；q_i 为指标 i 所对应的权重；n 为所选指标的数量；$\gamma(x(0), x(k))$ 即为第 k 个指标对靶心度的平均影响程度。

鉴于大坝溃坝涉及因素的“灰性”，只能说某种方法所得权重比另一种方法所得权重精度高、更接近真值，不能说这些权重绝对准确。所以，权重大小取值正确性的判别依据，只能定性为所对应因素的重要程度，或这些因素对总体效能的影响程度，即各影响因素的贡献度。贡献度大者，权值就大；反之，权值则小。

2）基于 Vague 集理论的权重模型

自 1965 年 Zadeh 提出 Vague 集理论以来，它在模糊多目标决策领域得到了成功的应用。但是 Vague 集理论的基础——模糊隶属度 $\mu_A(x)$ 是一个单值函数，它仅能给出论域 U 中的某个元素隶属于模糊集 A 的程度，而不能同时表示支持和反对 x 的证据。但是在现实问题中，决策个体对事物的认识存在不确定性和含糊性问题。因此，Gan 和 Buehrer 于 1993 年提出了 Vague 集理论，用来处理对不精确数据的描述。

Vague 集理论的核心是 Vague 隶属函数，其定义是：若 V 是论域 U 中的一个 Vague 集，则 U 中任一元素 x 属于 V 的隶属函数，用 $\mu_V(x)$ 表示：

$$\mu_V(x) = [t_V(x), 1 - f_V(x)] \tag{2-58}$$

式中：$t_V(x) + f_V(x) \leqslant 1$，$t_V(x) \in [0,1]$，$f_V(x) \in [0,1]$。

在 Vague 集理论中，$t_V(x)$、$f_V(x)$ 分别称为 x 关于 V 的真、假隶属度。真隶属度 $t_V(x)$ 是从支持 $x \in V$ 的证据导出的 $x \in V$ 的下界，假隶属度 $f_V(x)$ 则是从反对 $x \in V$ 的证据所导出的 $x \notin V$ 的否定隶属度的上界。例如 $\mu_V(x) = [0.5, 0.7]$ 的合理解释是：支持 x 隶属于 V 的证据为 50 %，反对 x 隶属于 V 的证据为 30 %，弃权（未知）的证据为 20 %。

设 x 是论域 U 中元素，V 是 U 上的一个 Vague 集，x 属于 V 的隶属函数为 $\mu_V(x) = [t_V(x), 1 - f_V(x)]$，则：

定义 1 称 $\Delta(V,x) = |1 - t_V(x) - f_V(x)|$，$0 \leqslant \Delta(V,x) \leqslant 1$ 为 V 关于 x 的未知度。

定义 2 称 $\Gamma(V,x) = 1 - (|t_V(x) - 0.5| + |0.5 - f_V(x)|)$，$0 \leqslant \Gamma(V,x) \leqslant 1$ 为 V 关于 x 的不确定度。

由定义可知，当 $\Delta(V,x) = 0$ 时，$t_V(x) = 1 - f_V(x)$，V 关于 x 是完全可知的，同时也是模糊的；当 $\Delta(V,x) = 1$ 时，即 x 的 Vague 值为 $[0,1]$，V 关于 x 是完全未知的；当 $\Gamma(V,x) = 0$ 时，V 关于 x 是完全确定的。

定义 3 称 $\sigma(V,x) = \Delta(V,x) + \Gamma(V,x)$ 为 V 关于 x 的含糊度。

结合 Vague 集基本理论，建立以下指标权重确定模型：

设决策者集为 $D = (d_1, d_2, \cdots, d_n)$，指标集为 $X = (x_1, x_2, \cdots, x_m)$，由每一个决策者对于每个指标的重要性给出一个 Vague 评估值 a_{ij}，$a_{ij} = [t_{ij}, 1 - f_{ij}]$，它表示第 i 个决策者 d_i 对第 j 个指标 x_j 给出的 Vague 评估值。这样，由 n 个决策者对第 m 个指标进行评估形成一个决策偏好矩阵 $A_{n \times m}$ 为

$$A_{n \times m} = \begin{bmatrix} a_{11} & a_{12} & \cdots & a_{1m} \\ a_{21} & a_{22} & \cdots & a_{2m} \\ \vdots & \vdots & & \vdots \\ a_{n1} & a_{n2} & \cdots & a_{nm} \end{bmatrix} \tag{2-59}$$

定义 4　设 $\mu_V(x) = [t_V(x), 1 - f_V(x)]$ 和 $\mu_V(y) = [t_V(y), 1 - f_V(y)]$ 是两个给定的 Vague 值,则它们之间的相似度为

$$S(x,y) = 1 - \frac{|\delta(x) - \delta(y)|}{2} \tag{2-60}$$

式中: $\delta(x) = t_V(x) - f_V(x)$ 。

当建立起决策偏好矩阵 $A_{n\times m}$ 后,结合定义 4 给出的 Vague 值相似度定义,可构造出 n 个决策者关于指标 $x_k(1 \leqslant k \leqslant m)$ 的一致性矩阵 $S_k(k = 1,2,\cdots,m)$:

$$S_k = \begin{bmatrix} S_{11}^k & S_{12}^k & \cdots & S_{1m}^k \\ S_{21}^k & S_{22}^k & \cdots & S_{2m}^k \\ \vdots & \vdots & & \vdots \\ S_{n1}^k & S_{n2}^k & \cdots & S_{nm}^k \end{bmatrix} \tag{2-61}$$

式中: $S_{ij}^k = S(a_{ik} - a_{jk})$, a_{ik} 、a_{jk} 分别为决策者 d_i 、d_j 对指标 x_k 给出的 Vague 评估值;一致性矩阵 S_k 反映了 n 个决策者关于指标 $x_k(k = 1,2,\cdots,m)$ 的一致性测度。

定义 5　决策者对指标 x_k 的平均一致性测度为 $v_{ik} = \dfrac{1}{n}\sum_{j=1}^{n} S_{ij}^k$ 。决策者对指标 x_k 的相对一致性测度为 $b_{ik} = \dfrac{v_{ik}}{\sum_{i=1}^{n} v_{ik}}(i = 1,2,\cdots,n;k = 1,2,\cdots,m)$ 。

由定义 5 可形成 n 个决策者对 m 个指标的相对一致性测度矩阵:

$$(y_{ij})_{n\times m} = \begin{bmatrix} b_{11} & b_{12} & \cdots & b_{1m} \\ b_{21} & b_{22} & \cdots & b_{2m} \\ \vdots & \vdots & & \vdots \\ b_{n1} & b_{n2} & \cdots & b_{nm} \end{bmatrix} \tag{2-62}$$

设 a_{gk} 表示所有决策者对指标 x_k 的偏好评估值的集结值,则:

$$a_{gk} = \sum_{i=1}^{n} w_{ik} \otimes a_{ik} \tag{2-63}$$

上式是线性加权集结模型,有两个因素对 a_{gk} 有重要影响:一个是群体决策中的各决策者的重要程度,另一个是决策者反映其偏好评估值相对于其他决策者的一致性测度。前者可以通过决策者在该领域内影响力或历史统计数据或采用 Delphi 法来确定决策者的重要程度,而后者可以通过前文定义的相对一致性测度得到。

定义 6　群体决策中线性加权模型中的权重式决策者重要程度与决策者对该指标偏好评估值的相对一致性测度的凸组合,即:

$$w_{ij} = \alpha w(d_i) + (1 - \alpha) y_{ij}, (i = 1,2,\cdots,n) \tag{2-64}$$

式中: w_{ij} 为权重; $w(d_i)$ 为决策者 d_i 的重要程度, $0 \leqslant w(d_i) \leqslant 1$,且 $\sum_{i=1}^{n} w(d_i) = 1$; y_{ij} 为决策者 d_i 对指标 x_j 评估值的相对一致性测度, $0 \leqslant y_{ij} \leqslant 1$,且 $\sum_{i=1}^{n} y_{ij} = 1$; α 为凸组合参数,参数 α 是 $w(d_i)$ 和 y_{ij} 在权重 w_{ij} 中的重要程度调节参数,该参数视实际决策问题和

决策者的具体情况而定。

定义 7 设决策者 d_i 对指标 x_j 给出的 Vague 偏好值为 $a_{ij} = |t_{ij}, 1-f_{ij}|$，$(i=1,2,\cdots,n)$，则所有决策者指标 x_j 的线性加权集结值为

$$a_{gj} = f(a_{1j}, a_{2j}, \cdots, a_{nj}) = \sum_{i=1}^{n} w_{ij} \otimes a_{ij} = [\sum_{i=1}^{n} w_{ij} t_{ij}, 1 - \sum_{i=1}^{n} w_{ij} f_{ij}] \tag{2-65}$$

定义 8 对于 x 的 Vague 值 $\mu_V(x) = [t_V(x), 1-f_V(x)]$，称 x 的 Vague 值的效用值为

$$U(V,x) = t_V(x) - f_V(x) - \frac{\sigma(V,x)}{2} \tag{2-66}$$

利用定义 7 可求得所有决策者对每一指标的 Vague 评估值的线性加权集结值，用定义 8 求每一个指标集结值的效用值，再将各指标集结值的效用值归一化即得其权值。

3）基于信息熵理论的权重模型

（1）信息熵。

熵的概念最初产生于热力学，它被用来描述运动过程中的一种不可逆现象。热力学第二定律指出，自然界实际进行的与热现象有关的过程都是不可逆的，都是有方向性的。某一系统中，热量总是自动地从高温物体到低温物体，直至热平衡，而不可能自动地将热量从低温物体向高温物体传递至恢复初始阶段的状况。为了描述并研究这一自然现象，必须认识系统的初状态、终状态的某种属性在本质上的差异，并把这种属性用一物理量表示出来，它的量值变化能精确地表示自发过程的不可逆性。当系统自发地从初状态向终状态过渡时，这个函数值也只向着一个方向变化。必须定义一个新的物理量，这就是“熵”。

随着熵理论的发展，并在各门科学技术中的推广、应用和深入研究，熵概念在 20 世纪中叶又得到了进一步的发展。1948 年，申农（Shannon）从全新的角度对熵概念做了新定义。申农定义了一个对离散信息源的产生的信息量进行了度量的公式：

$$H = -k \sum p_i \lg p_i \tag{2-67}$$

式中：H 为波尔慈曼（Boltzmann）中 H 定理中的 H，指的是概率集 $p_1, p_2, \cdots, p_n$ 的熵，其值是用二进位表示的信息的不确定程度；k 是一个参数。

这样，“信息”就与熵产生了联系，赋予了熵广义的概念，开拓了人类知识新的应用领域。

信息熵是系统紊乱程度的测度。如果一个系统处于随机、混乱、无秩序状态，则此系统的信息熵就很大；反过来，一个系统的信息熵就很小。因此，把信息熵引申为描述事物集合中一些相互性质的量度，即无序与有序、随机性与确定性、散漫性与组织性、杂乱无章性与规则性以及多样性与简明性等相互对立的度量。因此，可以把信息熵的概念应用于安全领域影响因素的研究。

（2）信息熵确定大坝溃坝影响因素的重要性向量。

在大坝安全正常运行过程中，系统的各部分以一定的组织性、多样性处于一定的稳定状态，并通过各部分相互作用、相互调节，保持系统的稳定安全。因此，在进行大坝溃坝分析研究中，需要考虑每个影响因素的相对重要程度，即影响因素的重要性向量。根据信息熵的定义，人们在决策中获得信息的多少和质量，是系统安全判断的决定性因素之一。因

此，对于每一个影响因素系统相应地有一个描述它稳定的多样性和组织性的信息熵值。信息熵在不同决策评判过程中，也体现出了良好的效果。

信息论中，信息熵是系统无序程度的度量，信息是系统有序程度的度量，两者绝对值相等，符号相反。在影响因素方案评价中，某项指标（影响因素，下同）的变异程度越大，信息熵越小，该指标提供的信息量就越大，该指标的重要性向量也就越大；反之，某指标的变异程度越小，信息熵越大，该指标所提供的信息量越小，相对应其指标的重要性向量也就越小。根据各指标值的变异程度，利用信息熵计算各指标的重要性向量，具体步骤如下：

在大坝溃坝模式分析中，设有 m 个溃坝模式，n 个影响因素，按照定性与定量相结合的原则，取得多对象关于多指标的评价指标矩阵 $R' = (r'_{ij})_{mn}$ 。

$$R' = \begin{bmatrix} r_{11} & r_{12} & \cdots & r_{1n} \\ r_{21} & r_{22} & \cdots & r_{2n} \\ \vdots & \vdots & & \vdots \\ r_{m1} & r_{m2} & \cdots & r_{mn} \end{bmatrix} \tag{2-68}$$

由于各指标数据之间具有不可公度性，难以进行直接比较，必须对这些指标进行标准化、归一化处理，具体按 2.2.1.4 节所述方法进行操作。经过标准化后，得到标准化的决策矩阵为 $R = (r_{ij})_{mn}$ 。

$$R = \begin{bmatrix} r_{11} & r_{12} & \cdots & r_{1n} \\ r_{21} & r_{22} & \cdots & r_{2n} \\ \vdots & \vdots & & \vdots \\ r_{m1} & r_{m2} & \cdots & r_{mn} \end{bmatrix} \tag{2-69}$$

在得出了标准决策矩阵后，计算出第 j 个评价指标的熵定义为

$$E_j = -k\sum_{i=1}^{m} p_{ij}\ln p_{ij} \quad (j = 1,2,\cdots,n) \tag{2-70}$$

式中：E_j 为第 j 个评价指标的熵；$p_{ij} = \dfrac{r_{ij}}{\sum_{i=1}^{m} r_{ij}}$ ；$k = \dfrac{1}{\ln m}$ 。

并假定，当 $p_{ij} = 0$ 时，$p_{ij}\ln p_{ij} = 0$ ，也可以选择 k ，使得 $0 \leqslant E_j \leqslant 1$ ，这种标准化在进行评判比较时是很必要的。由此，可以得出第 j 个评价指标的重要性向量 w_j 为

$$w_j = \frac{(1 - E_j)}{\sum_{j=1}^{n}(1 - E_j)} \tag{2-71}$$

式中：$0 \leqslant w_j \leqslant 1$ ，$\sum_{j=1}^{n} w_j = 1$ 。

在评价过程中，可以根据得到的重要性向量对评价指标做出一定的调整，以利于做出最精确、最可靠的评价。

上述客观权重分析法中，基于灰理论的权重模型通常需要有一个标准案例和多个工程实例，但该方法克服了确定权重中的主观因素及组织实施难度大的不足，具有计算简便

的特点,比较适合于综合评估中底层因素权重的确定;不存在标准案例时,可以采用信息熵方法来确定各个影响因素的权重;而基于 Vague 集的权重分析方法则考虑了各个影响因素具体数值可能存在的不确定性,当影响因素不能采用具体数值表示时,可以采用该方法进行分析。

6. 确定大坝溃坝模式影响因素的组合赋权法

在大坝溃坝影响因素分析中,其重要性向量的确定是关键环节之一。对于这些因素的重要性向量确定合理与否,直接关系到分析结果的可靠性。在这些影响因素中,包含着各种各样的不确定性,因此若完全用客观分析法进行重要性向量的确定,结果难免出现不合理的情况。同样,对于其中的确定性因素,用主观分析法进行重要性向量的确定,难免带一些主观随意性,存在一定的不科学性。因此,本文以优化理论为基础,建立影响因素重要性向量的融合优化模型,求出优化模型的精确解,最终可以找到一个比较符合实际的大坝溃坝影响因素重要性向量。

1)主客观重要性向量的分类确定

设决策者选取 p 种主观分析法分别确定指标重要性向量为

$$\alpha_k = (\alpha_{k_1}, \alpha_{k_2}, \cdots, \alpha_{k_m}), \quad k = 1, 2, \cdots, p \tag{2-72}$$

式中:$\sum_{j=1}^{m} \alpha_{k_j} = 1, \alpha_{k_j} \geqslant 0 (j = 1, 2, \cdots, m)$,表示用 p 种主观方法确定评价体系中 m 个指标的重要性向量。

设决策者选取 q 种客观分析法分别确定指标重要性向量为

$$\beta_k = (\beta_{k_1}, \beta_{k_2}, \cdots, \beta_{k_m}), k = p+1, p+2, \cdots, p+q \tag{2-73}$$

式中:$\sum_{j=1}^{m} \beta_{k_j} = 1, \beta_{k_j} \geqslant 0 (j = 1, 2, \cdots, m)$,表示用 q 种客观方法确定评价体系中 m 个指标的重要性向量。

2)主客观重要性向量的融合优化

设融合优化后指标的重要性向量可表示为

$$W = (w_1, w_2, \cdots, w_m)^{\mathrm{T}} \tag{2-74}$$

式中:$\sum_{j=1}^{m} w_j = 1, w_j \geqslant 0 (j = 1, 2, \cdots, m)$。

则方案 i 的综合加权评价值为

$$B_i = \sum_{j=1}^{m} w_j r_{ij}, \quad i = 1, 2, \cdots, n \tag{2-75}$$

为了既兼顾主观偏好,又充分利用主客观分析法各自所带的信息,达到主客观的统一,引入离差函数:

$$d_i^k = \sum_{j=1}^{m} [(w_j - \alpha_{k_j}) r_{ij}]^2, \quad i \in N, k = 1, 2, \cdots, p \tag{2-76}$$

$$h_i^k = \sum_{j=1}^{m} [(w_j - \beta_{k_j}) r_{ij}]^2, \quad i \in N, k = 1, 2, \cdots, q \tag{2-77}$$

式中:d_i^k 表示对评价方案 i 而言,第 k 种主观分析法的决策与融合后的重要性向量所作决策的离差；h_i^k 表示对评价方案 i 而言，第 k 种客观分析法的决策与融合后的重要性向量所作决策的离差。

显然，希望得到合理的重要性向量，使其总的离差和最小，为此构造目标规划优化模型：

$$\min B(w)=\mu\sum_{k=1}^{p}\sum_{i=1}^{n}\sum_{j=1}^{m}c_k[(w_j-\alpha_{k_j})r_{ij}]^2+$$

$$(1-\mu)\sum_{k=p+1}^{p+q}\sum_{i=1}^{n}\sum_{j=1}^{m}d_k[(w_j-\beta_{k_j})r_{ij}]^2 \tag{2-78}$$

$$\text{s.t.}\sum_{j=1}^{m}w_j=1,w_j\geqslant 0,j=1,2,\cdots,m$$

式中：$c_k(k=1,2,\cdots,p)$ 和 $d_k(k=p+1,p+2,\cdots,p+q)$ 分别为 p 种重要性向量主观分析法和 q 种客观分析法的系数，由决策者根据各方法的重要性程度确定，且 $\sum\limits_{k=1}^{p}c_k=1$，$\sum\limits_{k=p+1}^{q}d_k=1$；$\mu$ 为离差函数的偏好因子，当 $0<\mu<0.5$ 时，说明决策者希望客观所得的重要性向量与融合后的重要性向量越接近越好，当 $\mu=0.5$ 时，决策者认为主观方法与客观方法是同等重要的，当 $0.5<\mu<1$ 时，决策者认为主观分析方法得到的重要性向量与融合优化后的重要性向量越接近越好。

如果 $\sum\limits_{i=1}^{n}r_{ij}^2>0(j=1,2,\cdots,m)$，则优化模型式(2-78)有唯一最优解为

$$B'=(w'_1,w'_2,\cdots,w'_m) \tag{2-79}$$

式中：$w'_j=\mu\sum\limits_{k=1}^{p}c_k\alpha_{k_j}+(1-\mu)\sum\limits_{k=p+1}^{p+q}d_k\beta_{k_j}(j=1,2,\cdots,m)$，$\sum\limits_{k=1}^{p}c_k\alpha_{k_j}$ 表示 p 种主观分析法对影响因素集所确定的重要性向量的加权平均，$\sum\limits_{k=p+1}^{p+q}d_k\beta_{k_j}$ 表示 q 种客观分析法对影响因素指标集所确定的重要性向量的加权平均，w_j 则是表示 p 种主观分析法所确定的重要性向量和 q 种客观分析法所确定的融合后重要性向量。

当采用一种主观分析法和一种客观分析法进行融合分析时，式(2-79)中，$p=q=1$，因此可以得到简化的重要性向量融合优化模型：

$$B=(w_1,w_2,\cdots,w_m) \tag{2-80}$$

式中：$w_j=\mu\alpha_j+(1-\mu)\beta_j,j=1,2,\cdots,m$。

即

$$B=[(\mu\alpha_1+(1-\mu)\beta_1),(\mu\alpha_2+(1-\mu)\beta_2),\cdots,(\mu\alpha_m+(1-\mu)\beta_m)]^{\mathrm{T}} \tag{2-81}$$

7. 工程实例

以某一水库大坝渗透性为例，邀请四位专家根据工程实际情况对其进行估计并考虑坝体渗透性过大、存在水平向透水带、水平排水不满足要求、反滤层不满足要求等四个方面因素，来分析各个因素对大坝渗透性的影响程度。四位专家的权威性数据及其对四个方面的影响因素重要性意见分别列于表 2-15 和表 2-16 中。

表 2-15　专家权威性权重计算

项目	学历	职称	实践经验	熟悉程度	权威性	专家权重
专家 A	80	85	80	85	81.25	0.23
专家 B	100	80	100	100	95	0.27
专家 C	85	100	75	90	87.5	0.25
专家 D	85	85	95	85	87.5	0.25

表 2-16　专家对各个影响因素的赋权

项目	坝体渗透性过大	有水平向透水带	水平排水不满足要求	反滤层不满足要求
专家 A	0.292	0.292	0.180	0.236
专家 B	0.305	0.250	0.195	0.250
专家 C	0.277	0.333	0.182	0.208
专家 D	0.279	0.277	0.222	0.222
均值	0.288	0.288	0.195	0.229

现以坝体渗透性过大为例进行专家权重融合分析，用四位专家给出的权重系数 $B = \{0.292, 0.305, 0.277, 0.279\}$ 来表示权重样本集合，并设样本的监控离散域为 $U_B = \{0.20, 0.25, 0.30, 0.35, 0.40\}$。样本数为 4，样本中最大值为 0.305，最小值为 0.277，从而由式(2-51)可以计算出扩散系数 h 为 0.084 93。正态扩散函数中认为各个专家的意见是同等重要的，所以采用算术平均值的方法进行权重融合；考虑到专家权重的影响，为此需要对式(2-50)进行修正，可以将原来的算术平均值改为加权平均值，从而得出修正后带有专家权威性的扩散方程为

$$p(b) = \frac{1}{0.08493 \times \sqrt{2\pi}} \sum_{i=1}^{4} w_i \exp\left[-\frac{(b_i - u_j)^2}{2 \times 0.08493^2}\right]$$

根据式(2-52)，可得出坝体渗透性过大对大坝填筑质量的重要性值 u 为

$$u = \frac{0.20 \times 2.749^2 + 0.25 \times 4.223^2 + 0.30 \times 4.612^2 + 0.35 \times 3.583^2 + 0.40 \times 1.980^2}{2.749^2 + 4.223^2 + 4.612^2 + 3.583^2 + 1.980^2} \approx 0.290$$

同样，可以计算出其他影响因素对大坝溃坝的重要性，并对这些重要性值进行归一化处理得出最终的重要性向量，具体计算见表 2-17 和表 2-18。

表 2-17　权重的扩散估计

坝体渗透性过大	监控离散域	0.20	0.25	0.30	0.35	0.40
	$p(b)$	2.749	4.223	4.612	3.583	1.980
	u	0.290				
有水平向透水带	监控离散域	0.20	0.25	0.30	0.35	0.40
	$p(b)$	2.737	4.048	4.392	3.507	2.064
	u	0.291				
水平排水不满足要求	监控离散域	0.10	0.15	0.20	0.25	0.30
	$p(b)$	2.547	4.044	4.596	3.744	2.188
	u	0.195				
反滤层不满足要求	监控离散域	0.20	0.25	0.30	0.35	0.40
	$p(b)$	4.372	4.483	3.287	1.723	0.645
	u	0.249				

表 2-18　权重的归一化

项目	考虑专家权威性的信息扩散权重	归一化后的权重
坝体渗透性过大	0.290	0.283
有水平向透水带	0.291	0.284
水平排水不满足要求	0.195	0.190
反滤层不满足要求	0.249	0.243

基于信息扩散原理的专家权重融合既考虑了专家意见的权威性，又考虑了专家意见存在的模糊不确定性，分析结果合理，为大坝险情分析提供了依据。

2.2.2　失事路径分析方法

在对大坝失事过程分析时，面对众多的失事路径逐一进行分析固然比较精确，但如果能把那些在目标坝上明显不可能发生或发生概率特别低的失事模式和路径事先进行识别和剔除，则可大幅降低分析工作量，同时也有助于理解和认识大坝的失事的隐患来源和发展过程。常用的分析方法有事件树法和故障树法。

事件树分析（Event Tree Analysis，ETA）来自于决策树分析（简称 DTA），它是一种按事故发展的先后顺序由初始事件开始推论可能的后果，从而进行危险源辨识的方法。失事事件的发生是许多原因事件相继发生的结果，其中一些事件的发生以另一些事件的首先发生为条件，而一些事件的出现往往又会引起另一些事件的出现。在事件发生的顺序上，一般存在着因果的逻辑关系。在具体运用事件树法分析时，一般以一个初始事件（如地震、特大洪水）为起点，按照事故的发展顺序，分成多阶段，一步一步地进行分析，每一事件可能的后续事件只能取完全对立的两种状态（成功或失败，正常或故障，安全或危险等)之一的原则,逐步向结果方面发展,直到达到系统故障或事故。所分析的情况用树枝状图表示。通过事件树分析,既可以定性地了解整个事件的动态变化过程,又可以定量地计算出各阶段的概率,最终了解事故发展过程中各种状态的发生概率。

故障树分析(FTA)技术是美国贝尔实验室在1962年开发的一种在工程上能够保障和改进系统可靠性、安全性的技术。它采用逻辑的方法,形象地进行危险事件的分析工作,具有直观、明了,思路清晰,逻辑性强的特点,既可以做定性分析,也可以做定量分析。故障树分析技术体现了以系统工程方法研究安全问题的系统性、准确性和预测性,是工程安全系统的主要分析方法之一。

显然,事件树法是一种由源至果的分析方法,而故障树法则是一种由果溯源的分析方法,二者各有千秋,本书主要以事件树法为例进行应用分析。但上述标准事件树分析方法要求的每个事件的后续事件只能有两个分枝的规定在溃坝分析时有时并不完全适用,因为从上节的失事路径分析可以发现某些起始事件可能导致多种后继事件,如特大洪水溢洪道泄流能力不足引起水位不断上涨,后继事件可能是漫顶,也可能是坝体管涌、基础管涌等。因此,本书认为在进行大坝失事事件数分析时,有时从某一节点出发的后继节点可以不只一个,且不一定是对立事件。这里仅以故障树为例介绍其原理及其在大坝失事路径分析中的用法。

2.2.2.1 故障树分析法

1. 故障树原理

故障树分析法(Fault Tree Analysis,简称FTA法),是一种将系统故障形成的原型由总体至部分按树状逐级细化的分析方法,是对复杂动态系统进行可靠性分析的工具,其目的是判明基本故障、确定故障的原因、影响和发生概率。故障树分析是分析系统可靠性和安全性的重要方法,在许多领域得到了广泛的应用。

故障树分析法就是把所研究系统的最不希望发生的故障状态作为故障分析的目标,然后寻找直接导致这一故障发生的全部因素,再找出造成下一级事件发生的全部直接因素,一直追查到那些原始的、其故障机理或概率分布都是已知的,因而无须再深究的因素为止。通常,把最不希望发生的事件称为顶事件,无须再深究的事件称为底事件,介于顶事件与底事件之间的一切事件称为中间事件,用相应的符号代表这些事件,再用适当的逻辑门把顶事件、中间事件和底事件联结成树形图。

采用故障树分析方法分析各种底事件和大坝溃坝事件之间的关系,并使用逻辑符号联结各个事件便可以建造出大坝溃坝的故障树。如果从顶事件向下分析,就能找出与溃坝相关的影响因素,从而能全面清查引起溃坝的原因;如果从故障树底事件往上追溯,则可以分辨各个因素对大坝溃坝的影响路径与程度,这样就可以将溃坝与导致溃坝的各种因素直观而形象地呈现出来。

2. 故障树的基本符号

故障树由各种符号及其连接的逻辑门组成。最简单、最基本的符号有事件符号、逻辑符号等。

1)事件符号

事件符号有矩形符号、圆形符号、菱形符号和三角形符号(见图2-6)。矩形符号表示顶事件或中间事件;圆形符号表示不能再继续往下分析的底事件(也称基本事件);菱形符号表示省略顶事件,或称不完整事件,指那些可能发生的故障,但其概率极小,或由于缺乏资料、时间或数值,不需要或无法再作进一步分析的事件;三角形符号是联系及转移符号。当一棵故障树包容的事件较多,为了减轻建树的工作量,使故障树简化,可使用转移符号。

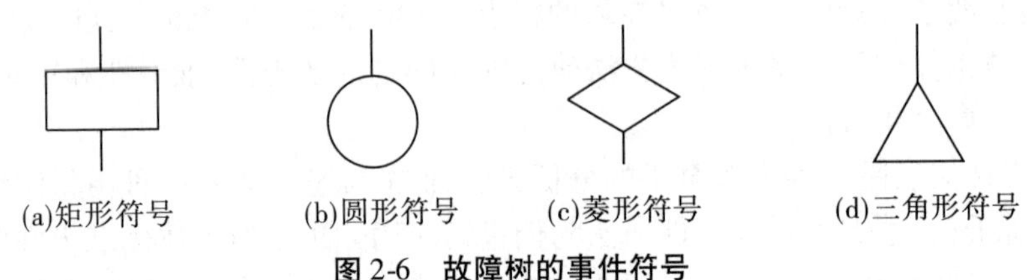

图 2-6 故障树的事件符号

2)逻辑符号

逻辑与门简称与门(见图 2-7(a))。它表示当事件 B_1、B_2 同时发生的情况下,事件 A 才会发生,表现为逻辑积的关系,即 $A = B_1 \cap B_2$。逻辑或门简称或门(见图 2-7(b))。它表示当事件 B_1 或 B_2 中,任何一个事件发生都可以使事件 A 发生,表现为逻辑和的关系,即 $A = B_1 \cup B_2$。条件与门符号(见图 2-7(c))表示只有当事件 B_1、B_2 同时发生,且满足条件 α 的情况下,事件 A 才会发生,即 $A = (B_1 \cap B_2) \cap \alpha$。条件或门符号(见图 2-7(d))表示 B_1 或 B_2 任何一个事件发生,且满足条件 α,事件 A 才会发生,即 $A = (B_1 \cup B_2) \cap \alpha$。

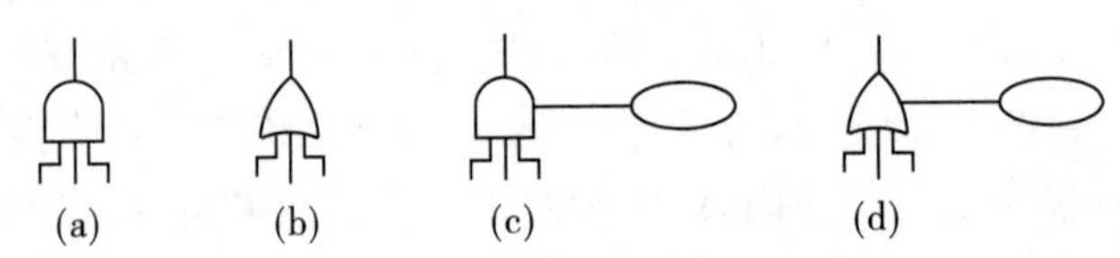

图 2-7 故障树的逻辑符号

3. 故障树的建造[147]

正确建造故障树是故障树分析法的关键,因为故障树的完善与否将直接影响到故障树定性分析和定量分析结果的准确性。故障树建造过程的实质是寻找出所研究的系统故障和导致系统故障的诸因素之间的逻辑关系,并将这种关系用故障树的图形符号(事件符号和逻辑门符号)表示,称为以顶事件为根,若干个中间事件和底事件为干枝和分枝的倒树图形。故障树的基本结构如图 2-8 所示。

大坝溃坝故障树可以按如下步骤建立:

(1)以要分析的水库大坝或其子部作为研究对象,对大坝的正常运行状态和正常事件、故障状态和故障事件要有确定的定义。在了解大坝系统性能、收集和分析大坝系统资料的基础上对系统的故障作全面的分析,评价各种故障对大坝系统运行状态的影响,找出导致各种故障的原因和途径。

(2)在判明故障的基础上,确定最不希望发生的故障事件为顶事件。

(3)根据对系统所提出的假设条件为依据,合理地确定边界条件,以确定故障树的建树范围。

(4)按照故障树基本结构的要求,画出大坝系统或其子系统的故障树图。

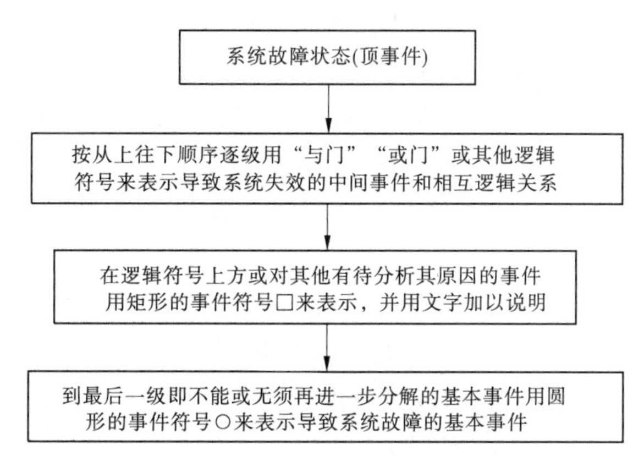

图 2-8 故障树的基本结构

2.2.2.2 失事路径分析

在大坝失事模式分析的基础上进一步分析不同模式的失事路径,并对各种状况出现的可能性进行排序,有助于工程技术人员更加深入地了解大坝的工作状态,发现其中的薄弱环节,及时制定处理对策或防范措施。

1. 失事路径的定性分析

在失事事件树分析中,事件树的各个分枝代表了从初始事件开始直至大坝安全状态不断发展、变化、转移的过程。一般导致失事的路径有多条,不同路径中包含的初始事件和影响大坝安全的后续事件之间具有"逻辑与"的关系,显然失事路径越多,系统越危险;失事路径中事件树越少,系统越危险。

失事路径的定性分析是为了避免引入一些发生率很低或不可能发生的路径,避免各种资源在分析过程中的无谓浪费。其实这一过程事件树绘制过程中就已开始进行。事件树分枝的发展过程要求我们必须根据大坝失事的客观实际,作出科学合理的逻辑推理,这一工作需要在专家的指导帮助下,充分利用专家掌握的与大坝失事有关的技术知识才能完成。所以,绘制大坝失事事件树的过程就已对每一发展阶段和失事发展路径进行了一次可能性初步分析。深入的分析修正需要在大坝失事事件树初步完成之后经由专家组会审论证决定,以进一步确定哪些是可以略去的失事路径,并决定还需要添加哪些内容。

本节是在上节代表性坝型失事模式分析的基础上,对不同失事模式下的主要失事路径进行分析,从失事发生原因发展变化过程和结果三个方面描绘了不同失事路径的发展变化历程,详见附图 1 ~ 附图 3,相应的故障树见附图 4 ~ 附图 6。从图中可以发现,同一原因事件可能产生多起后继事件,彼此之间相互联系。如何对路径中每个事件是否发生作出判断,并把各发展路径按出现机会的大小进行排序也是失事路径分析中的主要问题,对失事路径可从定性和定量两个方面进行分析。

2. 失事路径的定量分析

通常,大坝并不是只在特大洪水或特高水位时才会发生失事,例如对土石坝而言,正常水位晴天无雨条件下也可能发生管涌溃坝事件,并不乏先例。因此,在失事路径定量分析时,考虑不同荷载条件下事件树概率大小是必要的。实际应用中,各种条件限制使得不可能将所有荷载条件都予以考虑,事实上有些相近的水位或洪水事件造成的失事概率比较接近,据此可以选取几个典型水位和洪水状态进行分析。M. A. 福斯特等建议将库水位按最小可能水位、正常蓄水位减小 1 m、正常水位、洪水水位和较低概率的洪水水位进行划分。这样划分的依据是:历史资料表明,大多数管涌事件发生在历史高水位 1 m 范围,因此按这个水位进行划分是有益的,便于确定发生管涌的概率;如果发生洪水,在记载洪水水位以上更可能发生管涌或漫坝事件。关于最大洪水,D. S. Bowles 建议将洪水划分为 0 ~40% 可能最大洪水、40% ~60% 可能最大洪水、60% ~80% 可能最大洪水和 80% ~100% 可能最大洪水等 4 个级别,下面重点论述事件树法在失事路径定量分析中的应用。

失事事件树定量分析是根据每一事件的发生概率,计算各失事路径的事故发生概率,比较各个路径概率值的大小,对事故发生可能性进行排序。一般当各事件之间相互统计独立时,定量分析比较简单,当事件之间相互统计不独立时,则定量分析变得非常复杂。这里仅讨论前一种情况。失事路径概率的计算步骤如下。

1) 事件概率

失事事件的定量分析需要以失事路径中各个事件的发生概率作为计算的依据和前提,但失事路径各种各样,蕴涵的事件也千差万别,通常能够直接确定事件不同状态发生概率的比较少,一般都因缺少相关资料而不能直接定量,此时只能根据专家经验或历史经验进行估计,详见 3.2 节。这样,可以得到在不同荷载 E_i ($i = 1,2,\ldots,n$) 条件下事件 j 的概率 $P_{fj/i}$ 。

2) 失事路径概率

如果一条失事路径上各事件状态的概率彼此独立,则各失事途径的概率等于自初始事件开始的各事件发生概率的乘积,即若路径 k 有 m 个联系事件,则其发生概率为

$$P_k(E_i) = P(E_i) \cdot \prod_{j=1}^{m} P_{fj/i} \tag{2-82}$$

式中:$P(E_i)$ 为荷载 E_i 的发生概率;$P_k(E_i)$ 为在荷载 E_i 条件下第 k 条失事路径的出现概率。

根据路径定量分析结果,对各路径按序排队,根据需要可提出发生概率很低的一些路径。但需要提醒的是,对于某些发生概率较小,但后果可能非常严重的失事路径(即小概率严重事件),应由专家讨论决定是否剔除,不能因其出现概率较低而贸然放弃,避免造成误判。

3) 大坝整体失事概率

如果各失事荷载间相互独立,则大坝整体失事概率 P 为

$$P = \sum_{i=1}^{n} \sum_{k=1}^{m} P_k(E_i) \tag{2-83}$$

当失事荷载间或失事路径之间存在某种相关性时,应根据集合论的 deMorgan 定律进行计算,具体过程可参考相关文献。

2.3 失事事件概率分析

尽可能准确估算不同失事模式下大坝失事概率是大坝风险评价的关键问题之一,精

确确定各种模式的风险率在实际操作中存在一定困难，当前一般通过数值计算和主观判断相结合的方法来得到各模式的失效率。根据获得相关工程背景资料的差异，可采用历史数据统计法、经验法、判断法和可靠度分析法等四种方法进行事件概率分析，但每种方法在使用中各有自己的优势和不足，本节将重点探讨每种方法的适用条件和应用要点，并就其中的不足提出了修正。

2.3.1 历史数据法

历史数据法是利用历史上该事件出现的频率作为事件的概率估计值。由数理统计理论可知收集的样本量越大，估值越精确。因此，对洪水和地震的发生概率，应尽可能地收集足够长的历史数据序列。同样，对按照不同坝型、坝龄、尺寸和位置等因素划分的大坝失事资料而言，大量资料有望比少量资料提供特定失事模式或事件的更好的估计。但对于高拱坝、大型重力坝等大型坝，能够获得的相关失事资料很少，只能利用平均意义上的失事概率估计值来取代特定条件下的估计值。此外，对于某些发生在大坝内部或者虽然发生在外部但当时无人值守或因当时条件所限记录资料不完整的情况，概率初分析时一般采用专家经验确定概率的估值。

2.3.2 经验法

经验法是利用专家经验来定量确定大坝失事过程中各种事件在不同状态下的发生概率。这种方法最初被用于核工业领域的安全评估，后来在其他领域也广为应用。专家经验法的核心是利用专家对某一事件的理解和判断，使用专门编制的映射表将专家的定性判断转换为定量判断。J. Barneich 和 Steven G. Vick 分别在 1992 年和 1996 年提出了一种事件发生率定量映射表，并被 Vick 在后来的试验中得到证实。但是 Vick 的映射表对小概率影射的划分过于粗糙，而 Barneich 则相反，在大概率事件的划分上比较粗糙。USBR 结合了二者的优点于 1999 年提出了一个综合的映射关系表。虽然 USBR 的转换表在上述问题上有所改善，但在小概率映射方面依然显得粗糙，澳大利亚大坝委员会（ANCOLD）在 2003 年提出的大坝风险评价导则中对此作了进一步的修正。但在使用中发现，在小概率事件的确定上出现了难以准确区分的问题。

我国大坝数量众多，坝型多样，但一直缺乏合适的概率关系转换表。虽然有国内学者在国外转换关系的基础上，结合我国土石坝定检分析资料，提出了我国主要面向土石坝的大坝定性定量关系映射表，并将溃坝事件划分为闸门失效、坝顶高程不足、洪水漫顶、洪水不能安全下泄、大坝滑动、大坝渗流破坏、坝下埋管渗流破坏、大坝裂缝、人工抢险干预及抗震安全等 10 个环节，对每一个环节可能出现的问题进行了较详细的破坏形式描述并给出了对应概率，但上述方法的映射转换关系对土石坝这类拥有较多案例的大坝比较适合，在目前仍然占有相当比例，特别是坝高超过 60 m 以上占有绝对数量优势的重力坝和拱坝，在确定小概率事件的概率时仍有一些难度。本书在对上述国内外多种转换关系分析总结的基础上，结合重力坝和拱坝的特点，提出了表 2-19 的定性定量转换关系表。

表 2-19　我国大坝失事事件概率映射表

定性描述	发生概率量级	判据
肯定会发生	0.9～1.0	类似事件在同类结构上经常出现
基本会发生	0.5～0.9	曾发生过三起以上类似事故
很可能发生	0.3～0.5	曾发生过一、二起类似事故
可能发生	0.1～0.3	若不采取措施,可能会发生此类事件
不太可能发生	0.01～0.1	国外在近 20 年内发生过此类事件
不可能发生	$1\times10^{-4}\sim1\times10^{-2}$	国外在 20 年前曾出现过类似事件
很不可能发生	$1\times10^{-5}\sim1\times10^{-4}$	国外在 20 年前曾出现过类似事件,但有明显差别
肯定不可能发生	$1\times10^{-6}\sim1\times10^{-5}$	国内外都没有类似事件发生

在多专家共同分析的场合,可根据各个专家经验的多寡或专家重要性的不同,利用层次分析法确定每个专家的权重,然后将各专家的评估结果进行加权平均:

$$\overline{P}=\frac{\sum_{i=1}^{n}P_iw_i}{\sum_{i=1}^{n}w_i} \tag{2-84}$$

式中:w_i 为专家 i 的权重。

2.3.3　判断法

为了把各种室外调查、室内试验和专家经验等附加信息结合在一起,可将历史统计数据和专家经验概率估计作为事件的初步估值,而后根据获取的先验信息调整初估结果。贝叶斯方法提供了利用先验知识估计历史概率的方法,一般有参数化方法、最小熵法(最大似然函数法)、阶梯函数近似法和非参数法等[187]。在得到先验事件概率估值的基础上,可进一步调整历史概率估值:

$$P_N(V/U)=\frac{P_{\mathrm{Pre}}(V)P_L(U/V)}{P_{\mathrm{Pre}}(V)L(U/V)+P_{\mathrm{Pre}}(\overline{V})L(U/\overline{V})]} \tag{2-85}$$

式中:$P_N(V/U)$ 为给定大坝附加信息 U 时失事概率的新估计值;$P_{\mathrm{Pre}}(V)$ 为失事概率的先验估计值;$L(U/V)$ 为大坝失事条件下观察资料 U 的似然函数;$P_{\mathrm{Pre}}(\overline{V})$ 为不失事概率的先验估计值;$L(U/\overline{V})$ 为假定大坝没有失事条件下观察资料 U 的似然函数。

2.3.4　可靠度分析法

所谓结构的可靠度,就是要求结构在规定的时间内和规定的条件下能够完成设计预定的各种功能,同时应尽量降低结构的建造、使用和维修费用,达到安全可靠、耐久适用、经济合理、保证质量、技术先进的要求。影响结构的参数总体上可归于两大类:一类是施加在结构上的直接作用或引起结构外加变形（或约束变形）的间接作用，这些作用引起的结构或构件的内力、变形等称为作用效应或荷载效应，一般用 S 表示；另一类则是结构或构件及其材料承受效应的能力，称为抗力，抗力取决于材料强度、截面尺寸、连接条件等，一般用 R 表示。

可靠度方法是通过计算模型把结构荷载和模型参数的概率分布转化为概率估计，如洪水风险分析、抗滑稳定分析等。目前，常用的分析方法有一次二阶矩法（中心点法、JC法、映射变换法）、二次二阶矩法、二次四阶矩法、蒙特卡罗法、响应面法和随机有限元法等多种，但应用最广泛的还是一次二阶矩法和蒙特卡罗法。

2.3.4.1　**结构极限状态**

在结构的施工和使用过程中，结构是以可靠（安全、适用、耐久）和失效（不安全、不适用、不耐久）两种状态存在的。在结构可靠度分析和设计中，为了正确描述结构的工作状态，就必须明确规定结构可靠和失效的界限（结构模糊可靠度分析除外），定义的分界界限称为结构的极限状态。我国《工程结构可靠度设计统一标准》（GB 50153—92）对结构极限状态的定义为：整个结构或结构的一部分超过某一特定的状态就不能满足设计规定的某一功能要求，此特定的状态为该结构的极限状态。结构的极限状态实质上是结构工作状态的一个阈值，若超过该阈值，则结构处于不安全、不耐久或不适用的状态；若没有超过这一阈值，则结构处于安全、耐久、适用的状态。如果用 $X_1,X_2,\cdots,X_n$ 表示结构的基本随机变量，用 $Z = g(X_1,X_2,\cdots,X_n)$ 表示结构工作状态的函数，称为结构功能函数。结构的工作状态可用下式表示：

$$Z = g(X_1,X_2,\cdots,X_n)\begin{cases} < 0 & \text{失效状态} \\ = 0 & \text{极限状态} \\ > 0 & \text{可靠状态} \end{cases} \tag{2-86}$$

称 $Z = g(X_1,X_2,\cdots,X_n) = 0$ 为结构的极限状态方程，在直角坐标系中，结构的工作状态如图 2-9 所示。

结构的极限状态可以根据结构构件的实际状态客观规定，也可以根据人们的经验、需要和人为控制由专家论证给定。我国各专业的结构可靠度设计统一标准将结构的极限状态分为两种，即承载能力极限状态和正常使用极限状态。

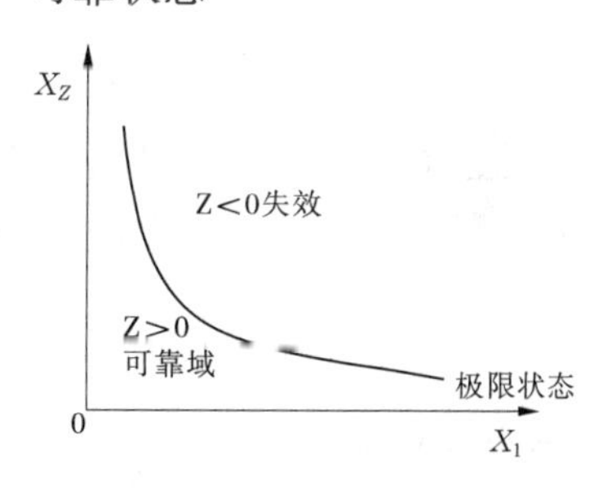

图 2-9　结构的工作状态

1. *承载能力极限状态*

承载能力极限状态对应于结构或结构构件达到最大承载能力或不适于继续承载的变形，当结构或结构构件出现下列状态之一时，即认为超过了承载能力极限状态：

（1）整个结构或结构的一部分作为刚体失去平衡（包括倾覆等）；

（2）结构构件或其连接因材料强度被超过而破坏（包括疲劳破坏），或因过度的塑性变形而不适用于继续承载；

（3）结构转变为机动体系；

（4）结构或结构构件丧失稳定（如压屈等）。

2. 正常使用极限状态

正常使用极限状态对应于结构或构件达到正常使用或耐久性能的某项规定限值,当结构或构件出现下列状态之一时,即认为超过了正常使用极限状态:

(1)影响结构正常使用或外观的变形;

(2)影响结构正常使用或耐久性能的局部破损(包括裂缝);

(3)影响结构正常使用的各种振动;

(4)影响结构正常使用的其他特定状态。

一般情况下,一个结构或构件的设计需要同时考虑承载能力极限状态和正常使用极限状态,只有两者都在规定的允许范围内时,结构才能达到其可靠度要求。

2.3.4.2 结构可靠度

结构可靠度是结构可靠性的概率度量,结构可靠度定义为在规定的时间内和规定的条件下结构完成预定功能的概率,数学表示为 p_s ;相反,称结构不能完成预定功能的概率为结构的失效概率,数学表示为 p_f 。结构的可靠与失效是两个互不相容的事件,因此结构的可靠概率 p_s 与失效概率 p_f 是互补的,即满足: $p_s + p_f = 1$ 。为了计算和表达上的方便,结构可靠度分析中常用结构的失效概率来度量结构的可靠性。结构随机可靠度分析的核心问题是根据随机变量的统计特性和结构的极限状态方程来计算结构的失效概率。

根据结构可靠度的定义和概率论的基本原理,若结构中的基本随机变量为 X_1, $X_2, \cdots, X_n$,相应的概率密度函数为 $f_X(x_1, x_2, \cdots, x_n)$,由这些随机变量表示的结构功能函数为 $Z = g(x_1, x_2, \cdots, x_n)$,则结构的失效概率表示为

$$p_f = P(Z < 0) = \iint\limits_{Z<0} \cdots \int f_X(x_1, x_2, \cdots, x_n) \mathrm{d}x_1 \mathrm{d}x_2 \cdots \mathrm{d}x_n \tag{2-87}$$

若随机变量 $X_1, X_2, \cdots, X_n$ 相互独立,则式(2-87)可以变为

$$p_f = P(Z < 0) = \iint\limits_{Z<0} \cdots \int f_{X_1}(x_1) f_{X_2}(x_2) \cdots f_{X_n}(x_n) \ \mathrm{d}x_1 \mathrm{d}x_2 \cdots \mathrm{d}x_n \tag{2-88}$$

假定结构的抗力随机变量为 R ,荷载效应随机变量为 S ,相应的概率密度函数分别为 $f_R(r)$ 和 $f_S(s)$,概率分布函数分别为 $F_R(r)$ 和 $F_S(s)$,且 R 和 S 相互独立,结构的功能函数为

$$Z = g(R, S) = R - S \tag{2-89}$$

则结构的失效概率为

$$\begin{aligned} p_f &= P(Z < 0) = \iint\limits_{r<s} f_R(r) f_S(s) \mathrm{d}r \mathrm{d}s \\ &= \int_0^{+\infty} \left[\int_0^s f_R(r) \mathrm{d}r \right] f_S(s) \mathrm{d}s = \int_0^{+\infty} F_R(s) f_S(s) \mathrm{d}s \end{aligned} \tag{2-90}$$

或

$$\begin{aligned} p_f &= P(Z < 0) \\ &= \int_0^{+\infty} \left[\int_r^{+\infty} f_S(s) \mathrm{d}s \right] f_R(r) \mathrm{d}r = \int_0^{+\infty} f_R(r) \left[1 - F_S(r) \right] \mathrm{d}r \end{aligned} \tag{2-91}$$

图 2-10(a)为同一坐标系中绘制的 R 和 S 的概率密度函数曲线,图 2-10(b)和图 2-10(c)为在同一坐标系中绘制的 R 和 S 的概率密度函数曲线和概率分布函数曲线。

在传统的可靠度理论中，称图 2-10(a)中 R 和 S 的概率密度函数曲线的重叠区域为干涉区，应该注意，p_f 不是两个密度函数 $f_R(r)$ 和 $f_S(s)$ 重叠部分的面积，干涉区的面积与结构的失效概率不存在特定的关系。

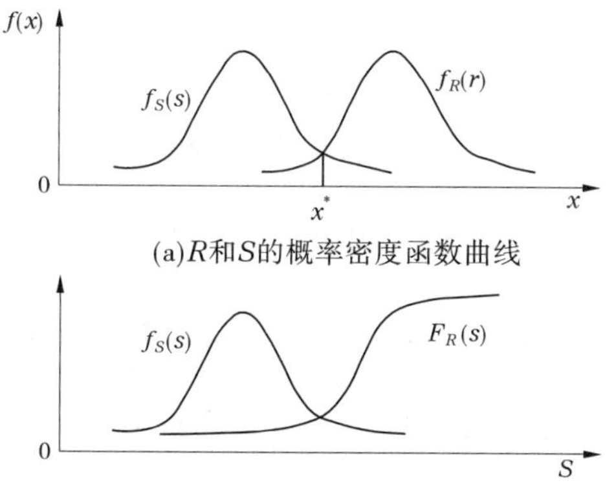

(a) R 和 S 的概率密度函数曲线

(b) S 的概率密度函数曲线和 R 的概率分布函数曲线

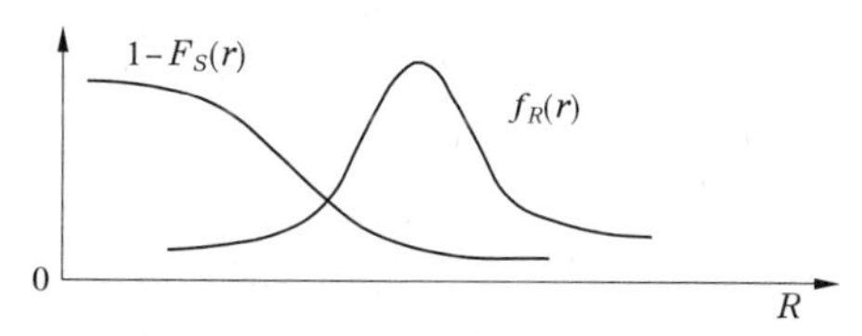

(c) R 的概率密度函数曲线和 S 的概率分布函数曲线

图 2-10　函数曲线

实际的结构可靠度分析中随机变量的数目往往较多，功能函数一般是非线性的，因此直接利用式(2-87)或式(2-88)通过数值积分来计算结构的失效概率在实际工程中是难以实现的；同时，由于实际问题的复杂性，工程中很难准确得到随机变量的统计参数及其分布概型。因此，对于量大面广的工程结构而言，应寻找满足工程精度要求而计算分析比较简便的可靠度分析方法。

2.3.4.3　结构可靠度计算方法

考虑到利用式(2-87)通过数值积分来计算结构的失效概率的困难性，在计算结构失效概率时引入了结构可靠度指标的概念。在式(2-89)表示的功能函数中，假定 R 和 S 均服从正态分布，其各自的平均值和方差分别为 μ_R、μ_S 和 σ_R 和 σ_S，则功能函数 $Z = g(R,S) = R - S$ 也服从正态分布，其相应的平均值和方差分别为 $\mu_Z = \mu_R - \mu_S$ 和 $\sigma_Z = \sqrt{\sigma_R^2 + \sigma_S^2}$。

图 2-11 表示随机变量 Z 的概率密度函数曲线，$Z < 0$ 的概率为失效概率，即 $p_f = P(Z < 0)$，数值大小等于图中的阴影部分的面积。由图可见，从 O 原点到平均值 μ_Z 的这段距离可以利用方差 σ_Z 来度量，即 $\mu_Z = \beta\sigma_Z$。这样，就 β 和 p_f 之间存在一一对应关系：当 β 小时，p_f 的数值大；当 β 大时，p_f 的数值小。因此，可以利用 β 作为衡量结构可靠度的标准，一般称 β 为可靠度指标。β 和 p_f 的数学关系如下：

$$p_f = P(Z < 0) = F_Z(0) = \int_{-\infty}^{0} \frac{1}{\sqrt{2\pi}\sigma_Z} \exp\left[-\frac{(Z-\mu_Z)^2}{2\sigma_Z^2}\right] \mathrm{d}Z \tag{2-92}$$

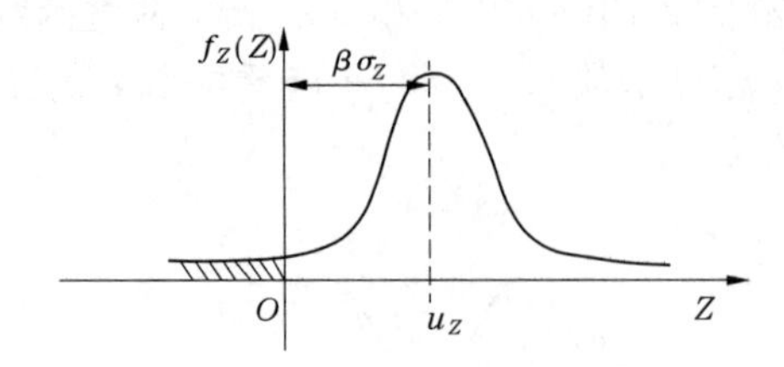

图 2-11　功能函数密度曲线

引入标准化正态随机变量 $t = \dfrac{Z - \mu_Z}{\sigma_Z}$ 代入式(2-92)得:

$$p_f = \int_{-\infty}^{-\mu_Z/\sigma_Z} \frac{1}{\sqrt{2\pi}} \exp\left(-\frac{t^2}{2}\right) \mathrm{d}t = \Phi\left(-\frac{\mu_Z}{\sigma_Z}\right) = \Phi(-\beta) \tag{2-93}$$

式中,$\Phi(\cdot)$ 为标准正态分布的分布函数值,可靠度指标为

$$\beta = \frac{\mu_Z}{\sigma_Z} = \frac{\mu_R - \mu_S}{\sqrt{\sigma_R^2 + \sigma_S^2}} \tag{2-94}$$

若 R 和 S 均服从对数正态分布,令其功能函数为 $Z = \ln(R/S) = \ln R - \ln S$,则 Z 服从正态分布,μ_Z 和 σ_Z 分别为

$$\mu_Z = \mu_{\ln R} - \mu_{\ln S} = \ln\left(\frac{\mu_R}{\sqrt{1 + \delta_R^2}}\right) - \ln\left(\frac{\mu_S}{\sqrt{1 + \delta_S^2}}\right) = \ln\left(\frac{\mu_R}{\mu_S}\frac{\sqrt{1 + \delta_S^2}}{\sqrt{1 + \delta_R^2}}\right) \tag{2-95}$$

$$\sigma_Z^2 = \sigma_{\ln R}^2 + \sigma_{\ln S}^2 = \ln(1 + \delta_R^2) + \ln(1 + \delta_S^2) = \ln[(1 + \delta_R^2)(1 + \delta_S^2)] \tag{2-96}$$

结构可靠度指标为

$$\beta = \frac{\mu_Z}{\sigma_Z} = \frac{\mu_{\ln R} - \mu_{\ln S}}{\sqrt{\sigma_{\ln R}^2 + \sigma_{\ln S}^2}} = \frac{\ln\left(\dfrac{\mu_R}{\sigma_S}\dfrac{\sqrt{1 + \delta_S^2}}{\sqrt{1 + \delta_R^2}}\right)}{\sqrt{\ln[(1 + \delta_R^2)(1 + \delta_S^2)]}} \tag{2-97}$$

当 δ_R 和 δ_S 均小于 0.3 或者近似相等时,式(2-97)可以简化成:

$$\beta \approx \frac{\ln(\mu_R/\mu_S)}{\sqrt{\delta_R^2 + \delta_S^2}}$$

在实际工程中,结构的功能函数往往是非线性的,大多数随机变量不服从正态或对数正态分布,同时也不一定相互独立,功能函数一般也不服从正态分布,因而无法直接计算结构的可靠度指标 β。为了工程结构设计和分析的需要,人们发现了多种计算可靠度指标的近似方法,目前最常用的是验算点法(JC 法)和蒙特卡罗法。

1. 验算点法

1)验算点法原理

验算点法是结构可靠度计算中最基本和最常用的一种方法。它是在求解的问题中一些随机变量的分布尚不清楚时,采用均值和方差的数学模型去求解结构可靠度的方法。设极限状态方程为

$$Z = g(X_1, X_2, \cdots, X_n) = 0 \tag{2-98}$$

式中:$X_1, X_2, \cdots, X_n$ 服从正态分布且相互独立。将设计验算点 x^* 取到失效边界上时,

x^* 应满足极限状态方程,即:

$$Z = g(x_1^*, x_2^*, \ldots, x_n^*) = 0 \tag{2-99}$$

相应的可靠指标 β 可通过系列方程组求得:

$$g(x_1^*, x_2^*, \ldots, x_n^*) = 0 \tag{2-100}$$

$$x_i^* = \mu_{x_i} - \alpha_i \cdot \beta \cdot \sigma_{x_i} \tag{2-101}$$

$$\alpha_i = \frac{\left.\frac{\partial g}{\partial x_i}\right|_{x^*} \cdot \sigma_{x_i}}{\left[\sum_{i=1}^{n}\left(\left.\frac{\partial g}{\partial x_i}\right|_{x^*} \cdot \sigma_{x_i}\right)^2\right]^{\frac{1}{2}}} \tag{2-102}$$

式中:x_i^* 为 X_i 的设计验算点;α_i 为 X_i 的敏度系数。

当某一变量不服从正态分布时,应首先按验算点法(JC 法)的当量正态化条件将非正态变量 X_i 当量正态化,得到当量正态分布的均值 μ'_{X_i} 和标准差 σ'_{X_i},以代替 μ_{x_i} 和 σ_{x_i}。

$$\mu'_{X_i} = x_i^* - \Phi^{-1}[F_{X_i}(x_i^*)]\sigma_{X'_i} \tag{2-103}$$

$$\sigma'_{X_i} = \frac{\varphi[\Phi^{-1}F_{X_i}(x_i^*)]}{f_{X_i}(x_i^*)} \tag{2-104}$$

式中:$\Phi(\cdot)$ 、$\Phi^{-1}(\cdot)$ 分别为标准正态分布的分布函数及分布函数的反函数;$\varphi(\cdot)$ 为标准正态分布的概率密度函数;$f_{X_i}(\cdot)$ 为原随机变量的密度函数。

在极限状态方程中,求得非正态随机变量 X_i 的当量正态化参数 μ'_{X_i} 和 σ'_{X_i} 后,即可按上述正态变量的情况由式(2-100)~式(2-102)迭代求解可靠指标 β 和设计验算点 x_i^*。

2)验算点法的计算步骤

验算点法求解可靠度指标 β 的计算步骤如图 2-12 所示:

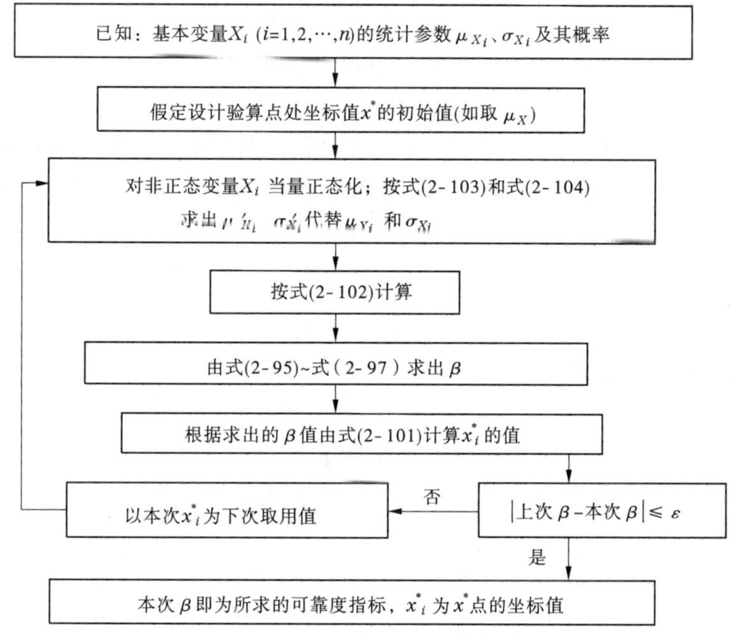

图 2-12 可靠度 β 计算框图

2. 蒙特卡罗(Monte Carlo)法

1)基本原理

蒙特卡罗法在目前可靠度计算中被认为是一种相对精确法,并已被我国《港口工程结构可靠度设计统一标准》(GB 50158—92)推荐使用。蒙特卡罗法的基本原理是:对影响结构可靠性的随机变量抽样,以获取各变量的分位值,将抽样值代入功能函数式计算出相应的功能函数值并判断功能函数是否失效。在此基础上进行大量抽样,根据大数定理,结构的失效概率应稳定在某一水平上,据此可得到结构的失效概率。

用蒙特卡罗法计算结构的可靠度时,首先要正确的产生伪随机数。伪随机数的获取方法很多,有取中法、移位法和乘同余法等,本书仅简要介绍在文中用到的乘同余法。乘同余法递推公式为

$$x_{i+1} = \lambda x_i (\mathrm{mod} M) \tag{2-105}$$

$$r_i = x_i / M \tag{2-106}$$

式中:$M = 2^s$,如取 $s = 32$,$x_0 = 1$,$\lambda = 5^{13}$。但文献建议 s 最好随机选取一个 $4q+1$ 型数[188],q 为任意整数;λ 取成 5^{2k+1} 型的正整数,k 为使 5^{2k+1} 在计算机上所能容纳下的最大奇数。一般常用参数可按文献建议值选用[188]。在得到[0,1]上的伪随机数后还要根据实际问题中各随机变量的分布情况,对伪随机数进行变换,从而得到符合随机变量分布类型的随机抽样值。常用的抽样方法有反函数法、舍选法等,文献中有具体的描述[188]。几种常用的抽样如式(2-107)~式(2-111)。

(1)正态分布随机变量的抽样。Hasting 有理逼近法:

$$t = \sqrt{-2\ln r} \quad (0.5 < r < 1) \tag{2-107}$$

$$x = \Phi^{-1}(r) = t - \frac{a_0 + a_1 t + a_2 t^2}{1 + b_1 t + b_2 t^2 + b_3 t^3} \tag{2-108}$$

式中:$a_0 = 2.515\ 517$,$a_1 = 0.802\ 853$,$a_2 = 0.010\ 328$,$b_1 = 1.432\ 788$,$b_2 = 0.189\ 269$,$b_3 = 0.001\ 308$。

(2)对数正态分布随机变量的抽样。首先将均匀随机数变换为正态分布随机数,然后转化为对数正态分布随机数。设 X 为对数正态分布,则 $Y = \ln(X)$ 为正态分布,且

$$\mu_Y = \ln\left(\frac{\mu_X}{\sqrt{1+\delta_X^2}}\right)$$

$$\sigma_Y = \sqrt{\ln(1+\delta_X^2)} \tag{2-109}$$

Y 的随机数通过式(2-105)和式(2-106)产生,则 X 的随机数为

$$x = \exp(y) \tag{2-110}$$

(3)极值Ⅰ型分布随机变量的抽样。设 X 为极值Ⅰ型分布,则 X 的抽样值 x_i 为

$$x_i = \mu_X - 0.45\sigma_X - 0.779\sigma_X \ln(-\ln r_i) \tag{2-111}$$

2)蒙特卡罗法的计算步骤

(1)根据统计确定功能函数中各随机变量的分布规律和相关参数;

(2)产生 0 到 1 之间的均布随机数 r_i;

(3)由 r_i 产生各个变量的抽样值;

(4)将所得变量抽样值代入功能函数并计算功能函数值 Z；

(5)重复(1)~(4),统计出现 $Z < 0$ 的次数 N_1 和计算总次数 N；

(6)当计算次数 N 满足 $N \geqslant 100/P_f$（P_f 为预计失效概率）时,由 $P_f = N_1/N$ 求出结构的失效概率,进而可求出可靠指标 β。

根据上述流程,可以很容易实现计算机编程计算。

2.4 溃坝概率的不确定性分析方法

不确定性广泛存在于自然、社会及工程领域之中,它使得人们对事物发展的趋势与结果无法做出明确的判断,由此产生了判断的不确定性。一般认为由于大坝本身所具有的不确定性才导致了大坝溃坝概率估计的不确定性。可以从勘探设计、施工和管理运行几个方面来探究坝的各种病害原因。但归根结底是事物本身所具有的不确定性所造成的,主要表现如下:

(1)水文因素的不确定性:如水文系列频率分布、暴雨时空分布等的不确定性因素;

(2)地震因素的不确定性:如地震烈度、发生时间及其作用荷载等的不确定性;

(3)水力因素的不确定性;

(4)材料和施工因素的不确定性:如材料的缺陷、施工质量差等;

(5)操作管理因素的不确定性:如操作不当、机械故障等。

2.4.1 溃坝概率的模糊可靠度分析[147]

结构可靠度分析方法是从概率论的角度出发,综合应用可靠性数学和力学理论等相关知识,建立结构可靠度分析的基础理论和计算方法。它通常考虑了实际工程中的随机性因素,却忽略了模糊性因素。因此,可以将模糊理论引入到可靠度分析中,建立结构的模糊可靠度模型。

2.4.1.1 模糊事件的概率

模糊集合论中,模糊事件是基本事件空间上的模糊集合。如果基本事件是离散的,其基本事件空间为 $X = \{x_1, x_2, \cdots, x_i, \cdots\}$,这些基本事件的概率为 $p(x_i)(i = 1,2,\cdots)$,事件 x_i 隶属于模糊事件 A 的隶属函数为 $\mu_A(x_i)$,则模糊事件 A 的概率为其隶属函数的期望值,即:

$$p(A) = \sum_i \mu_A(x_i)p(x_i) \tag{2-112}$$

若基本事件是连续的,则得出的概率为

$$p(A) = \int_{-\infty}^{+\infty} \mu_A(x)p(x)\,\mathrm{d}x \tag{2-113}$$

2.4.1.2 结构破坏隶属函数的确定

由于结构从安全到破坏难以用明确的界限来划分,具有模糊性。因此,结构破坏是一个模糊事件。

一般地,结构的极限状态(结构从安全到破坏的状态)可以用荷载效应 S 和结构(或构件)抗力 R 之间的关系来加以描述。结构所处的状态可概括为

$$Z = R - S$$

式中：Z 为结构的状态函数。当 $Z > 0$ 时，结构处于安全状态；当 $Z = 0$ 时，结构处于极限状态；当 $Z < 0$ 时，结构处于破坏状态。

$Z = R - S$ 称为极限状态方程，表征结构从安全到破坏的判断界，从而将原来结构破坏临界界限 $Z = R - S = 0$ 即单一的结构破坏状态转化成具有随机取值性质的实数论域上的一个模糊破坏区 M，即建立结构破坏集合，集合中的每一个元素都对应一种结构破坏状态，但各个元素隶属于结构破坏的程度互不相同。荷载效应 S 和结构抗力 R 的取值范围分别为

$$(S - d_S, S + d_S); \quad (R - d_R, R + d_R) \tag{2-114}$$

式中：d_S 为结构荷载效应的容差最大值；d_R 为结构抗力的容差最大值；$S - d_S$ 为荷载效应减小，即限制荷载效应要求，实际上是提高安全要求。$S + d_S$ 为荷载效应增加，即放宽荷载效应条件，实际上是降低安全要求；$R - d_R$ 为结构抗力减小，即限制结构抗力条件，实际上是提高安全要求。$R + d_R$ 为结构抗力增加，即放宽结构抗力条件，实际上是降低安全要求。

根据 R 和 S 的取值，可以建立 6 种模糊集合：

(1) R 增大和 S 增大；

(2) R 减小和 S 减小；

(3) R 增大和 S 减小，且 $d_S > d_R$；

(4) R 增大和 S 减小，且 $d_S < d_R$；

(5) R 减小和 S 增大，且 $d_S > d_R$；

(6) R 减小和 S 增大，且 $d_S < d_R$。

以上提到的安全要求是针对所采用的破坏准则而言的。考虑到模糊破坏区域时，相应地选择为 R 和 S 增加。结构状态函数 $Z = R - S$ 所对应的模糊集合为

$$M = \{Z \mid Z \in R^n, -d_R \leqslant Z \leqslant d_S\} \tag{2-115}$$

隶属函数 $\mu(x)$ 的形式很多，如指数形式、梯形形式、三角函数形式等。其中，半梯形形式可以较好地反映结构状态函数从安全区经模糊区到破坏区的过渡。

半梯形的隶属函数的数学表达式为

$$\mu(Z) = \begin{cases} 1 & Z \leqslant -d_R \\ \dfrac{-Z + d_S}{d_R + d_S} & -d_R < Z \leqslant d_S \\ 0 & d_S \leqslant Z \end{cases} \tag{2-116}$$

式中：$d_R + d_S$ 为破坏容差，是结构由安全到破坏的过渡区域，即模糊区。

在模糊数学理论中，隶属函数 $\mu(Z)$ 的大小反映了结构状态函数 Z 隶属于结构破坏这一模糊事件的程度，是对其模糊概念的客观性的一种度量。当 $\mu(Z) = 0$，结构开始破坏；当 $\mu(Z)$ 趋向 1 时，结构逐渐趋向完全破坏。一般来说，临界状态（$Z = R - S = 0$）时，模糊不确定性最大，其隶属函数 $\mu(Z)$ 的值取决于 d_R 和 d_S。

2.4.1.3 结构的模糊可靠度

综合式(2-113)和式(2-116)，可得到结构破坏的概率 p_f 为

$$p_f = \int_{-\infty}^{+\infty} \mu(x) p(x) \mathrm{d}x \tag{2-117}$$

结构的模糊可靠度为

$$\beta = \Phi^{-1}(1 - p_f) \tag{2-118}$$

式中：β 为可靠性指标；Φ 为标准正态分布函数；Φ^{-1} 为标准正态分布反函数。

2.4.2 基于灰色－随机不确定性的溃坝概率分析

在对大坝进行溃坝概率的不确定分析时，首先应该考虑大坝系统的不确定性。大坝系统的不确定性是怎样影响大坝溃坝概率的不确定性及其影响的量化处理已称为相关研究人员关注和重视的问题。大坝系统的不确定性，既源于系统内在的不确定性，也源于模型、参数的不确定性和获取信息的不足。Jon C. Helton 在进行风险分析时，将复杂系统的不确定性分为随机不确定性和主观不确定性。其中，随机不确定性的产生是来自于系统的复杂性和表现形式的多样性，一般可用统计概率来描述或表征；而主观不确定性则由于信息缺乏，使得人们对系统信息的认识不足所引起，因而可以将其视为以灰色性为表象的不确定性，与之相对应的溃坝概率不确定性则可以通过灰色系统理论方法来加以描述和量化。

2.4.2.1 有关灰色概率分布的基本概念

在提出大坝溃坝的灰色－随机风险率概念和建立灰色－随机风险率的表达式之前，需要明确灰色概率、灰色概率分布、灰色概率密度、灰色期望和灰色方差等基本概念。

定义1 设 P_G 是 (Ω, Ψ) 上的闭区间集值测度，且 $1 \in P_G(\Omega)$，则称映射 $P_G: \Psi \to P([0,1])$ 为灰色概率，称 (Ω, Ψ, P_G) 为灰色概率空间。

定义2 对于样本空间(Ω)上取值为实数域的随机变量 ξ，称

$$F_G(x) = P_G(\xi \leqslant x) \tag{2-119}$$

为随机变量 ξ 的灰色概率分布函数。其中，P_G 是 ξ 在实数域上的灰色估计。

定义3 如果存在函数 $f_G(x)$，使对任意的 x 有：

$$F_G(x) = \int_{-\infty}^{x} f_G(y) \mathrm{d}y \tag{2-120}$$

则称 $f_G(x)$ 为 $F_G(x)$ 的灰色概率密度函数。为了更直观地表现灰色概率分布的"灰色不确定性"特性，式(2-120)可以表示为灰色区间形式，即：

$$F_G(x) = [F_{G*}(x), F_G^*(x)] = \left[\int_{-\infty}^{x} f_{G*}(y) \mathrm{d}y, \int_{-\infty}^{x} f_G^*(y) \mathrm{d}y\right] \tag{2-121}$$

定义4 设灰色概率空间 (Ω, Ψ, P_G) 中，随机变量 ξ 的灰色概率分布函数为 $F_G(x)$，当 $\int_{-\infty}^{+\infty} |x| \mathrm{d}F_{G*}(x) < \infty$ 时，ξ 的数学期望（简称灰色期望）$E_G(\xi)$ 存在，且

$$E_G^*(\xi) = [E_{G*}(\xi), E_G^*(\xi)] = \left[\int_{-\infty}^{+\infty} x \mathrm{d}F_G^*(x), \int_{-\infty}^{+\infty} x \mathrm{d}F_G^*(x)\right] \tag{2-122}$$

同时，ξ 的灰色方差 $D_G(\xi)$ 存在，且

$$D_G(\xi) = [D_{G*}(\xi), D_G^*(\xi)] = \int_{-\infty}^{+\infty} (\xi - E_G(\xi))^2 \mathrm{d}F_G(x)$$

$$= \left[\int_{-\infty}^{+\infty} (\xi - E_G(\xi))^2 \mathrm{d}F_{G*}(x) \int_{-\infty}^{+\infty} (\xi - E_G(\xi))^2 \mathrm{d}F_{G*}^*(x) \right] \tag{2-123}$$

2.4.2.2 大坝溃坝概率的灰色－随机风险分析

大坝溃坝风险率是指大坝系统局部失效或大坝整体溃坝而不能执行其原来安全挡水功能的概率，或指大坝系统遭遇到荷载超过自身承载能力而导致溃坝的概率。因此，可以从以下三个方面考虑大坝溃坝的灰色－随机风险概率：

(1)仅考虑单个系统承载能力(或抗力)和单个系统荷载的情况下，若大坝承载能力服从某一经典分布的随机变量(用 X 表示)，而外来荷载为服从某一灰色概率分布的随机变量(用 Y_G 表示)，则大坝溃坝的风险概率为

$$R_G = P_G(X < Y_G) \tag{2-124}$$

由于 P_G 为灰色概率，因此称 R_G 为灰色－随机风险概率。若已知 X 的概率密度函数 $f_X(x)$ 和 Y_G 的灰色概率分布函数$[F_{Y_{G*}}(y), F_{Y_G}^*(y)]$或灰色概率密度函数$[f_{Y_{G*}}(y), f_{Y_G}^*(y)]$，则式(2-124)可写成：

$$R_G = \left[\int_0^{\infty} (1 - F_{Y_{G*}}(x)) f_X(x) \mathrm{d}x \int_0^{\infty} (1 - F_{Y_G}^*(x)) f_X(x) \mathrm{d}x \right] \tag{2-125}$$

大坝溃坝灰色－随机风险概率 R_G 的度量可用曲线 $f_X(x)$ 分别与 $f_{Y_{G*}}(x)$ 、$f_{Y_G}^*(x)$ 的重叠部分表示。

(2)仅考虑单个系统承载能力和单个系统荷载的情况下，若大坝系统的承载能力和系统荷载分别服从某一灰色概率分布 $F_G(x)$ 、$F_G(y)$ 的随机变量 X_G 和 Y_G，则大坝系统溃坝的风险概率可以表示为

$$R_G = P_G(X_G < Y_G) \tag{2-126}$$

若已知 X_G 和 Y_G 的灰色概率分布$[F_{X_{G*}}(x), F_{X_G}^*(x)]$、$[F_{Y_{G*}}(y), F_{Y_G}^*(y)]$、或灰色概率密度函数$[f_{X_{G*}}(x), f_{X_G}^*(x)]$、$[f_{Y_{G*}}(y), f_{Y_G}^*(y)]$时，大坝溃坝的风险概率可以用曲线 $f_{X_{G*}}(x)$ 、$f_{X_G}^*(x)$与曲线$f_{Y_{G*}}(y)$ 、$f_{Y_G}^*(y)$的重叠部分表示。

当考虑到大坝溃坝风险概率 R_G 为描述溃坝风险概率的风险概率的最小值与最大值区间时，式(2-126)可以具体表达成如下形式：

$$\begin{aligned}
R_G &= [R_{G*}, R_G^*] = [P_{G*}, P_G^*] \\
&= \Big[\min\Big[\int_0^{+\infty} (1 - F_{Y_{G*}}(x)) f_{X_{G*}}(x) \mathrm{d}x, \int_0^{+\infty} (1 - F_{Y_G}^*(x)) f_{X_{G*}}(x) \mathrm{d}x, \\
&\qquad \int_0^{+\infty} (1 - F_{Y_{G*}}(x)) f_{X_G}^*(x) \mathrm{d}x, \int_0^{+\infty} (1 - F_{Y_G}^*(x)) f_{X_G}^*(x) \mathrm{d}x \Big], \\
&\qquad \max\Big[\int_0^{+\infty} (1 - F_{Y_{G*}}(x)) f_{X_{G*}}(x) \mathrm{d}x, \int_0^{+\infty} (1 - F_{Y_G}^*(x)) f_{X_{G*}}(x) \mathrm{d}x, \\
&\qquad \int_0^{+\infty} (1 - F_{Y_{G*}}(x)) f_{X_G}^*(x) \mathrm{d}x, \int_0^{+\infty} (1 - F_{Y_G}^*(x)) f_{X_G}^*(x) \mathrm{d}x \Big] \\
&= \Big[\int_0^{+\infty} (1 - F_{Y_{G*}}(x)) f_{X_G}^*(x) \mathrm{d}x, \int_0^{+\infty} (1 - F_{Y_G}^*(x)) f_{X_{G*}}(x) \mathrm{d}x \Big]
\end{aligned} \tag{2-127}$$

(3)大坝系统溃坝通常涉及许多影响因素(或称为状态变量),可以用一个向量 $X_G = (X_{G1}, X_{G2}, \cdots, X_{Gm})$ 来表示。因此,系统功能函数是这些因素的函数 $g(X_G)$,大坝溃坝的风险概率即为 $g(X_G) < 0$ 的概率。

由于将大坝系统看作是一个灰色系统,因此大坝系统中的每一状态变量 X_G 服从可用灰色概率分布$[F_{X_{G*}}(x), F_{X_G}^*(x)]$或灰色概率密度函数$[f_{X_{G*}}(x), f_{X_G}^*(x)]$表征的某一灰色概率分布。因此,可以将大坝系统溃坝时的临界状态表示为 $g(X_G) = 0$,它是系统的“极限状态”,从而有:

$$\begin{cases}[g(X_G) > 0] = \text{“安全状态”} \\ [g(X_G) < 0] = \text{“失效状态”}\end{cases}$$

极限状态方程 $g(X_G) = 0$ 是 n 维空间的一个面,称之为“失效面”。显然,由于 X_G 的灰色特性,存在 2^n 个失效面。若用向量 $d = (d_1, d_2, \cdots, d_{2^n})$ 表示失效面到原点的最小距离,则由于失效面的位置可以用失效面到原点的最小距离来表示,而相对于原点的失效面的位置有决定系统的风险性,因此所有最小距离的最小值 $\min(d)$ 和最大值 $\max(d)$ 可近似地用于风险率的度量,即 $[\min(d), \max(d)]$。

这样,如果变量 $X_{G1}, \cdots, X_{Gm}$ 的联合概率密度为 $f_{X_{G1}, \cdots, X_{Gm}}(X_{G1}, \cdots, X_{Gm})$,则失效状态的概率为

$$R_G = \int\limits_{g(X_G)<0} \cdots \int f_{X_{G1}, X_{G2}, \cdots, X_{Gm}}(X_{G1}, X_{G2}, \cdots, X_{Gm}) \mathrm{d}X_{G1} \mathrm{d}X_{G2} \cdots \mathrm{d}X_{Gm} \tag{2-128}$$

上式可以简写成:

$$R_G = \oint\limits_{g(X_G)<0} f_{X_G}(X_G) \mathrm{d}X_G \tag{2-129}$$

2.4.2.3 大坝溃坝概率的灰色 - 随机风险率的计算

计算风险率的方法很多,其中使用较多的是蒙特卡罗法和改进的一次二阶矩(AFOSM)法。这里只介绍改进的一次二阶矩法。

由于灰色 - 随机风险概率可以分解为 2^n 个随机风险概率的形式来表达,因此可以将灰色 - 随机风险率转换成一般的随机风险概率,进而采用改进的一次二阶矩法进行计算。

原则上,失效风险率 R_G 应从向量 $R = (R_1, R_2, \cdots, R_{2^n})$ 中取最小值、最大值得到,即:

$$R_G = [R_*, R^*] = [\min(R), \max(R)] \tag{2-130}$$

实际上,通过分析有关信息,可得到各因素 X_{Gi} 变化对 R_G 大小的影响。据此可以构造各因素的一、二阶矩进行两两组合,从其中的一组(记为 X_{G*})中可求得最小风险概率值(记为 R_*),从另外一组(记为 X_G^*)中可求得最大风险概率值(记为 R^*),即:

$$\begin{cases}R_* = P\{g(X_{G*}) < 0\} \\ R^* = P\{g(X_G^*) < 0\}\end{cases} \tag{2-131}$$

式中:R_* 和 R^* 可用改进一次二阶矩法分别求得。

2.5 传统大坝安全评价方法在失事模式识别中的作用

近百年来,在筑坝技术蓬勃发展的同时,材料科学、工程数学等相关科学也得到不断

发展，人们对影响大坝安全的因素和大坝工作机制的认识也在不断深入。在此基础上，各国工程技术人员相继提出了多种大坝安全分析评价方法。目前，经常使用的安全分析评价方法有稳定安全系数法、材料极限分析法、极限状态法、可靠度法、模型试验法和监控模型、综合分析评价等多种。上述方法，就使用范围而言，有些方法各种坝型可以通用，有些则仅适用于某些特殊坝型。拱坝、混凝土坝和土石坝常用安全评价方法见附表1。

本章2.2节的分析表明，一座大坝可能的失事模式和失事路径很多，继续细分模式种类会更多。如果对各种失事模式都进行详细分析，以确定其在不同荷载组合下的发生概率，当然有助于提高大坝风险分析的精度，但分析成本太高，需要消耗较多的人力、物力。除非是特别重要的大坝，一般无须对所有失事模式全部进行分析。技术人员可以在分析论证基础上挑选主要失事模式，排除出险可能性很小或在特定荷载下不可能发生的模式，这就涉及在确定大坝失事模式和失事路径时如何鉴别和挑选主要模式的问题。

大坝失事模式的分析涉及工程的各个方面，有效利用传统评价方法成为其中有效途径之一（一些专家的判断依据也来源于传统评价方法的评价结果）。针对不同坝型，在失事风险分析过程中，可根据实际情况有选择地使用合适的传统评价方法来帮助识别溃坝模式和路径。目前，我国要求大中型坝每隔5～10年须进行一次定检。在鉴定工作中，一般对现场安全检查、洪水标准、工程质量、运行管理、渗流安全、结构安全、地震安全和金属结构等方面做了专题研究，并提出了相应的安全等级。合理地运用这些结果对开展失事模式分析不失为一种有效的捷径。根据大坝安全分析流程，可以通过下述方法来帮助选择失效模式及路径。首先，通过传统评价方法对大坝安全状况进行初步评价，从中找出可能存在的问题，再结合评价结果和大坝坝型、地质、设计、施工、水文以及运行管理等资料，融合专家经验对失事模式进行综合分析，剔除出现概率极低或在规定荷载情况下不可能发生的模式和路径。

2.6 工程实例

2.6.1 工程概况

现以A水库大坝为例进行漫顶风险率分析，A水库枢纽由拦河坝、溢洪道、放水涵等组成。溢洪道位于大坝东部，为宽顶堰式溢洪道。A水库小(Ⅰ)型，水库总库容150.8万m^3。H水库工程始建于1975年10月，主体工程1979年初基本完工。水库设计洪水标准为50年一遇，设校核洪水标准为500年一遇，兴利水位47.80 m，水库实际坝顶高程为50.74 m。

2.6.2 漫顶风险率计算

（1）坝顶高程。

考虑到H水库大坝没有监测资料，而且已运行多年，坝顶沉降趋于稳定，可以认为H水库大坝坝顶高程服从正态分布，均值取为54.74 m，均方差取为0.005 m。

（2）起调水位。

H水库溢洪道为宽顶堰式溢洪道，因而取起调水位均值为堰顶高程，即47.80 m，均方差为 0.01 m。

(3)洪水导致水位增高。

水库溢流堰高程 47.80 m,即正常蓄水位为 47.80 m,自由泄洪,无闸控制,本次防洪复核中起调水位按正常蓄水位为 47.80 m。

根据 H 水库泄流建筑物条件、防洪调度原则和要求以及水库调度运行方式等,采用静库容法进行调节计算。调节计算的基本原理是联解水库的水量平衡方程和泄量方程,求解方法采用试算法。经调洪计算水库 50 年一遇设计洪水位导致坝前水位增高 1.04 m,500 年一遇校核洪水位导致坝前水位增高 1.49 m,参考相关文献[189]可计算相应的均方差。

(4)风壅高度 e 和波浪爬高 h_p 。

一般认为,风壅高度 e 符合极值 I 型分布,波浪爬高 h_p 符合瑞利分布。根据规范[190],风壅高度 e 和波浪爬高 h_p 可按下式计算:

$$e = \frac{Kv_{10}^2 D}{2gH}\cos\beta$$

$$h_p = \frac{K_\Delta K_v}{\sqrt{1 + m^2}}\sqrt{\bar{h}\,\bar{\lambda}} \tag{2-132}$$

式中: K 为综合摩阻系数,其值为 $(1.5 \sim 5.0) \times 10^{-6}$,计算时一般取 $K = 3.6 \times 10^{-6}$; v_{10} 为水面以上 10 m 处的风速; D 为水库吹程,m; H 为水域的平均水深; β 为计算风向与坝轴线法线的夹角,为安全起见,一般取0°; $\bar{h} = h/1.71$, $h = 0.0166W^{5/4}D^{1/5}$, h 、$\bar{h}$ 分别为波浪高度及其均值; $\bar{\lambda}$ 为平均波长, $\bar{\lambda} = 0.1233WD^{1/2}$; K_Δ 为斜坡的糙率渗透性系数; K_v 为经验系数,与风速、坝前水深等因素有关; m 为斜坡的坡度系数; W 为计算风速,按规范规定,校核情况下取多年平均最大风速,设计情况下取多年平均最大风速的 1.5 倍。根据水库所处地的资料分析,多年平均最大风速为 12 m/s,水库吹程取为 0.25 km,坝前平均水深取为 8.0 m,相关计算参数见表 2-20。

表 2-20 坝前水位各种影响因素的特征值

项目	设计洪水		校核洪水		分布形式
	均值	均方差	均值	均方差	
坝顶高程(m)	50.74	0.005	50.74	0.005	正态分布
起调水位(m)	47.80	0.01	47.80	0.01	正态分布
洪水作用增加的水位(m)	1.04	0.13	1.49	0.22	正态分布
波浪爬高(m)	0.238	0.124	0.265	0.139	瑞利分布
风壅高程(mm)	1.86	0.74	0.87	0.33	极值 I 型分布

根据上述原理,利用自行编制的漫顶风险率的蒙特卡罗程序,分别对设计洪水情况和校核洪水情况进行 500 万次抽样。计算得出的漫顶概率分别为 0 和 3.32×10^{-4},前者表面可以认为在设计洪水情况下不可能发生漫顶,后者达到了 10^{-4}级别,与世界平均年溃坝率相当,说明即使在 500 年一遇的校核洪水情况下,大坝发生漫顶的概率仍很小。这与安全鉴定中大坝防洪安全评价等级为 A 级的结论是相符合的,从另一个侧面说明了该方法的正确性。

第3章 大坝损失风险及其标准

3.1 概 述

自然与人为因素、上游集水区水文地理特征的改变、坝体和坝基材料的劣化、坝体内若干结构性隐患的存在等诸多不确定因素,无时不影响着大坝的安全;即便大坝的设计、施工或维护多么完善,溃坝风险都难以完全排除。因此,认识造成溃坝风险的因素,发现导致潜在溃决模式发生的根本原因,是改进大坝安全的关键环节。一般将直接或间接的静态或动态风险因素分为设计因素、施工因素、结构因素、材料因素、基础因素、水文因素、人为因素、运行管理、灾害预警、应急预案等。上述因素最终归结为对溃坝损失的影响,合理确定大坝溃坝损失内容和标准是大坝风险分析评价的关键问题。

目前,国外对风险评价的内容研究较多,国内也已开展相关工作,现在比较公认的大坝风险分析的内容应包括生命损失风险(个体风险、社会风险)、经济损失风险和社会环境损失风险等,本书的风险分析内容也以此为基础。以风险为主的风险标准的制定取决于大坝业主的安全管理原则,下游工农业、居民以及生态环境的价值,国家相关法规规定和业主的赔偿能力等。风险标准的制定首先要了解所有系统中的风险,这一系统不仅限于大坝本身,还可能包括下游地区、整个省,甚至也可能包括邻近国家。较低的风险标准可以节省维修加固资金,但也增大了大坝下游地区的损失风险;而过高的风险标准又会造成维护、加固和管理成本的飚升。因此,目前已经开展大坝风险评价分析应用的国家,都根据各自的国情,制定了本国的风险标准。本章就我国大坝风险的标准以及风险标准的制定原则问题进行探讨,并提出参考标准。

3.2 生命损失风险及其标准

根据考察对象的不同,生命损失风险分为个体风险和社会风险两种。个体风险指驻留在某个地方的个体由于意外事故引发的危险所造成的平均死亡率。社会风险指生活在大坝下游地区的公众受溃坝洪水影响造成的生命损失数量。

3.2.1 个体风险

每年水库出现不同严重程度洪水的概率是不同的,在不同洪水条件下的个体死亡率也明显不同,根据条件概率理论可得到个体风险率为

$$IR = \sum_{i-1}^{n} P_{f_i} P_{d/f_i} \tag{3-1}$$

式中:P_{f_i} 为第 i 种洪水发生率;P_{d/f_i} 为发生第 i 种洪水时个体在洪水中死亡率;n 为洪水

分类总数。

P_{f_i} 利用本书第 2 章讨论的溃坝概率分析方法得到，P_{d/f_i} 的基本值 P_{d_{basic}/f_i} 按 Graham 建议的方法(表 1-1)取值。但 P_{d_{basic}/f_i} 除受到 Graham 提到的预警时间、对洪水严重性的理解程度以及洪水强度等影响外，还受到洪水发生时段(白天、黄昏、夜间)、发生季节(不同季节水温不同)、个体生存能力、应急救援能力、洪水对建筑物的损毁程度等不确定因素的影响。根据对我国近 30 年来板桥、石漫滩、沟后、大路沟、五号河、小李湾、八一等水库溃坝资料的分析，对 P_{d_{basic}/f_i} 进行如下修正[191]：

$$P_{d/f_i} = P_{d_{basic}/f_i} \cdot I_T \cdot I_S \cdot I_L \cdot I_E \cdot I_{St} \tag{3-2}$$

式中：I_T 为洪水发生时段指数。洪水发生时间的不同，I_T 取值如下：

(1)07:00～17:00　　$I_T = 0.2 \sim 0.8$

(2)17:00～22:00　　$I_T = 0.8 \sim 1.0$

(3)22:00～07:00　　$I_T = 1.0$

I_S 为洪水发生季节修正指数。一般情况下，不同季节水温不同，而人在水中的生存时间随水温高低差别很大，因此建议根据水库所在地区季节或水温的不同选取合适的修正值：

(1)夏季　　$t > 18$ ℃　　$I_S = 0.5 \sim 0.7$

(2)春秋季　　10 ℃ $< t <$ 18 ℃　　$I_S = 0.7 \sim 0.9$

(3)冬季　　$t < 10$ ℃　　$I_S = 0.9 \sim 1.0$

I_L 为个体生存能力指数，体现了陷入洪水中个体的自救能力。有条件的可根据聚居区居民身份登记资料，进一步细化风险人群。建议取值如下：

(1)老人　　$I_L = 0.7 \sim 1.0$

(2)儿童　　$I_L = 0.7 \sim 1.0$

(3)成人　　$I_L = 0.5 \sim 0.7$

I_E 为应急救援能力指数，反映了各部门对灾区的救援能力。实践表明，及时地救援可大大减少受灾人群的死亡率，因此可根据灾区应急救援机制完善程度以及救援队伍救援区域的大小确定该指数。

(1)救援机制完善，可在洪水发生后立即出动救援，且可覆盖整个区域　　$I_E = 0.5 \sim 0.7$

(2)应急救援机制不太完善，灾后救援行动迟缓，覆盖区域有限　　$I_E = 0.7 \sim 0.9$

(3)缺乏应急救援，行动不及时，覆盖区域有限　　$I_E = 0.9 \sim 1.0$

I_{St} 为洪水对建筑物威胁指数，反映了洪水对建筑物的威胁程度。通常，洪水到来时，建筑物会为附近的人提供暂时避难场所，建筑物的损毁无疑会加大洪灾生命死亡率。这里采用 Peter Reiter 等[58]的分类标准，将 I_{St} 分为三类。每一类威胁指数取值范围为

(1)建筑物处于较低威胁　(水深 × 流速 = 1.0～3.0)　$I_{St} = 0.5 \sim 0.7$

(2)建筑物处于中等程度威胁　(水深 × 流速 = 1.0～3.0)　$I_{St} = 0.7 \sim 0.85$

(3)建筑物处于高度威胁　(水深 × 流速 ≥ 7.0)　$I_{St} = 0.85 \sim 1.0$

3.2.2　社会生命损失

这里的社会生命损失指大坝下游地区受失事洪水影响造成的生命损失数量。根据计

算方式的不同,主要有累计加权法、$F \sim N$ 线法和经验公式法等 3 种方法。

(1)累计加权法。

累计加权生命损失算法最初由 Piers 提出,Piers 利用式(1-7)对计算区域内家庭的生命损失积分得到。考虑到我国居民家庭分布及人口信息获取难度较大,根据我国国情,本书建议使用风险人群积分算法,即:

$$LOL = \iint_{\Omega} P_{ar}(x,y) \cdot IR(x,y)\,\mathrm{d}x\mathrm{d}y \tag{3-3}$$

式中:$P_{ar}(x,y)$ 为 (x,y) 位置风险人口数量;$IR(x,y)$ 为 (x,y) 处风险人口的死亡率;Ω 为计算区域;LOL 为生命损失数量。

因为下游不同人口聚居区离大坝失事位置的距离、预警时间长短、聚居区地势等各不相同,为方便计算并能比较准确地进行估算,可以把下游地区根据人口聚居特点结合行政区划分为若干子区域,可得到实用离散计算公式为

$$LOL = \sum_{i=1}^{n} \sum_{j=1}^{m} P_{ar_{i,j}} IR_{i,j} \tag{3-4}$$

式中:$P_{ar_{i,j}}$ 为第 i 个子区域中第 j 组风险人群的数量;$IR_{i,j}$ 为第 i 个子区域中第 j 组风险人群的个体生命损失率;n 为划分的风险子区域总数;m 为风险人口分组数量。

在上述风险估算过程中仍存在很多的不确定性,其中个体风险率的不确定性分析在 3.2.1 节中已有论述,这里仅探讨影响风险人群的主要不确定性因素。影响风险人群的主要不确定性因素包括旅游业、学校、交通运输业、短期用工等,并最终影响到常住人口、暂住人口和流动人口的精确确定。常住人口可通过查询当地相关部门的人口登记记录得到,常住人群的外出人口数量和变异系数可通过抽样调查得到。暂住人口的统计特征值可通过对当地寄宿学校、工厂、矿山、服务业的调查获得。流动人口的统计特征值则通过对当地旅游业和交通运输业的调查得到。

本章 3.2.1 节中个体风险率的分析表明,把同一子区域内风险人口根据个体脆弱性进一步细分为不同的子群体有助于提高个体风险率的估算精度,但过多的子风险人群的划分会增加统计数据获取的难度,因此子风险人群的总数也不宜过多,建议总数控制在 6 组以下。

(2) $F \sim N$ 线法。

$F \sim N$ 线是用双对数曲线表示每年不同死亡人数超越概率的一条曲线。每年不同死亡人数的超越概率用式(1-9)计算。

(3)经验公式法。

国外研究人员已经根据收集到的资料建立了各种生命损失估计的经验公式。其中,考虑影响因素比较完善的是 Dekay、McClelland 等建立的式(1-4) ~ 式(1-6)形式的经验公式。

由于我国地区人口密集,人口分布特征、预警机制和应急救援与国外差别很大,利用我国部分溃坝生命损失数据对上述文献中经验公式的复核结果表明(见表 3-1),用国外

的经验公式预测国内溃坝生命损失误差较大,不适合国内使用。国内有学者曾对我国部分溃坝生命损失资料进行了一些分析[192],也建立了一种基于风险人口的指数型回归公式。但该公式使用的样本容量有限,并且没有考虑预警时间、溃坝发生时间、发生季节、应急救援能力、洪水强度等影响因素。因此,该公式的有效性有待进一步收集数据予以验证。

总体而言,我国目前公开的溃坝资料信息还不足以建立有效的溃坝生命损失估算经验公式;从估算精度来看,国外建立的各种回归估计公式不适应中国的国情,但可以为以后建立我国的溃坝生命损失估计公式提供参考。

3.2.3 生命损失标准

3.2.3.1 影响风险标准制定的因素与 ALARP 准则

大坝失事风险限制标准的制定受政治、经济、文化、公众心理、技术发展水平等因素的影响,制定一套合理的风险控制标准,是一个需要综合考虑的复杂问题。国外早在 20 世纪 60 年代末就开始了相关研究,最初主要拘泥于技术层面开展研究,认为风险的可接受水平主要受技术手段的影响;后来逐步认识到风险标准不仅受当前技术手段的影响,还受人的参与及其他多种因素的制约,这一阶段的可接受风险水平由专家与公众共同参与确定;目前,随着风险可接受水平研究的深入,认识到这是个综合的社会问题,涉及政治、经济、文化、公众心理、技术发展水平、健康和环境等领域,属于决策问题。因此,大坝风险标准的确定不是风险本身可不可以接受或能不能容许的问题,而是如何决策的问题。

英国健康与安全机构(Health and Safety Executive, HSE)要求以低至合理水平(As Low As Reasonably Practicable, ALARP)作为风险管理和决策的准则,并建立了确定可接受风险水平的标准框架(见图 3-1)。图中的两条水平线,上面的是可接受风险上限线,下面的为广泛可接受风险线,两条水平线将整个风险域按风险度的高低分为三个子区域。超过可接受风险上限线的区域,被认为风险水平过高,称为不可接受风险区;广泛可接受风险线以下的区域称为广泛可接受风险区,该区域内的风险被认为风险已低至可忽略水平,不需再采取措施降低风险。在可接受风险上限线和广泛可接受风险线之间的区域称为可接受风险区(ALARP 区域),在该区域内,可通过采取各种措施以降低风险,但只有当风险低至所获利益高于降低风险所采取措施成本时,该风险才是可接受的。此外,在确定风险标准时,还应从公众的社会、文化、宗教信仰、经济水平、社会心理、道德等角度去研究,综合考虑国家的相关法律、法规和标准,并兼顾各地在技术、经济发展水平上存在的差异,做到制定标准时整体与局部的对立和统一。

就我国的实际情况而言,东西部地区在人口密度、经济发展水平、文化、社会心理等方面存在较大差异。因此,在确定我国生命损失标准以及后面的经济和环境风险时,除应参考上述准则及国外同类风险的相应标准外,还应综合考虑我国东西部不同省(市、区)在多方面存在的差异性,必要时可为东西部制定不同的风险标准。

表 3-1　国外经验公式复核比较

溃坝名称	下游地形	溃坝时间(时:分)	预警时间 W_T (h)	下游区域(km)	洪水严重性	对洪水的理解	风险人口(人)	死亡人数(人)	死亡率	式(1-3)		式(1-4)	
										预测值(人)	误差(人)	预测值(人)	误差(人)
洞口庙	海滩	05:50	0	$1.0<L\leq2.0$	低	模糊	4 700	186	0.039 6	2 350	−2 164	27	159
李家嘴	山区	23:30	0	$0.0<L\leq0.5$	中	模糊	1 034	516	0.499 0	517	−1	24	492
史家沟	山区	05:30	0.42	$0.0<L\leq0.8$	中	模糊	300	81	0.270 0	31	50	5	76
沟后	山区	21:00	0	$12.0<L\leq13.0$	低	模糊	3 060	320	0.104 6	1 530	−1 210	21	299
刘家台	山区	03:55	>1.0	$1.0<L\leq7.0$	高	模糊	2 784	525	0.188 6	1 392	−867	8	517
			<1.0	$7.0<L\leq15.0$	高	模糊	3 395	352	0.103 7	1 698	−1 346	52	300
			0	$15.0<L\leq30.0$	中	模糊	11 929	60	0.005 0	5 965	−5 905	95	−35
			0	$30.0<L\leq50.0$	低	模糊	46 833	0	0	23 417	−23 417	97	−97
横江	山谷－平原	08:00	0.25	$0<L\leq2.0$	高	明确	2 500	0	0	125 0	−1 250	120	−120
			0.25	$2.0<L\leq3.0$	中	明确	1 250	0	0	625	−625	17	−17
			0.25	$3.0<L\leq6.0$	低	明确	6 250	41	0.006 6	3 125	−3 084	22	19
			0.25	$6.0<L\leq15.0$	低	模糊	60 000	900	0.015 0	30 000	−29 100	78	822
石漫滩	平原	00:00	0	$0<L\leq5.0$	中	明确	10 524	220	0.020 9	5 262	−5 042	89	131
			0	$L\leq30$	低	模糊	193 966	229 7	0.011 8	96 983	−94 686	214	2 083
板桥	平原	01:00	0	$6.0<L\leq12.0$	高	明确	6 500	827	0.127 2	3 250	−2 423	425	402
			0	$12.0<L\leq45.0$	中	模糊	180 000	15 982	0.088 8	90 000	−74 018	438	15 544
			0	$45.0<L\leq60.0$	低	模糊	216 000	2 892	0.013 4	108 000	−105 108	228	2 664

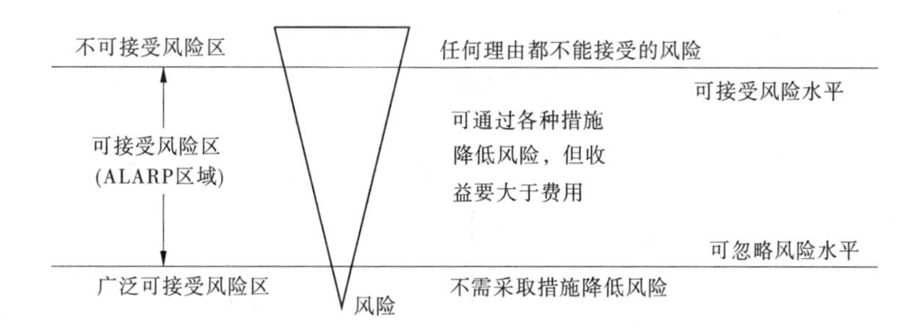

图 3-1　ALARP 准则

3.2.3.2　个体生命损失标准

由于使用方法和具体应用情况存在差异,不同国家和组织制定的个体风险标准也存在明显差异。荷兰交通部门为其高速列车系统设定的个体风险标准见表 3-2,而荷兰住宅空间及环境(Ministerie Van Volkshuisvesting Ruimtelijke Ordening en Milien,VROM)制定的居民区个体风险标准为每年不超过 10^{-6}。

表 3-2　荷兰高速列车风险等级

风险组	个体风险(年死亡率)	风险组	个体风险(年死亡率)
乘客	4×10^{-6}	铁路附近居民	1×10^{-6}
受培训人员	5×10^{-5}	铁路旁经过的路人	1×10^{-6}
钢轨侧工人	1×10^{-5}		

个体风险每年风险低于 10^{-6} 被认为已经"低至可达到的合理水平"(As Low As Reasonably Achievable,ALARA),而生活、工作在高于 10^{-6} 环境中的人或多或少和自己的意愿有关。因此,在制定标准时一般会考虑人们从事危险活动和居住在某地的意愿。荷兰水防御技术咨询委员会(Technical Advisory Committee on Water Defences,TAW)在此基础上制定了一种与个人意愿相结合的个体风险限制标准:

$$IR < \beta \cdot 10^{-4}(/a) \tag{3-5}$$

式中:β 为政策因子,根据个人从事某种活动意愿程度不同,β 取值范围为 0.01 ~ 10。个人意愿和受益程度对 β 取值的影响可参考图 3-2。但使用意愿因子也有一个明显的缺点,即意愿因子的取值范围过大,取值缺乏可度量依据,主观性较强。

澳大利亚大坝委员会(ANCOLD)在 2003 年制定的"风险评价指南"[193]中认为在役大坝对个体和团体造成的个体风险率超过 10^{-4}/a 是不可容忍的,新建大坝和改扩建工程的个体风险率超过 10^{-5}/a 是不可容忍的。英国健康委员会(HSE)对工人和公众确定的个体风险可容忍标准分别为 10^{-3}/a 和 10^{-4}/a。

国内有些学者[41]认为公众对交通意外死亡率的可接受水平可以作为制定个体风险标准的参考依据,在分析了我国公众对交通意外死亡率可接受水平的基础上,建议我国大坝的可容忍个体风险标准为 3.0×10^{-4}/a,可接受个体风险标准为 10^{-5}/a。但是交通安

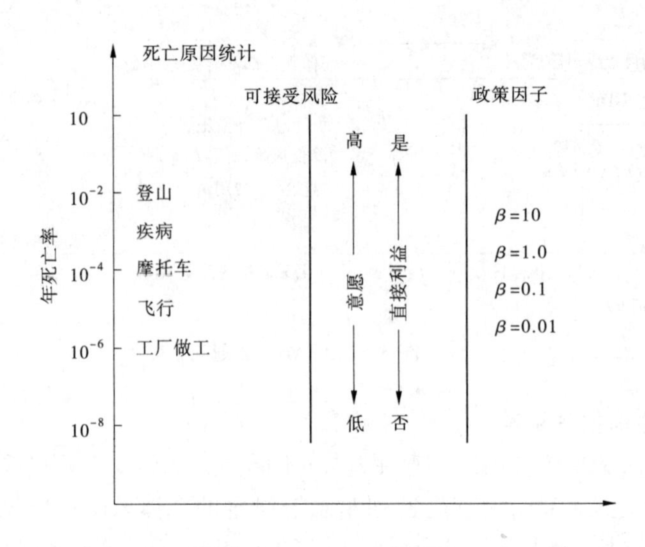

图 3-2　不同活动及参与意愿和收益的政策因子

全和水库大坝安全在失事损失、社会影响等方面有着较大的差别，单纯以交通意外死亡率作为水库大坝可接受水平的参考还有待于进一步论证。

本书认为，我国的个体风险限制标准应充分考虑我国的国情和民情，通过对我国人口死亡率变化规律的分析发现（见图 3-3），我国人口死亡率除在 1959 ~ 1961 年的“三年自然灾害”时期有所反复外，总体处于下降趋势，并从 1977 年起逐步稳定在 6.6‰左右。一般而言，一个国家的人口死亡率从一个侧面反映了该国的经济发展水平和公众的基本生存条件，这是社会个体难以改变且必须接受的事实，可以作为制定个体可容忍风险标准的参考。与我国多年年均 6.6×10^{-3} 的人口死亡率相比，文献[36]建议的标准高出近一个数量级。另外，从我国与澳大利亚、英国、荷兰的人均国民生产总值（GDP）比较来看（见表 3-3），我国的人均 GDP 大约是这些国家的 1/20 ~ 1/15，经济水平还比较低。因此，本书认为，李雷等建议的标准相对于我国当前经济社会发展水平而言基本合适，稍有些偏高，建议我国溃坝个体可容忍风险标准为 $5\times10^{-4}/a \sim 1.0\times10^{-3}/a$；与之相对应，可接受风险标准提高一个数量级，为 $5\times10^{-5}/a \sim 1.0\times10^{-4}/a$。

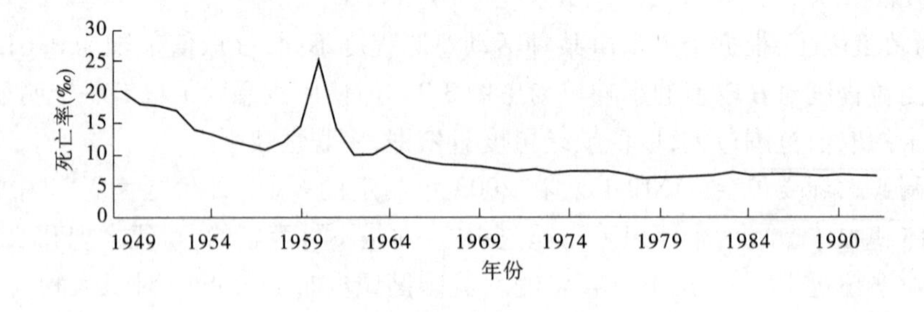

图 3-3　我国多年年均死亡率

表 3-3　中外经济水平和风险标准

国家	2004 年人均 GDP	2005 年人均 GDP	2006 年人均 GDP	风险类别	个体风险 $F \sim N$ 标准	社会风险 $F \sim N$ 标准
澳大利亚	26 035	29 761	31 851	可容忍风险 可接受风险	老坝：$IR < 1.0 \times 10^{-4}$ 新坝：$IR < 1.0 \times 10^{-5}$ $IR < 1.0 \times 10^{-5}$	$1 - F_N(x) < 1.0 \times 10^{-3}$ $1 - F_N(x) < 1.0 \times 10^{-4}$
英国	32 269	36 977	38 636	可容忍风险	工人：$IR < 1.0 \times 10^{-3}$ 公众：$IR < 1.0 \times 10^{-4}$	
荷兰	26 310	35 242	35 393	可接受风险	居民：$IR < 1.0 \times 10^{-6}$ 工人：$IR < 5 \times 10^{-5}$	$1 - F_N(x) < 1.0 \times 10^{-3}/x^2$
中国	1 257	1 703	2 042	可容忍风险 可接受风险	$IR < 3.3 \times 10^{-4}$ $IR < 1.0 \times 10^{-5}$	大中型库：$1 - F_N(x) < 1.0 \times 10^{-5}$ 小型库：$1 - F_N(x) < 2.5 \times 10^{-5}$ 大中型库：$1 - F_N(x) < 1.0 \times 10^{-6}$ 小型库：$1 - F_N(x) < 2.5 \times 10^{-6}$

注：表中人均 GDP 统计数据来自文献[194－196]。

3.2.3.3　社会生命损失标准

根据对社会生命损失度量方式的不同，常用的有 $F \sim N$ 线法和生命损失期望法两种限制标准。

1. $F \sim N$ 线法

该方法中的 N 表示死亡人数，F 为大于或等于 N 的概率。$F \sim N$ 线的标准线是以双对数形式确定的由若干段斜线组成的多段线。$F \sim N$ 线准则最初被用于核工业领域的风险评估，目前已被许多国家采用。荷兰则进一步把 $F \sim N$ 线准则广泛用于本国基础设施、铁路和航空运输的安全控制，相关的 $F \sim N$ 线的标准线如图 3-4 所示。$F \sim N$ 线准则可用一个通用公式表示为

$$1 - F_N(x) < \frac{C}{x^n} \tag{3-6}$$

式中：n 为限制线的陡度；C 为常数，决定了限制线的位置。

准则中的陡度 $n = 1$，称为中性风险；陡度 $n = 2$，称为转移风险。一般情况下，较大的事故被赋予较高的权重，以保证只有在发生概率较低时才会被接受。一些国家和地区使用的 $F \sim N$ 标准的系数取值见表 3-4，对应的 $F \sim N$ 线如图 3-5 所示。

表 3-4　部分 $F \sim N$ 限制线标准

国家或地区	N	C
英国	1	10^{-2}
中国香港	1	10^{-3}
荷兰	2	10^{-3}
丹麦	2	10^{-2}

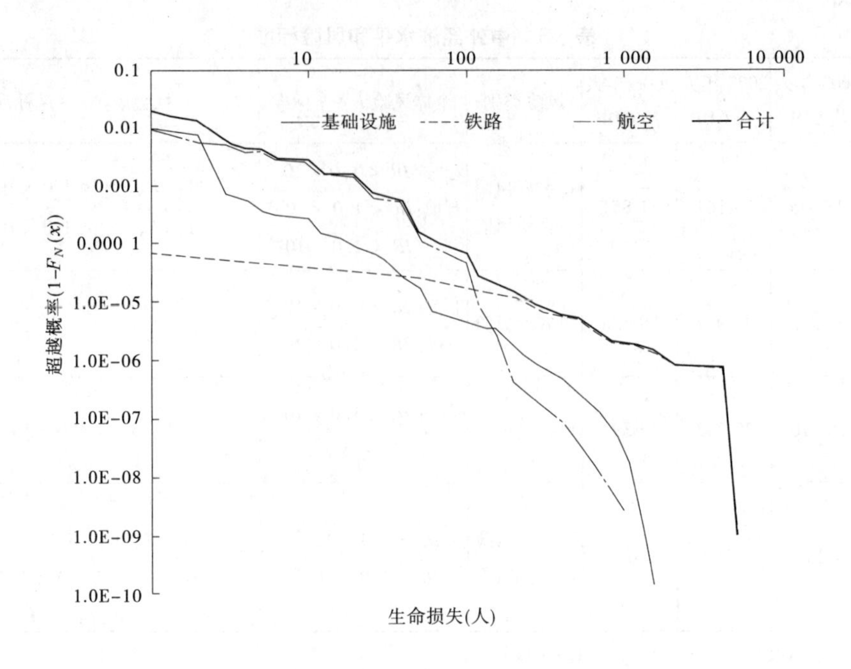

图 3-4　荷兰各种风险活动的 $F \sim N$ 线准则(1999)

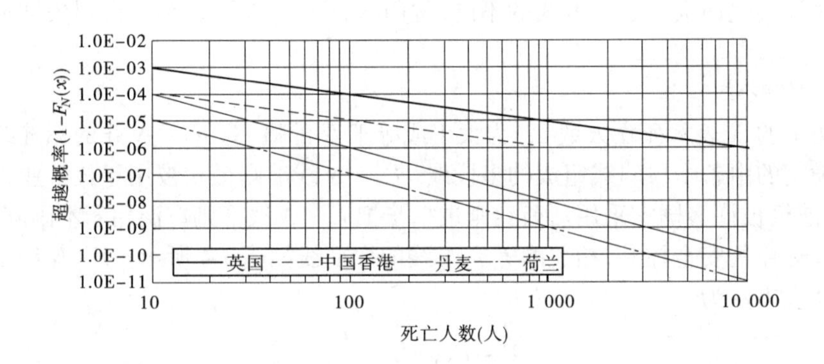

图 3-5　部分国家的 $F \sim N$ 线标准

Vrijling et al. 在上述标准的基础上,提出了一种确定基础设施或某地点的可接受风险标准的改进方法,并规定 $n = 2$,因子 C 为基础设施在国家水平上的数值 N_A 、风险折减因子 k 和政策因子 β 的函数:

$$C = [\frac{\beta \cdot 100}{k\sqrt{N_A}}]^2 \tag{3-7}$$

荷兰利用上式确定社会可接受风险时,得到的参数为 $C = 10^{-3}$ 。

上式为不同地区根据各自经济发展水平制定不同的可接受风险标准提供了参考。目前,我国在役数量最多的小型水库除少部分管理、维护及加固费用比较有保证外,大多数水库资金来源匮乏,即使有财政拨款的水库,由于东西部经济发展水平存在较大差异,各地在资金匹配总量上差别也很大。但这些水库一般对当地的经济发展贡献较大,如果全国制定统一标准，无疑将使不少西部地区的水库因缺乏资金维护和加固而停止运行或改变运行条件，这又将进一步恶化当地经济发展环境。因此，本书认为，从国家层面上，为东西部地区制定不同的溃坝社会可接受风险标准是一个比较好的解决办法。当然，这只是一种当前阶段的变通方式，当西部地区经济水平好转以后，可以逐步提高将全国标准予以统一，以便于管理。

根据上述分析，结合我国和其他国家经济发展水平的对比（见表3-3）并参考国外相关标准，建议我国 $F \sim N$ 线形式结合 ALARP 准则的社会风险为：西部经济落后地区可接受风险参数为 $C = 10^{-3}$、$n = 1.5 \sim 2$，广泛可接受风险标准为 $C = 10^{-2}$、$n = 1.5 \sim 2.0$；东部经济发展较快地区可接受风险参数为 $C = 10^{-3}$、$n = 1 \sim 1.5$，广泛可接受风险标准为 $C = 10^{-2}$、$n = 1 \sim 1.5$。根据上述建议得到的 $F \sim N$ 线标准如图3-6所示。

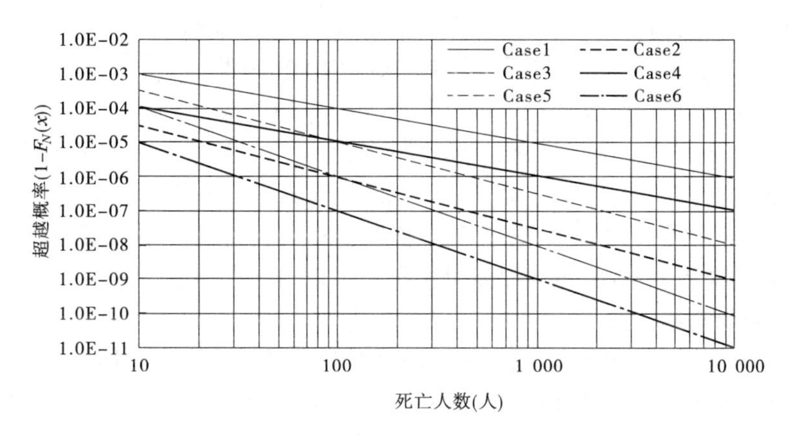

注：Case1—$C = 0.01$，$n = 1$；Case2—$C = 0.01$，$n = 1.5$；Case3—$C = 0.01$，$n = 2$；Case4—$C = 0.001$，$n = 1$；Case5—$C = 0.001$，$n = 1.5$；Case6—$C = 0.001$，$n = 2$

图3-6 本书建议的FN线标准

2. 生命损失期望法

该方法目前主要有美国垦务局（USBR）和加拿大的 BC Hydro 公司使用。其中生命损失期望 $E(N)$ 用式（1-10）计算

ale et al. 建议用 $F \sim N$ 线以下的面积计算社会风险。

其实可以证明这种计算方法等价于式（3-5）的期望见式（1-11）。

BC Hydro 和 USBR 的相关准则如下：

BC Hydro： $$E(N) < 10^{-3} \text{ 人/a} \tag{3-8}$$

USBR： $$E(N) < 10^{-2} \text{ 人/a} \tag{3-9}$$

鉴于我国当前经济水平还比较低，大坝下游地区人口居住一般比较密集，如果采用生命损失期望来度量社会风险，在参考 BC Hydro 和 USBR 标准的基础上，建议我国生命损失期望标准为 $E(N) < 10^{-2}$ 人/a。

3.3 经济损失风险及其标准

3.3.1 经济损失估计

大坝失事损失中可以用货币度量的部分称为经济损失，根据经济损失是否直接由洪水造成，可分为直接经济损失和间接经济损失。直接损失包括大坝自身和附属电站损失，下游淹没区农业、聚居区居民家庭财产损失及工厂、矿山、公共财产损失，道路、桥梁、电力、通信等基础设施的损失等；间接损失包括下游农作物受淹减产损失，工厂、大坝和其他受损基础设施停产造成的经济损失以及重建或维修费用，大坝和其他基础设施因受水灾影响寿命缩短造成的损失，工厂、矿山和商业机构因大水停业造成的损失等。根据不同损失类型和评估对象可建立如图 3-7 所示的层次结构评估模型。

从上述模型可以发现，经济损失种类和影响因素的多样性造成了经济损失估计工作难以顺利开展。进一步地调查研究表明，下游洪泛区的直接经济损失和间接经济损失大多和评估对象遭受到的最大水深、流速以及洪水历时有关。一般情况下，在超过一定水深后，评估对象所经历的最大水深、最大流速越大，历时越长，经济损失越重；反之，损失较轻。不同的评估对象对水深、流速以及洪水历时表现出较大的差异性。

3.3.1.1 大坝和电站损失

大坝坝体和溢洪道冲毁破坏以及附属电站受到的破坏构成了大坝和电站的直接经济损失，这些损失可通过影子工程法进行评估。对上述结构和设施的修复费用以及停止运行期间的收益或拆除大坝和电站作报废处理的费用构成了大坝和电站的间接经济损失，这些损失也可通过影子工程法进行评估。

3.3.1.2 农业经济损失估算方法

1. 农作物损失

农作物遭受的洪水损失与受淹时间、淹没水深以及作物种类和作物所处发育阶段有很大关系，如果超出允许的淹水时间和淹水深度，将影响作物的正常生长，轻者造成减产，重者甚至导致作物死亡。在我国常见的棉花、小麦、水稻、玉米等作物在不同时期的耐淹能力如表 3-5 所示[197, 198]，超过上述时间会造成作物减产或绝收。通过进一步地试验和调查可得到第 i 种作物在不同淹没水深和淹没历时下的作物死亡率 ρ_i 。以江苏里下河地区为例，根据试验得到的该地区水稻分蘖期内淹水深度和淹水时间对水稻产量的影响如图 3-8 所示[198]。在此基础上再根据作物平均产量（kg/hm^2）、市场价格 v_i（CNY/kg）和种植面积 s_i（hm^2）可得到不同作物的直接经济损失 D_i ：

$$D_i = w_i \rho_i v_i s_i \tag{3-10}$$

灾后减灾过程中对绝收作物改种或受损作物补种的间接损失为

$$ID_i = w'_i v'_i s_i + v''_i s_i \tag{3-11}$$

式中：w'_i 为播种第 i 种作物的种子重量，kg/hm^2；v'_i 为第 i 种作物种子价格，CNY/kg；v''_i 为第 i 种作物耕作费用，CNY/hm^2。

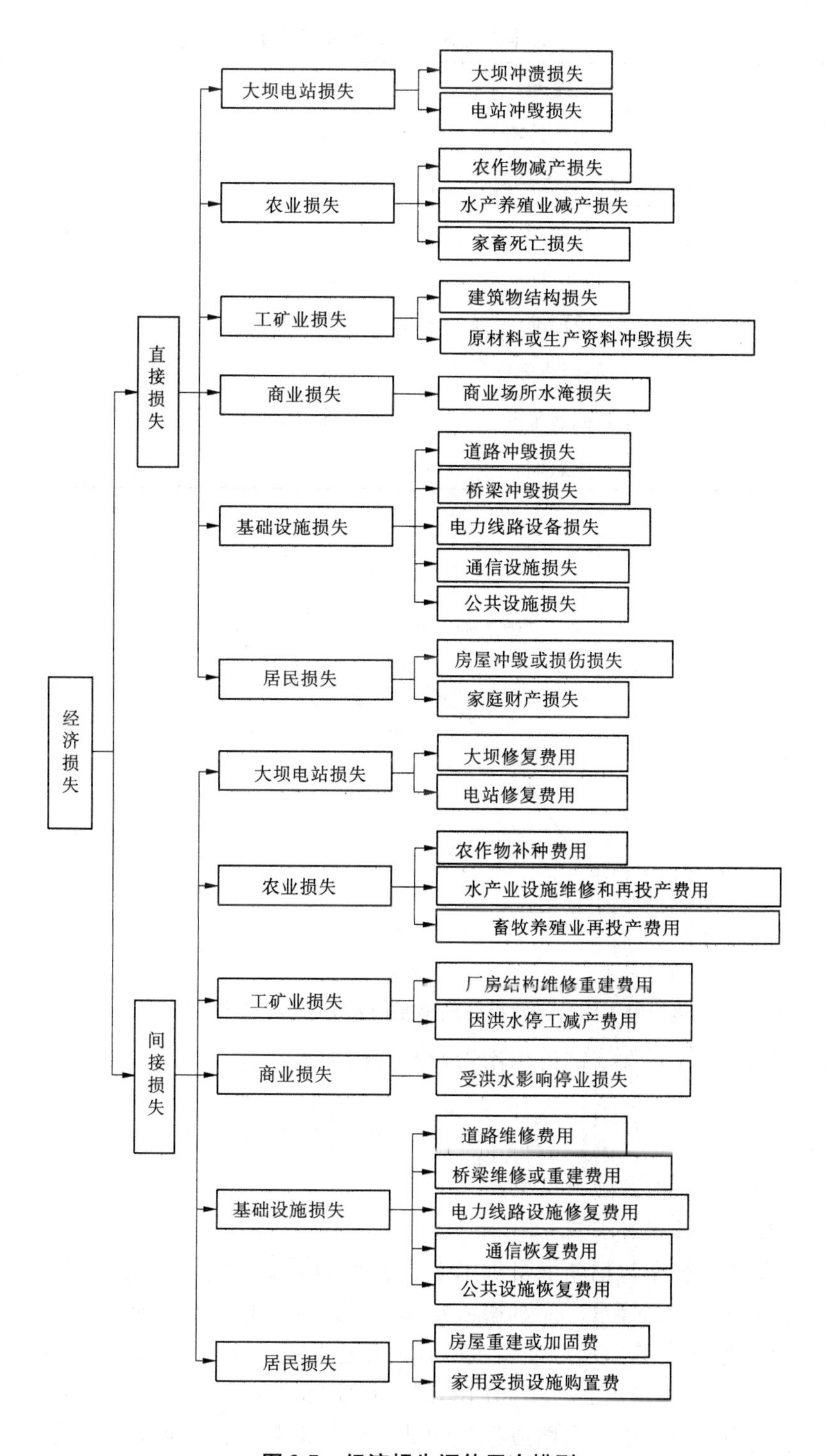

图 3-7　经济损失评估层次模型

表 3-5　农作物允许淹水深度和淹水历时

作物种类	生育期	淹水深度(cm)	允许淹水历时(d)
棉花	开花结铃期	5～10	1～2
小麦	分蘖至成熟期	10	1
水稻	分蘖期	6～10	2～3
	拔节期	15～20	5～7
	孕穗期	20～30	9～10
玉米	分蘖至成熟期	8～12	1～1.5
	孕穗灌浆期	8～12	1.5～2
	成熟期	10～15	2～3

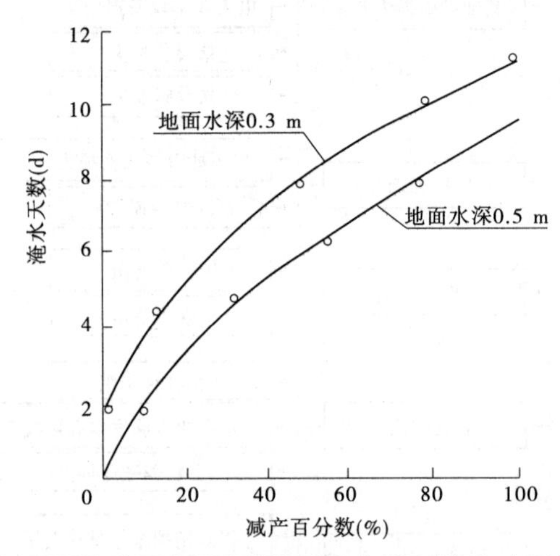

图 3-8　里下河地区水稻分蘖期受淹水深、时间与产量的关系

根据式(3-10)和式(3-11)可得到作物的经济损失为

$$D_{corps} = \sum_{i=1}^{n_1} (w_i \rho_i v_i s_i + w'_i v'_i s_i + v''_i s_i) \tag{3-12}$$

式中：n_1 为行洪区内农作物种类总数。

2. 水产养殖业经济损失

水产养殖业经济损失包括塘堰受洪水来袭引起的坍塌、网箱损坏丢失等基础设施损失以及所养殖的鱼、虾、蟹等水产品逃逸或水体遭受污染引起死亡造成的损失。一般情况下，上述损失在洪水侵入养殖塘堰或发生漫顶时都会发生，但损失率因洪水规模、漫顶水深、基础设施损毁程度和洪水历时不同而不同。在实际评估中可直接通过灾后调查或对下游典型地区不同频率历史洪水造成损失的抽样调查来获取第 i 种水产损失率 ρ_{y_i}，由此可得到渔业经济损失 D_y：

$$D_y = \sum_{i=1}^{n_j} (N_{y_i} \rho_{y_i} v_{y_i} + s_{y_i}) \tag{3-13}$$

式中：N_{y_i} 为第 i 种水产品总量，kg；v_{y_i} 为第 i 种水产品价格，CNY/kg；s_{y_i} 为第 i 种水产品养殖基础设施修复费用，CNY。

3. 家畜损失

当洪水淹没深度较深、流速较大时，会使养殖的家畜受淹死亡或顺水冲走，造成严重损失，损失程度可用损失率 ρ_{x_i}（i 表示第 i 种家畜，下同）表示。灾后恢复所造成的间接损失包括畜栏维修费用 S_{cx_i} 和重新购买幼畜或成畜的费用 S_{cb_i}。但上述灾害损失率 ρ_{x_i} 和畜栏维修费随洪水强度不同而不同，可通过灾后调查或对不同频率洪水在典型地区造成损失的抽样调查获得，进而可得到家畜受灾的经济损失 D_c：

$$D_c = \sum_{i=1}^{n_c} (N_{c_i}\rho_{x_i}v_{c_i} + S_{cx_i} + S_{cb_i}) \tag{3-14}$$

式中：N_{c_i} 为第 i 种家畜灾前存栏量，头；v_{c_i} 为第 i 种家畜市场价格，CNY/头。

3.3.1.3 工矿业损失

溃坝洪水可能袭击工厂、矿山，造成厂房和其他建筑设施损毁、原材料及产品被冲失或变质，对地下开采业还可能淹没淤积矿坑。因此，工厂、矿山的直接损失包括固定资产的损失、原材料损失和成品、半成品的损失。间接损失包括基础设施修复费用、受损成品和半成品处理费用以及厂矿停工降低产能损失费用。其中，厂房和其他建筑基础设施的损失及修复费用可在现场调查的基础上根据损毁程度采用影子工程法评估得到，原材料及产品损失和处理费用可根据市场价格和损失数量得到。工矿业的总损失 D_k 可由下式计算得到。

$$D_k = \sum_{i=1}^{n_k} (S_{g_i} + N_{c_i}v_{c_i} + N_{g1i}v_{g1i} + N_{g2i}v_{g2i} + S_{gx_i} + N_{gd_i}N_{g3i}v_{g1i}) \tag{3-15}$$

式中：n_k 为灾区厂矿数量；S_{g_i} 为第 i 家厂矿的厂房、矿井损失，CNY；N_{c_i}、N_{g1i}、N_{g2i} 分别为第 i 家厂矿损失的原材料数量、成品数量、半成品数量；v_{c_i}、v_{g1i}、v_{g2i} 分别为第 i 家厂矿损失的原材料、成品、半成品的市场价格，CNY/计量单位；S_{gx_i} 为第 i 家厂矿厂房、矿井修复或重建费用，CNY；N_{gd_i} 为第 i 家厂矿厂房矿井停工时间，d；N_{g3i} 为第 i 家厂矿厂房的矿井日产量。

3.3.1.4 商业损失

行洪区内的商业损失包括商业机构经营场所及商品遭受水淹的直接损失和经营场所修复以及由于受灾停业造成的间接损失。根据损失调查结果可得到总体商业损失 D_s 为

$$D_s = \sum_{i=1}^{n_s} (S_{s_i} + N_{s_i}v_{s_i} + N_{ds_i}w_{s_i} + S_{sx_i}) \tag{3-16}$$

式中：n_s 为受损商业机构总数；S_{s_i} 为第 i 家商业机构经营场所损失，CNY；N_{s_i} 为第 i 家商业机构经营场所受损商品总数，计量单位；v_{s_i} 为第 i 家商业机构经营场所受损商品市场价格，CNY/计量单位；N_{ds_i} 为第 i 家商业机构经营场所因洪水停业时间，d；w_{s_i} 为第 i 家商业机构经营场所受灾前的日均收益额，CNY/d；S_{sx_i} 为第 i 家商业机构经营场所的修复费用，CNY。

3.3.1.5 基础设施损失

这里所指的基础设施主要包括公路、铁路、桥梁、电力与通信设施以及其他公共设施等。基础设施的直接损失包括上述设施受到洪水袭击出现的破坏、功能丧失或下降所造

成的损失 S_{gg_i}，间接损失则包括受损设施的修复费用 S_{ggx_i} 和因受损功能中断期间造成的损失 S_{ggd_i}。基础设施的总损失 D_{gg} 可表示为

$$D_{gg} = \sum_{i=1}^{n_{gg}} (S_{gg_i} + S_{ggx_i} + S_{ggd_i}) \tag{3-17}$$

式中：n_{gg} 为受损公共设施总数。

3.3.2 经济损失风险估计

溃坝经济损失风险 R_D 可用经济损失 D_{gg} 和诱发经济损失的概率 P_D 的乘积表示为

$$R_D = (D_{\text{corps}} + D_y + D_c + D_k + D_s + D_{gg}) \cdot P_D \tag{3-18}$$

通过上式可以发现，影响大坝经济损失风险的主要因素为溃坝引起的经济损失以及相应的溃坝概率，较高的溃坝概率或较大的溃坝经济损失都会增大经济损失风险。因此，如何降低溃坝概率和溃坝经济损失才是降低经济风险的根本手段。

3.3.3 经济损失风险标准

确定可接受风险标准的问题实际也是一个经济决策问题。根据经济最优化方法，系统总的经济费用（C_{total}）由保证系统安全的支出费用（I）和经济损失期望值 $E(D)$ 确定。在最佳经济条件下，系统总的支出费用应满足：

$$\min(C_{\text{total}}) = \min(I + E(D)) \tag{3-19}$$

各国一般根据自己的承受能力来制定各自的经济损失限制标准，通常用 $F \sim D$ 控制线表示。不过，从目前的情况来看，在各领域（核工业、航空、洪水）的经济风险研究中，并未得到一致的经济风险标准。

英国和荷兰则使用经济损失期望作为防洪措施成本效益分析的一部分，每种措施的效益通过计算实施改善措施前后的收益期望来决定。BC Hydro 公司先提出了 US \$7 120/a的可接受经济风险标准，而后又提出每座大坝的年经济损失期望不应超过下述标准：

$$E(D) < \text{US}\ \$10\ 000/\text{a} \tag{3-20}$$

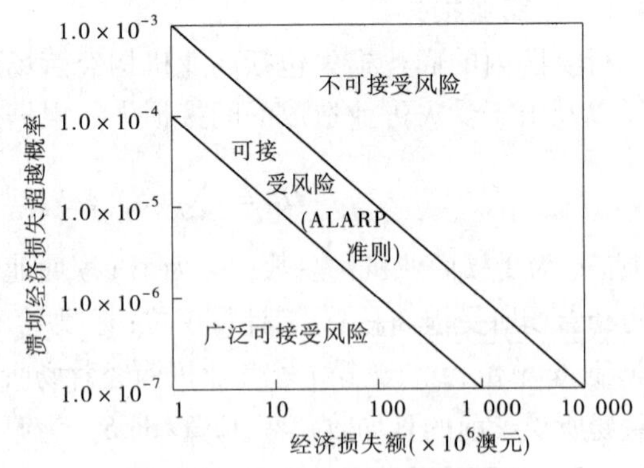

图 3-9 ANCOLD 经济风险标准

ANCOLD 结合 $F \sim D$ 线和 ALARP 准则制定的经济风险标准如图 3-9 所示。国内学者[41] 建议我国江浙等发达省区采用和 ANCOLD 一样的标准（但经济损失额为 $\times 10^6$ CNY），而认为在青海、贵州、宁夏等不发达地区经济损失超过 2 000 万元人民币时，年溃坝率大于 1.0×10^{-5} 是不可接受的，小于 1.0×10^{-6} 是可以接受的。

我国幅员辽阔，各地自然条件、社会发展程度、历史背景和社会人文条件

差异很大。因此,在经济损失标准的制定中不能不考虑我国经济在东、中、西部发展上的不平衡性。自改革开放以来,我国东西部之间由于地理位置、资源优势、政策导向等原因造成了我国经济总体呈自东向西逐步下降的趋势。图 3-10 和图 3-11 所示为我国贫困县分布图和农民年纯收入分布图[199],其更为直观地反映了东西部在社会经济发展上的差别。从图中可以看到,大部分沿海地区的农民收入较高,而全国 90% 的贫困县集中在中西部。另外,从 1978 年、1992 年和 2005 年东、中、西部 GDP 总量和人均 GDP 的比较也可以发现,东、中、西部地区间受区域经济要素的影响,经济差别已越来越大。

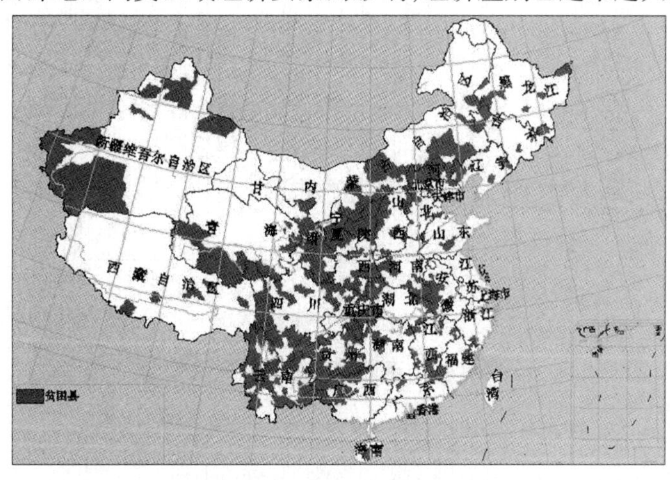

图 3-10　我国贫困县分布图

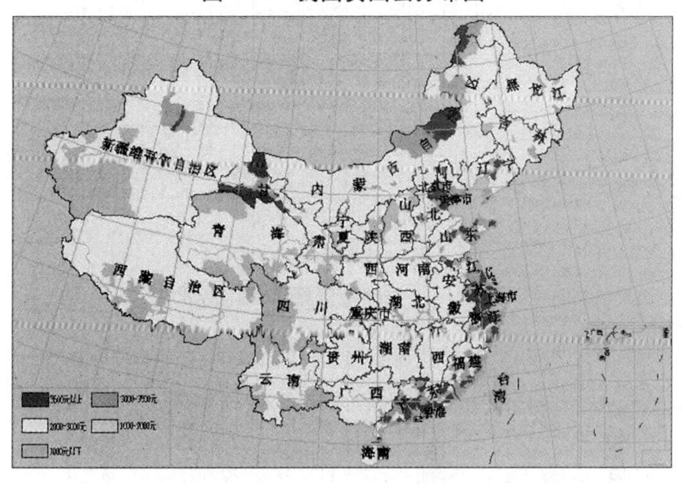

图 3-11　各县农民人均纯收入分布图(1999 年)

根据上述分析,本书建议我国经济损失风险标准按东、中、西三个部分区别对待。东部沿海经济发达地区,目前无论是经济总量还是人均 GDP 均远超过中西部地区,有些经济指标已经达到发达国家标准,并且人口密集、工厂企业较多,一旦发生溃坝事件将损失惨重,因此在参考 ANCOLD 标准的基础上,建议我国东部发达地区每年经济损失超过 1 亿元人民币的可接受风险上限为发生率不超过 1.0×10^{-5},广泛可接受风险标准为发生率不超过 1.0×10^{-6}(见图 3-12)。中部各省经济发展逊于东部,总体经济发展水平约为东部的一半，因此建议每年经济损失超过5 000万元人民币的可接受风险上限为发生率不超过1.0×10^{-5}，广泛可接受风险标准为发生率不超过1.0×10^{-6}（见图3-13）。西部地区经济发展落后，总体经济发展水平约为东部的1/5，因此建议西部地区每年经济损失超过2 000万元人民币的可接受风险上限为发生率不超过1.0×10^{-5}，广泛可接受风险标准为发生率不超过1.0×10^{-6}（见图3-14）。

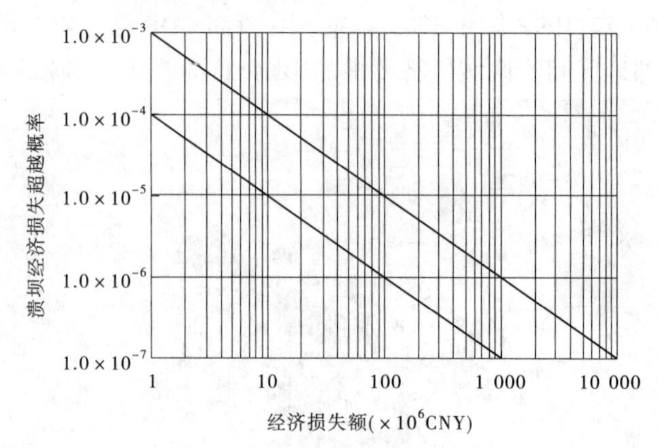

图3-12　东部地区经济风险标准

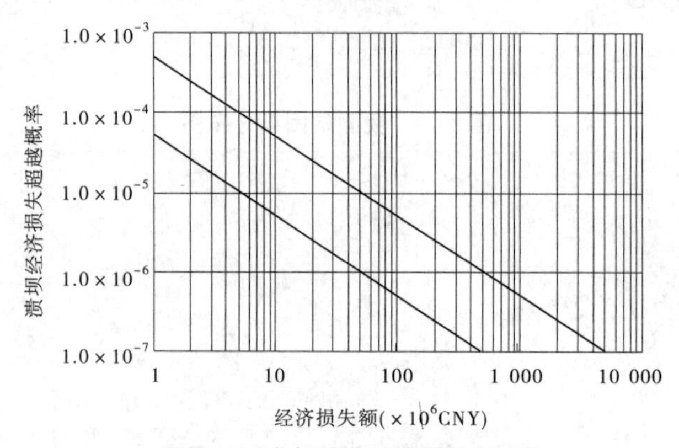

图3-13　中部地区经济风险标准

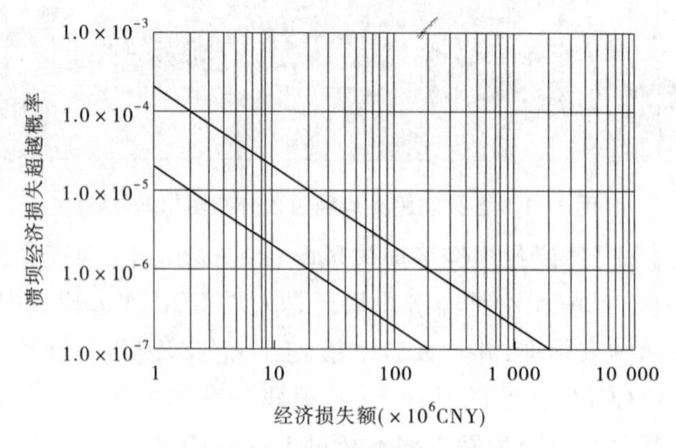

图3-14　西部地区经济风险标准

3.4 环境损失风险及其标准

3.4.1 环境损失估计

目前,国内对溃坝损失的研究主要集中在生命损失和经济损失两方面,对环境损失的研究很少,至于环境损失度量标准以及估计方法的研究更少有人问津。环境资源作为一种不以人的意志转移的客观存在,无论环境是否经过人类劳动的改造,都应该赋予环境合理的价格,以体现其应有的价值。在生态环境领域,自 John Krutilla 在 1967 年提出自然环境价值的定义开始,国外学者对环境价值的研究已开展了几十年,国内也从 20 世纪 80 年代开始开展相关研究,对环境价值的认识和评估方法已经有了比较深入的认识。按照环境经济学家的观点,环境价值分为使用价值和非使用价值两种形式。使用价值是指现在或将来的环境资源(或环境物品)能通过服务形式向人类提供的福利。例如自然风光、优美的生活环境等,使用价值的表现形式既可以是直接的,也可以是间接的。非使用价值是指通过当代人的努力为后人留下的一个可能获得福利的美好环境。环境损失的使用价值评估可采用使用市场价值法、人力资本法、机会成本法等方法;间接使用价值的评估可采用影子工程法、恢复费用法、旅行费用法、享乐价格法、条件价值法等;对生态稳定、审美价值、娱乐价值、生物多样性的选择价值、遗传价值、存在价值等非使用价值可使用投标博弈法、支付意愿法、条件分级、条件行为、条件投票等方法评估。环境价值理论已经在工程环境影响评价、污染赔偿方面得到应用,并被大家所接受。目前,大家普遍认识到,只有合理的评估出环境资源的价值,人类才能有望走上可持续发展的道路,才能认识到环境资源的可贵。因此,本书使用货币化的环境价值理论来评估溃坝环境损失。

社会与环境经济损失评估的步骤如下:

(1)在溃坝环境损失评估之前,首先要对评估区域进行调查,建立环境影响因子。这里的影响因子是指由于人类活动改变了环境质量(空气环境、土壤环境和水环境等),造成人类生存的自然系统和生物圈发生物理和化学变化的因素。

(2)在此基础上进行因子筛选并对其影响量化,以确定因子造成环境资源和社会经济损失的货币价值。

(3)对量化后的环境影响通过基本价值评估法或辅助价值评估法赋予货币价值。

(4)最后将货币化的影响因子纳入整个环境损失评估系统的经济分析中,对环境风险价值进行分析。

3.4.2 环境风险标准

这里的环境风险标准采用和 $F \sim N$ 线类似的 $F \sim E$ 线表示,其中横坐标为环境价值损失的货币价值,纵坐标为超过该价值的概率,表示为

$$P_E(x) = 1 - F_E(x) = \int_x^{\infty} f_E(x)\,\mathrm{d}x = P(E > x) \tag{3-21}$$

式中:$P_E(x)$ 为环境损失超过 x 的概率;$F_E(x)$ 是每年环境损失小于 x 的概率分布函数;$f_E(x)$ 是每年环境损失的概率密度函数。

我国地理西高东低的走势以及大陆外围的气候条件,造就了我国东部和南部雨水较多,自然环境的自我恢复和调节能力较强,而中西部环境调节能力相对比较脆弱的现实。

同时，考虑到本章3.4中关于我国东西部经济差异性的分析，本书认为环境风险标准也应将东、中、西部按地域制定不同的标准。建议我国东部发达地区每年环境损失超过5 000万元人民币的可接受风险上限为发生率不超过1.0×10^{-5}，广泛可接受风险标准为发生率不超过1.0×10^{-6}（见图3-15）。中部地区每年环境损失超过3 000万元人民币的可接受风险上限为发生率不超过1.0×10^{-5}，广泛可接受风险标准为发生率不超过1.0×10^{-6}（见图3-16）。西部经济落后地区环境损失超过1 000万元人民币的可接受风险上限为发生率不超过1.0×10^{-5}，广泛可接受风险标准为发生率不超过1.0×10^{-6}（见图3-17）。

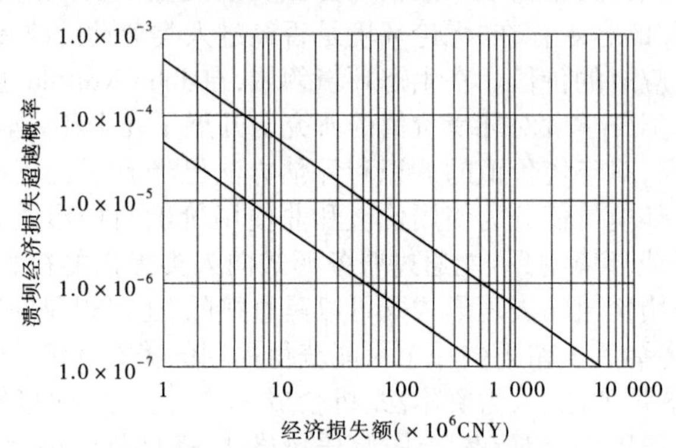

图3-15　东部地区环境风险标准

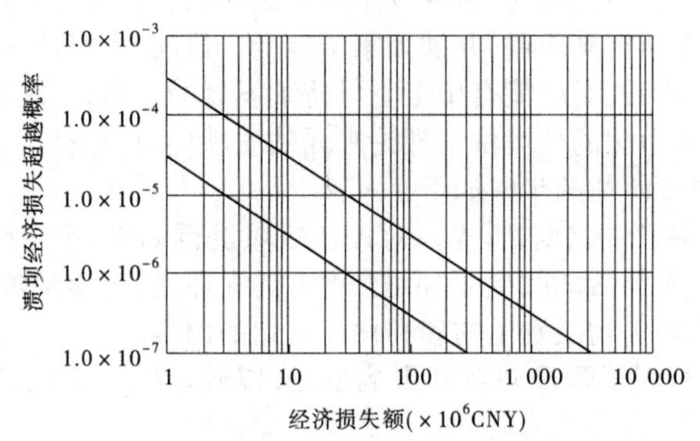

图3-16　中部地区环境风险标准

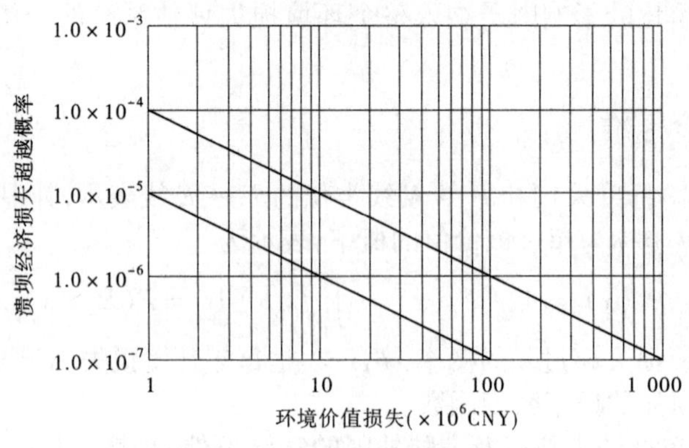

图3-17　西部地区环境风险标准

第 4 章　大坝运行风险分析评价机制

4.1　概　述

大坝运行风险的分析是一个复杂过程,包括人员组织、评价程序拟定、现场考察、资料收集、溃坝模拟、溃坝概率和溃坝损失分析、风险评价等诸多环节。完善的风险评价机制不仅要保证风险评价工作得以顺利开展,还应能够提供翔实可靠的评价依据和结论。目前,加拿大已经建立了基于概率风险分析和大坝安全检查相结合的大坝风险定性评价流程,澳大利亚的 ANCOLD 也根据其国内法规制定了相应的风险评价体系。同时,这些国家通常都建立了比较完善的风险评价导则和相关法律法规。我国在大坝风险评价领域起步不久,相关评价导则尚未建立或还不健全,在大坝风险评价方面还缺乏经验。

2000 年水利部颁发的《水库大坝安全评价导则》(SL 258—2000)对大坝安全鉴定中的防洪标准、结构安全、渗流安全、抗震安全、金属结构安全以及工程质量和运行管理等的复核或评价的要求和方法作了规定,但该导则只是为配合《水库大坝安全鉴定办法》的执行,做好大坝安全定检工作的一个配套文件。该导则可以为大坝风险评价服务,但远非风险评价工作的全部,只能满足溃坝风险分析的前期工作。2005 年,国家防汛抗旱指挥部组织编写的《洪水风险图编制导则(试行)》(以下简称《导则》)对风险评价而言更具有实际意义,目前已在一些地区和流域进行应用试点,为推广应用积累经验。在风险评价方法上,《导则》提出了江河湖泊洪水、蓄滞洪区洪水以及水库洪水的风险图制要求、包含信息,编制风险图地图资料、水文资料要求、风险图水文要素计算方法等,对洪水损失如何评价,如何组织、实施评价,采取什么形式的动态风险管理以降低洪水风险没有涉及。但在大坝洪水风险分析和管理方面,《导则》仍存在以下一些问题:

(1)根据《导则》建立的风险图虽然能了解洪水风险的范围和关键地标点的水深、流速、历时等要素,在洪水风险管理上可以在一定程度上提高大坝下游洪水风险管理水平,但这样的风险图严格来讲是一种静态洪水淹没图,不能反映洪水实际造成的损失(生命损失、经济损失和环境损失)状况。

(2)如果淹没区是无人区或经济价值不大的地区,即使水深和流速较大,这样的淹没区域风险损失很小,实际属低风险区;反之,如果淹没区是高密度聚居区、经济发达地区或环境脆弱地区,即使淹没水深相对较浅,流速相对较低,也会造成较大的风险损失。

(3)从动态角度来看,即使在同样的水深和流速条件下,淹没持续时间的长短对风险损失的影响也不相同。通常随着时间的推移,人员损失、经济损失和环境损失的比率会在持续时间达到临界点后从缓慢增长状态变为迅速增大状态。

(4)洪水发生时间和季节不同,造成的生命损失也不同。如果在夜间无预警情况下突发洪水,当人们觉察到发生洪水时,洪水波前往往已经到来,并出现了一定的淹没深度,此时可能发生墙倒屋塌停电等状况,给夜间逃生造成困难。因此夜间洪水损失一般比白天损失更大。此外,发生同样量级洪水时,水温也是影响人类在洪水中生存的重要因素。由于人在冷水中随水温下降生存能力急剧下降,因此在洪水量级相当时,冬春季节发生洪水时的生命损失比夏秋季节明显偏大。

本书所述大坝风险是包括大坝自身以及下游潜在淹没区的安全风险,上述涉及大坝安全管理和运行机构决策的问题,《导则》尚不能提供满意的解决办法。单纯依靠《导则》建立的那种风险图对大坝风险的降低是有限的。为此,本书结合大坝风险评价理论,建立大坝风险评价导则和基于模糊理论的大坝风险综合评判模型;并在综合大坝安全监(检)测资料、勘察资料、设计资料、结构分析、水力学分析、下游洪水演进及洪水损失分析的基础上,根据前文制定的风险评价标准,以降低和控制大坝风险水平,提高大坝安全状态为目标,以建立和完善大坝预警系统和救援系统为保证,以实施大坝动态风险管理为支撑,构建一种大坝动态风险分析评价体系,同时就大坝风险管理问题进行探讨。

4.2 大坝风险分析基本理论

4.2.1 大坝风险分析导则

这里的风险分析导则是指大坝风险分析工作应遵循的基本要求,包括风险分析定义、风险分析目的、风险分析分类、风险分析内容以及风险分析程序等五个方面。

(1)风险分析定义。

大坝风险分析是以实现水库大坝自身、附属电厂和其他设施以及下游潜在淹没区的安全为目的,应用安全系统工程原理和方法,对大坝挡水结构、泄水结构、电器和机械设备、水流消能设施、监测预警系统以及大坝系统中其他相关结构设备中存在的危险、不利因素进行辨识和分析,判断大坝发生危及工程自身和下游地区安全事故的可能性及严重性,为管理者和决策者的管理和决策提供科学依据。借鉴罗韦(W. D. Rowe)对危险性评价的定义,大坝失事风险分析可定义如图 4-1 所示。

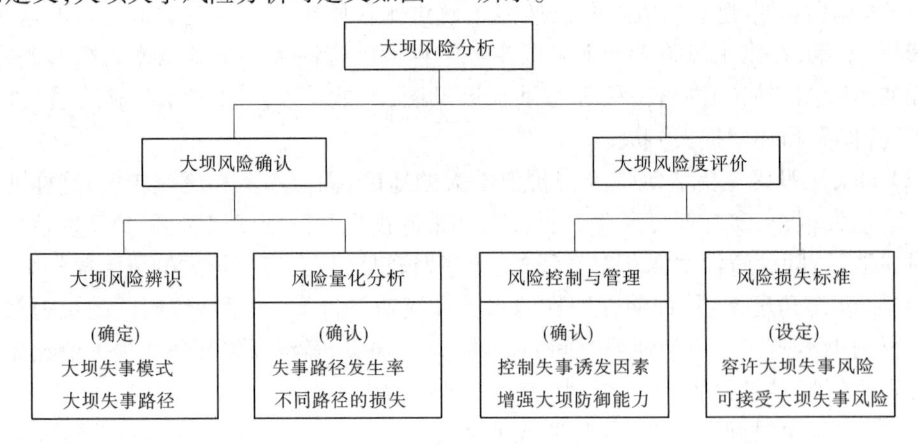

图 4-1 大坝失事风险分析定义

(2)风险分析目的。

大坝风险分析的目的是调查、分析和预测整个大坝工程存在的危险和危害程度,根据风险分析结果提出合理可行的安全对策,指导当前和潜在危险源的监控及事故预防措施的实施,以达到降低事故率、减少大坝工程和下游损失、优化投资方案、提高投资效益的目的。

(3)风险分析分类。

根据风险分析目的不同,大坝风险分析可分为新建工程安全预分析、工程验收分析、现状综合分析、改建方案优化分析和专项安全分析等。

新建工程安全预分析是在大坝工程建设项目可行性研究报告内容的基础上,分析预测大坝建设过程中及建成后工程可能存在的洪水风险和风险损失程度,根据风险分析结果提出相应的安全对策。

工程验收分析是在大坝工程竣工、试运行正常后,通过对大坝相关结构、设施、设备、装置的检测和实际运行、管理状况的安全评价,分析审查大坝投入运行后存在的危险及危险因素,确定危险程度,并提出合理可行的对策和建议。

现状综合分析是根据大坝定期检查要求,通过对当前大坝的结构、设施、设备、装置进行安全检测和运行、管理状况的安全评价,对大坝当前安全状态进行分析评价,并针对发现的问题提出合理可行的对策和建议。

改建方案优化分析是在大坝改建或补强加固之前,通过分析比较各种拟实施工程对大坝风险的降低程度,依照各方案降低大坝风险的程度和方案投资额的多少对方案分别排序,并就不同方案的优劣作出评价。

专项安全分析是针对大坝某一设施、设备或管理办法中存在的危险和可能诱发的洪水风险进行分析,确定其危险程度,并提出可行的对策和建议。

(4)风险分析内容。

大坝风险分析的主要内容是进行大坝风险辨识、风险损失估计和风险度评价。

(5)风险分析程序。

大坝风险分析程序主要包括风险分析准备工作、风险源的识别与分析、大坝风险的定性和定量评价、大坝安全对策和建议、风险分析结论与建议、编制大坝风险分析报告等,详见本章4.3节。

4.2.2 大坝风险综合分析

大坝风险分析过程中生命风险(个体风险和社会风险)、经济风险和环境风险的度量方式即量纲不完全相同,当多座大坝或坝群内若干大坝在一起比较风险大小时,无法用统一标准做出判断。模糊综合评判法是对制约事物或对象的多种因素进行综合分析,并做出总体评价的一种方法,具有计算相对简便、实用性强的优点。在大坝风险分析中也可以综合考虑生命风险(个体风险和社会风险)、经济风险和环境风险的影响,从而达到对大坝失事风险综合分析的目的。

4.2.2.1 模糊综合分析模型

模糊综合分析的前提是根据分析对象的实际情况建立因素集 $U=\{u_1,u_2,\cdots,u_m\}$。

这里的因素指影响大坝风险的生命风险、经济风险和环境风险，即 $U=\{$个体生命风险(u_1),社会生命风险(u_2),经济风险(u_3),环境风险$(u_4)\}$, $m=4$。在此基础上建立评语集 $V=\{v_1,v_2,\cdots,v_n\}$,这里的 v_i 可以是严重、较严重、一般、低或1级、2级、3级、4级等模糊语言。为了和《水库大坝安全评价导则》的评价结论衔接,本文建议将评价分为一级、二级、三级,分别对应于《水库大坝安全评价导则》中的一类、二类、三类。在综合评判之前还要建立单因素评判,即建立从 U 到 V 的映射:$\alpha:U\rightarrow V$,对 $\forall u_i\in U$,记 $a_i=\alpha(u_i)$,称 a_i 为因素 u_i 的评价,α 称为单因素评判函数。在综合评判时,需要引入 I^m 到 I 的映射,即 $f:I^m\rightarrow I$。其中 f 称为综合评判函数,满足正则性、单增性和连续性的要求。根据综合评判函数 f、评判因素集 U 和评语集 V 以及评判函数 $\alpha:U\rightarrow V$, $f(\alpha(u_1),\alpha(u_2),\cdots,\alpha(u_m))$ 就是对 U 的综合评判。

因素集 $U=\{u_1,u_2,u_3,u_4\}$ 中每一个因素 u_i 对评语集 $V=\{v_1,v_2,,v_3,v_4\}$ 的评判是一种模糊关系,用 $(r_{i1},r_{i2},\cdots,r_{i4})$ 表示, r_{ij} 表示因素 u_i 获得第 j 个评语的隶属度,因素集 U 中所有因素 u_i 都在评语集 V 上建立起模糊关系后,可得到单因素模糊评判矩阵 $R=(r_{ij})_{4\times4}$,称三元有序组 $<U,V,R>$ 为评判空间。取模糊权向量 $A=[a_1,a_2,\cdots,a_4]$,其中 $\sum_{j=1}^{4}a_j=1$,可得到评判对象的模糊评判结果为:$B=A\odot R=[b_{i1},b_{i2},\cdots,b_{i4}]$。该评判结果是 V 上的模糊子集。其中模糊权向量和模糊评判矩阵间的运算 $\odot$ 有多种形式,常用的有4种(见4.2.2.2节),利用模糊评判函数 f_1、f_2、f_3、f_4 可得到相应的评价。若设 f 是上述4种评判函数之一,则 $y_j=f(r_{1j},r_{2j},\cdots,r_{4j})$ 是就总体而言获得的第 j 个评语集的隶属度, $(y_1,y_2,\cdots,y_4)$ 就是模糊综合分析评判。

4.2.2.2 综合评判函数

常用的综合评判函数有以下四种:

(1)加权平均型。设 $W=(w_1,w_2,\cdots w_m)\in I^m$ 是归一化权向量,对任意 $(x_1,x_2,\cdots,x_m)\in I^m$,令 $f_1(x_1,x_2,\cdots,x_m)=\sum_{i=1}^{m}w_ix_i$, f_1 称为加权平均型综合评判函数,w_i 为第 i 个因素在综合评判中所占的权重。

(2)几何平均型。设 $W=(w_1,w_2,\cdots w_m)\in I^m$ 是归一化权向量,对任意 $(x_1,x_2,\cdots,x_m)\in I^m$,令 $f_2(x_1,x_2,\cdots,x_m)=\sum_{i=1}^{m}x_i\,w_i$, f_2 称为几何平均型综合评判函数,w_i 是几何权数。

(3)单因素决定型。设 $W=(w_1,w_2,\cdots,w_m)\in I^m$ 是正规化权向量,对任意 $(x_1,x_2,\cdots,x_m)\in I^m$,令 $f_3(x_1,x_2,\cdots,x_m)=\bigvee_{i=1}^{m}(w_i\wedge x_i)$, f_3 称为单因素决定型综合评判函数,其中的“$\vee$”和“$\wedge$”分别为取大和取小算子,这里 w_i 是第 i 个因素在综合评判中所代表的重要性的上界。若 $\bigvee_{i=1}^{m}(w_i\wedge x_i)=w_k\wedge x_i$,则 $w_k\wedge x_i$ 就是 f_3 的值,即综合评判的结果取决于第 i 个因素。

(4)主因素突出型。设 $W=(w_1,w_2,\cdots,w_m)\in I^m$ 是正规化权向量,对任意 $(x_1,x_2,\cdots,x_m)\in I^m$,令 $f_4(x_1,x_2,\cdots,x_m)=\bigvee_{i=1}^{m}(w_i\top x_i)$, f_4 称为主因素突出型综合评判函

数。其中$\top$是 t - 模,w_i 仍为第 i 个因素在综合评判中所代表的重要性的上界。分析表明,f_4 比 f_3 更突出了主因素,它们都满足择大性。

4.2.2.3 权向量的确定

上面的分析表明,综合评判函数总是与一个权向量 $W = (w_1, w_{21}, \cdots w_m) \in I^m$ 有关,通常涉及以下两个权向量:

(1)归一化权向量:$\sum_{i=1}^{m} w_i = 1$;

(2)正规化权向量:$\bigvee_{i=1}^{m} w_i = 1$。

权向量的确定是一个比较复杂的问题,可以通过层次分析法得到需要的权重。

4.3 大坝风险分析体系

4.3.1 大坝风险分析内容

大坝风险分析的基本流程(见图 4-2)可概括为风险辨识、风险评价和风险管理等三个阶段。风险分析工作整体可分解为预备工作、确定标准和准则、资料收集、编制风险分析大纲、确定风险损失估计方法、失事损失估计、失事模式识别、失事概率估计、确定大坝风险损失标准、失事风险分析、编制风险分析评价报告、报告审查与管理、风险管理等 13 个关键步骤,各步骤间的联系见图 4-3。各步的主要工作如下:

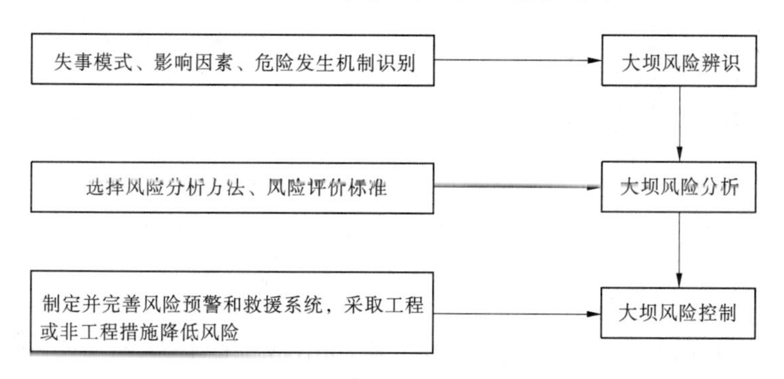

图 4-2 大坝风险分析体系基本流程

(1)预备工作。该项工作是大坝风险分析的基础,在该阶段应首先明确大坝风险分析的目标是定检分析还是方案优化分析或是其他目的;其次应确定专家组的人选,专家组一般由大坝工程管理专家、熟悉大坝情况的负责大坝运行的工程师、大坝设计工程师、风险评估专家、专业学科专家等组成,有条件的也可特邀下游受影响的公众代表参与。该项工作一般由大坝运行管理单位或大坝主管单位组织实施。在上述成员构成中,大坝工程管理专家应具有大型水电项目管理经验,熟悉工程资金运作流程,负责拟订大坝风险评价计划;负责大坝运行的工程师应具有全面了解大坝结构和设备运行情况和维修改建情况的经验,在评估过程中完成大坝失事模式分析和甄别;大坝设计工程师应具有同类型坝的设计经验,并与大坝运行工程师一起完成大坝失事模式分析和识别;风险评估专家应具有

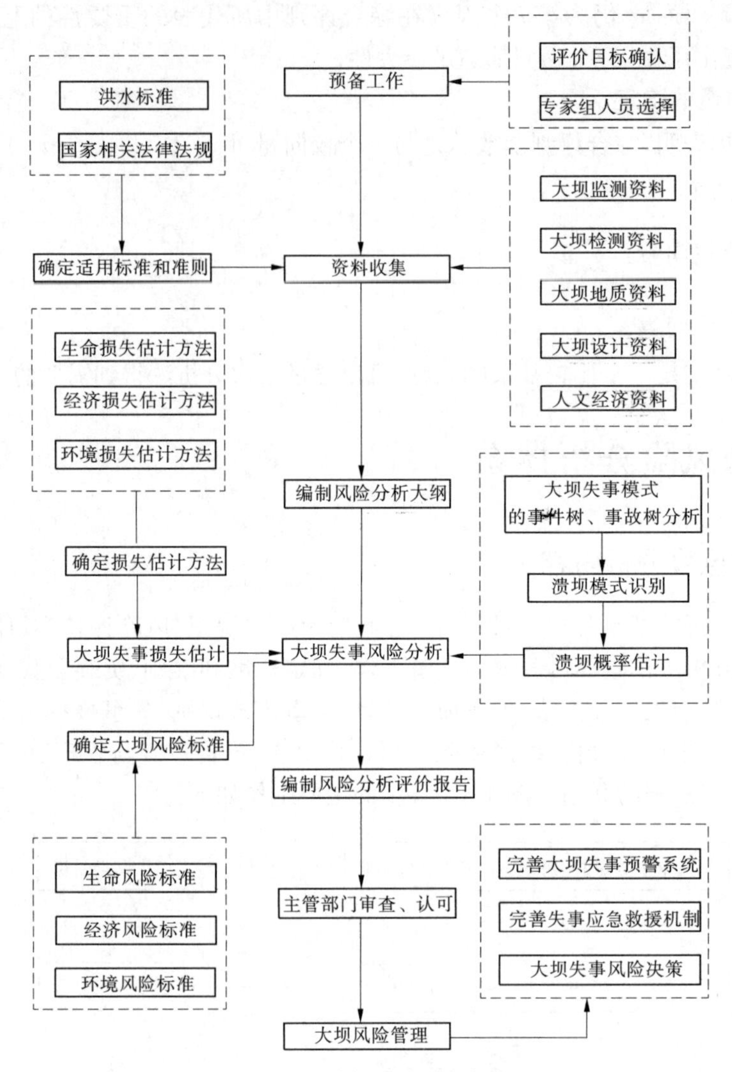

图 4-3　大坝风险分析框架

水电工程风险分析经验,负责风险评价标准、准则和分析方法的选择;对实际工作中缺乏经验的特殊问题可邀请专业学科专家参与研究和分析;用户代表则通过大坝风险分析的全程参与加深对大坝风险的认识。

(2)确定标准和准则。由于我国目前尚未建立大坝风险评价的导则和标准,因此针对不同的工程,应根据水库库容、大坝类型、下游社会经济发展状况、当地地质水文状况的实际,收集国内外的相关标准、准则和导则,特别是风险分析的洪水选择标准、大坝溢洪道和非常溢洪道泄流能力标准、设备和大坝监(检测)测相关标准、大坝结构稳定计算方法等。根据收集到的标准、准(导)则、规范(程),组织专家论证并确定适合目标大坝的相关标准。

(3)资料收集。在大坝风险分析之前,评估组需要掌握大坝结构、设备、运行历史、设计、地质、水文、下游潜在受灾区的经济、人口、环境发展状况等方面翔实可靠的资料,这些需要组织风险评价的部门协调相关部门和机构收集所需资料。随着后续风险评价工作的开展，有些资料可能还需要补充调查，因此这项工作可能会出现多次反复。

(4)编制风险分析大纲。在准备工作、资料收集和相关标准(准则)确定的基础上，结合分析目标和工程实际编制大坝风险分析大纲，经专家讨论通过以后，作为后续风险分析工作开展的指南。

(5)确定风险损失估计方法。确定生命损失(个体生命损失和社会生命损失)风险、经济损失风险和环境损失风险的度量方法和估算方法。

(6)失事损失估计。根据(5)中确定的风险损失估计方法，结合坝址以下社会、经济、人口调查资料和洪水演进模拟计算结果或历史洪水调查资料，估计下游不同频率洪水在各种可能溃坝模式下的溃坝洪水损失。

(7)失事模式识别。这是大坝风险分析中的重要基础工作之一。通过对大坝工程设计、施工、历史问题、加固补强记录以及长期监(检)测资料的详细分析，利用事件树法或事故树法开展大坝失事模式分析，甄别出符合实际的失事模式。

(8)失事概率估计。根据失事模式分析结果，找出符合实际的可能失事路径，然后根据本书2.3节的失事事件概率估计方法，估计失事路径上各事件的发生概率，进而根据本书2.2节的计算公式得到不同溃坝模式和大坝整体的溃坝概率。

(9)确定大坝风险损失标准。大坝风险损失标准是大坝风险分析评价的依据，也是风险管理时采取有效措施降低大坝风险到何种程度的准绳。在国家尚未颁布大坝风险损失标准(生命损失标准、经济损失标准和环境损失标准)"国标"之前，根据大坝所在地区经济文化发展水平的差异，可在专家论证的基础上，参考本文3.2、3.3、3.4节关于不同区域风险标准建议值，制定适合目标大坝的风险损失控制标准。

(10)失事风险分析。在实际应用中根据(6)和(8)可得到不同溃坝损失的发生概率，通过与(9)中建立的风险损失评价准则的比较，分析并判断因大坝失事或最大泄流时引起的洪水风险(生命风险、经济风险和环境风险)是否超标，对大坝当前或改建加固后的风险状态进行评估。

(11)编制风险分析评价报告。根据风险评价结果，编制大坝风险分析评价报告。报告应包括：①概述，主要由评价目的、大坝工程概况、总体布置图、典型坝段剖面图、溢洪道和非常溢洪道剖面图以及安全评价小组构成(包括小组人员来源单位、职务、职称、从事什么专业)等；②风险分析实施依据，包括有关设计规范、规程，安全评价标准、导则、法律法规，研究报告、设计报告、计算报告以及其他参考的评价资料；③大坝风险损失评价方法、评价标准的选择和制定，包括风险损失评价方法、风险评价标准的选择依据，评价方法实施原理，评价标准如何操作等；④大坝失事模式和失事路径分析，包括失事模式和失事路径识别依据、如何识别，列出所有可能的失事模式和可能的失事路径，并分析不同失事路径上失事事件的发生概率和整个路径的失事概率；⑤失事风险图和损失估计，包括根据风险损失评估方法，定性或定量分析不同风险损失，应有各种损失的详细评估过程；根据失事洪水演进分析成果得到的不同频率洪水的淹没图、损失图(生命损失图、经济损失图和环境损失图)，淹没图的着色、标注应符合《导则》要求，损失图的着色和标注可参考《导则》进行，在条件许可情况下，可根据生命损失估计方法结合洪水演进发展历程绘制从洪水开始发生开始不同时间段的各种风险损失图，时间段间隔取10 min的整数倍；⑥大坝风险的定性定量评价，包括风险的定性、定量评价和评价结果分析；⑦大坝风险结论与对策、建议，包括风险评价结论、降低风险的工程措施、降低风险的非工程措施和后期运行管理中应注意的潜在安全问题。

(12)报告审查与管理。风险分析评价报告编写完毕后由风险分析评价组织单位或建设单位邀请专家进行技术评审，并提出评审意见。原评价小组根据评审意见修改、完善后的评价报告报送上级主管部门备案。

(13)风险管理。根据大坝风险分析评价报告结果及目标大坝当前工程实际情况和运行管理单位的财政状况，针对不同的大坝风险状态采用不同的风险管理手段。对高风险大坝，应根据风险报告中分析的风险来源，研究使用工程措施或非工程措施降低风险的方案和可行性，并进行实施；对低风险大坝，则应在原来基础上构建更加合理的预警机制和应急救援机制，进一步完善大坝的预警系统和应急救援体系，并考虑采取工程措施的必要性(详见本章4.4节)。

4.3.2 大坝风险分析流程

根据大坝风险分析的一般过程，基于本章4.3.1节中阐述的大坝风险分析主要内容及其在风险分析过程中的相互联系，结合风险分析要求和前面提出的风险分析基本框架，构建大坝风险分析程序工作流程如图4-4所示。该流程从实际风险分析实施角度可进一步将上述内容归纳为信息采集、失事模式识别、风险估计、风险评价和风险管理等五个阶段。各阶段要完成的主要工作如下。

(1)信息采集。

信息采集阶段是整个风险分析工作的基础。在此期间，项目组人员应根据大坝风险分析目的，在相关单位的配合下收集大坝监(检)测资料，坝区地质、水文资料，大坝设计、施工资料，坝址下游潜在淹没区内城镇、人口、环境、经济、厂矿等经济文化资料、地形资料等。此外，风险分析人员的现场踏勘是不能缺省的环节，因为只有通过踏勘，分析人员才能在现场发现一些资料上没有或显示不很清晰的危险细节，有些溃坝事件可能就是源于类似的细节。

资料收集工作涉及学科范围较广，内容比较繁杂，在资料收集过程中难免存在一些疏漏。随着后续分析工作的开展，会发现一些欠缺的资料，对此应根据需要及时补充。

(2)失事模式识别。

大坝失事模式识别时，首先应根据目标坝的坝型、现场踏勘资料及收集到的其他资料，初步提出一套可能的失事模式，并进行初分析；然后在失事模式初分析的基础上，应结合传统大坝安全评价准则以及传统大坝安全复核方法的复核结果，进一步综合分析并最终确定大坝可能的失事模式和失事事件。在上述分析过程中，如果需要扩大资料收集范围或补充调查，则应及时补充。

(3)风险估计。

风险估计是整个风险评价工作的重点之一，包括风险准则的确定、失事概率估计以及失事损失估计。

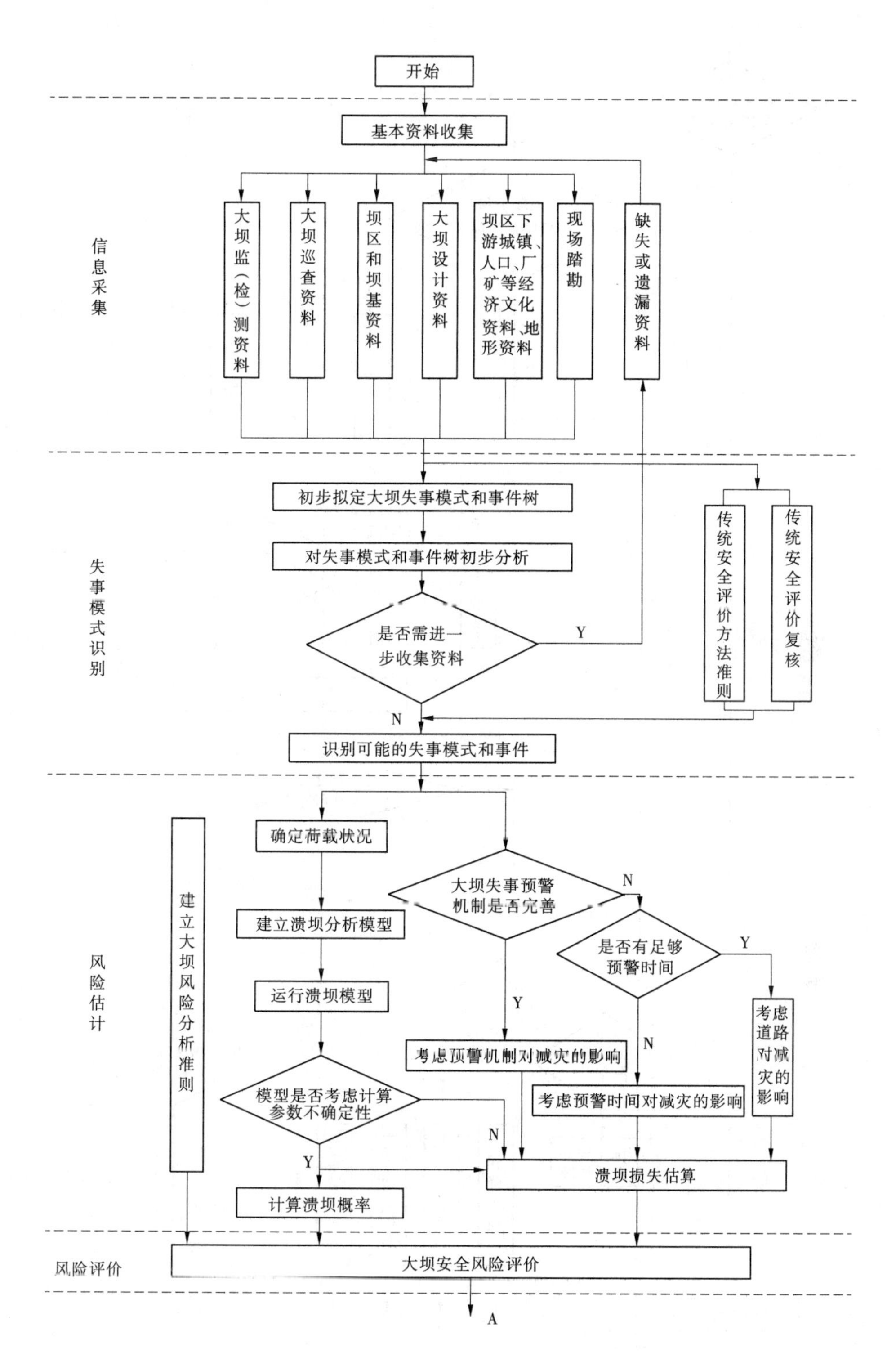

图 4-4　大坝风险分析流程

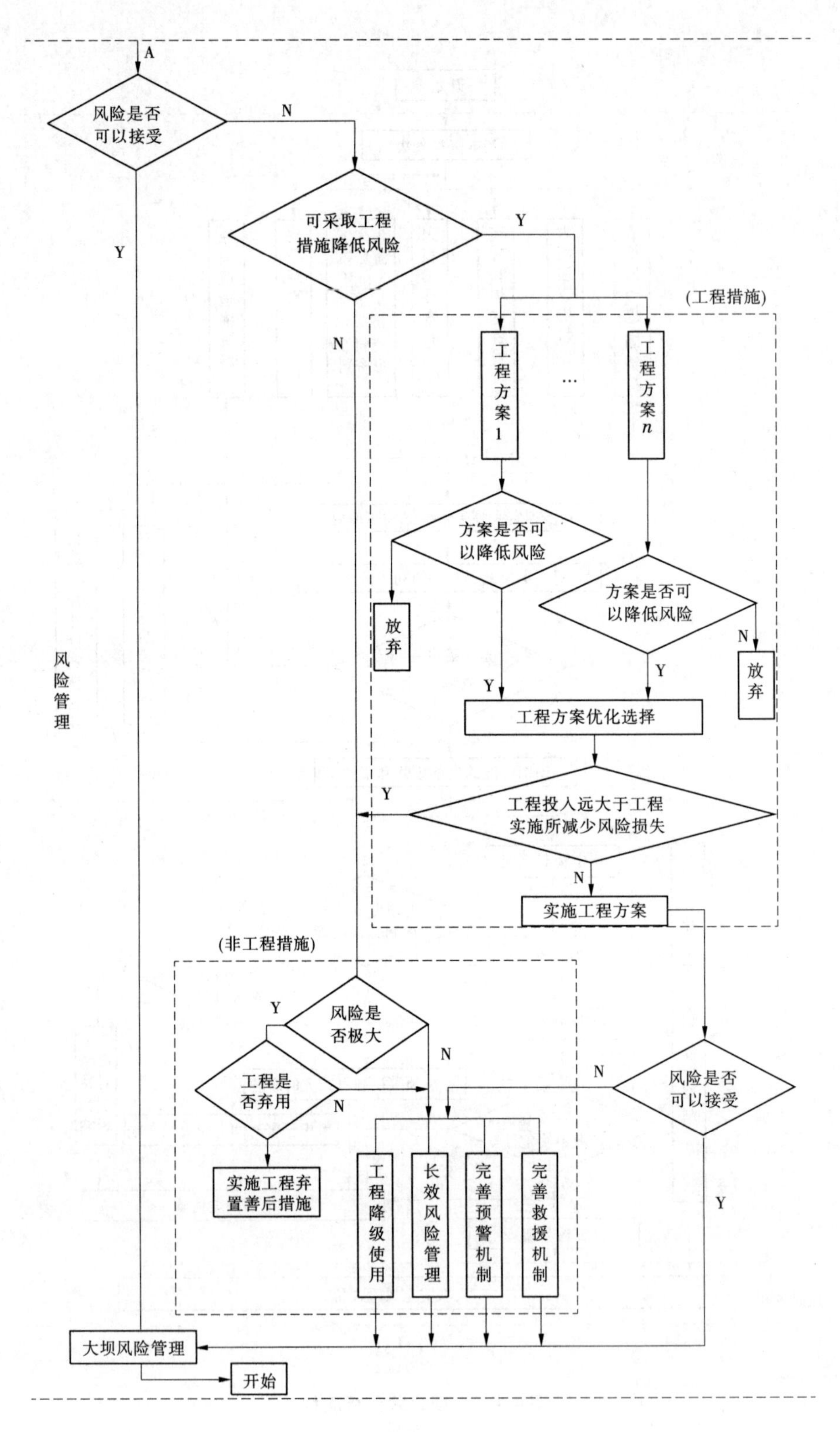
A
风险是否
可以接受
N
Y
可采取工程
措施降低风险
Y
N
(工程措施)
工程方案1
…
工程方案n
方案是否可
以降低风险
放弃
方案是否可
以降低风险
N
Y
放弃
Y
工程方案优化选择
Y
工程投入远大于工程
实施所减少风险损失
N
实施工程方案
风险管理
(非工程措施)
风险是
否极大
Y
N
工程是
否弃用
N
实施工程弃
置善后措施
工程降级使用
长效风险管理
完善预警机制
完善救援机制
N
风险是否
可以接受
Y
大坝风险管理
开始

续图 4-4

风险准则的确定主要为后续的风险评价做准备，在我国尚未制定风险标准的情况下，每座大坝只能根据自身情况制定自己的风险准则，但应避免所定风险准则脱离大坝所在宏观区域的经济、文化水平去追求过高的标准，同时也不能定的太低，以免大坝失事造成严重灾难，而应在第 3 章建议的分区风险标准的基础上结合水库大坝等级，确定目标大坝的风险准则，并报主管部门批准。

失事概率估计应结合所考虑的失事模式和荷载状况建立相应的失事模型；在模型分析过程中如果有必要，可考虑因计算参数选取存在误差而引起的不确定性；对于不具备建模分析失事概率的情况，可应用本书 2.3 节阐述的其他方法估计溃坝概率。

失事损失估计应对模式识别阶段确定的可能失事模式与可能出现洪水组合出现的多种情况分别分析；在失事损失估计过程中，应充分考虑大坝预警机制以及逃生道路状况对减灾的影响，因为不同的预警时间和道路状况会对生命和财产损失造成较大的影响。

(4)风险评价。

风险评价阶段是整个工作流程的另一个重要环节。该环节工作的重点是根据前面计算和分析得到的大坝在不同荷载和失事模式下的失事损失以及对应的失事概率，估计当前大坝存在的风险，并根据拟定的大坝风险准则，判断大坝当前的风险状态。

(5)风险管理。

风险管理阶段是大坝风险评价流程的应用环节。风险评价的目的就是要根据风险评价结果，指导运行管理单位采取有效措施降低大坝风险，避免损失。降低大坝风险的措施就宏观而言分为工程措施和非工程措施。①工程措施。如果确定采取工程措施来降低大坝风险，则应对不同的工程方案进行分析：首先应剔除那些对降低大坝风险无效或效果不明显的方案，再对剩余方案进行优化选择，选择对降低大坝风险绩效比较好、施工后大坝风险满足要求且投资在可控范围内的方案为最优方案。②非工程措施：包括放弃大坝使用功能将大坝报废和使用非工程措施加强管理两个方面。如果目标大坝在评估后风险极大，已无工程改造价值或降级使用价值则可申请报废，并采取报废善后措施；如果水库风险很大但仍有较大使用价值，则可采用水库降级使用、进行长效风险管理、完善预警机制和救援机制等手段来控制大坝风险。此外，对于风险评估后大坝风险满足使用要求的大坝，也应加强和完善非工程措施管理，进一步降低和控制大坝风险。

4.4 大坝风险管理

大坝风险管理的核心是风险分析，通过对大坝工作状态的分析，认识大坝危险的来源和危险转移规律，为风险管理提供决策建议。大坝风险管理目标是识别大坝显露的和潜在的风险，及时处理并控制风险，使整个大坝工程系统危险源及其转移渠道得到控制、隔离、转移或局部消除，预防损失的发生；当大坝突发事故发生后，尽快提供应急措施，实施抢险救灾，降低损失程度。没有实施风险管理的大坝将暴露在各种不确定性因素中，只能被动消极地接受存在的危险；而制定和实施风险管理的大坝，由于有了对各种情况的分析和应对措施，虽不能保证大坝绝对安全，至少可以避免较大程度的损失。大坝风险管理包括工程措施和非工程措施两个方面，本章仅对非工程措施进行一些探讨。

从风险分析评价的目标可以看到,风险管理包括以下几个方面(见图4-5):风险识别(风险评价)、风险预警、应急管理、风险决策。其中,风险决策贯穿在其他环节的方方面面。决策部门或机构首先根据风险评价结果决定是否需要对大坝进行加固、维护处理,若有必要,再对处理后的大坝进行风险评价;如果大坝遇到突发紧急情况,决策部门则进一步决定如何向有关部门和下游公众发布预警信息,并在危险事故发生后及时启动应急方案和措施。

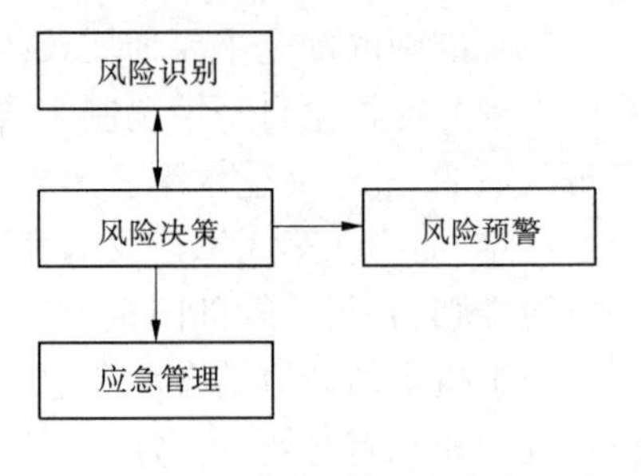

图4-5 风险管理内容

4.4.1 风险管理原则

大坝风险存在于工程项目实施以及完建运行的整个过程中,在不同的阶段有不同的表现形式。大坝风险虽然普遍存在,但风险的发生具有偶然性,是一种随机现象。因此,大坝风险既有其存在的普遍性,又有其发生的偶然性。所以,在大坝风险管理中,应认识到大坝风险是客观存在的,并不以人的意志为转移,大坝风险管理的目的是要在有限的时间和空间内改变大坝风险存在和发生的条件,降低其发生概率和失事损失程度,而不是也不能完全杜绝风险。大坝风险管理的内容比较广泛,通过什么样的原则来降低大坝风险,保证风险管理工作的高效运行,是个值得探讨的问题。本节就大坝工程的投入风险、失事损失风险及产生效应风险等几个方面研究了大坝风险管理应遵循的原则。

4.4.1.1 投入风险

投入风险指对大坝进行改建、扩建、加固、维护以及采取其他影响大坝安全状态的措施时拟投入费用的风险。大坝工程的投入资金一般数额较大,工程项目建设周期长、技术要求高、影响因素多。因此,任何一个投资主体都必须面临如何降低和转移投入风险的问题,要善于分析风险因素,正确估算风险量的大小,积极采取有效措施防止和避免风险,减少风险发生后的损失。对投入风险的分析表明,投入风险的主要来源是项目投资估算的不确定性,对这种不确定性,可通过未雨绸缪、上层决策、风险转移等措施来降低风险发生率。

1. 未雨绸缪

大坝风险是大坝失事损失发生前的状态或现象,一般被定义为损失的可能性,因此对大坝风险管理的重点应该是事前管理,未雨绸缪,而非事后补救。一般而言,采取措施阻止或减轻风险发生比风险发生后再弥补其造成的损失费用要低得多。

2. 上层决策

大坝风险管理必须以自上而下的模式来推动,而非相反。投资决策有自上而下,也有自下而上的决策模式可以选择,但风险管理只能自上而下,而不能自下而上。上层决策者的责任应受到高度重视,职务越高,责任越大。

3 风险转移

降低投入风险的另一个重要手段是转移风险,投入风险的风险转移可通过非保险转移和保险转移两种方式进行。前者借助于合同或协议,将投入风险转移给非保险的个人或团体;后者是通过订立合同方式,由合同双方当事人约定,一方交付保费,他方承诺在特定事故发生后,承担经济补偿责任。

4.4.1.2 失事损失风险

无论大坝工程的设计、施工和运行管理多么完美,大坝失事事件都难以避免,并导致相应的失事损失风险,这种损失包括大坝本身的损失以及下游行洪区的生命损失、经济损失和环境损失。因此,从大坝风险宏观管理角度,在工程论证、规划、建设和运行管理过程中,应高度关注大坝失事损失风险。失事损失风险主要源于大坝系统内部和外界各种状态的不确定性,但在一定条件下损失风险是可以转化的。影响风险的客观条件发生改变,风险的性质、风险的大小也可能会发生变化。损失风险管理过程中,可通过加强风险监控、转移风险及其他非工程措施来降低失事损失程度。

1. 加强风险监控

通过对诱发风险因素的分析,加强对风险源的识别和监控,建立风险预警体系(详见本章4.4.2节),当大坝失事事件难以避免时,及时发出预警信息,使有关单位和个人能提前做好防范措施,可以最大限度地降低失事损失风险。

2. 转移风险

转移风险也是降低溃坝损失的重要途径,可通过上文阐述的方法来转移风险,降低风险损失。

3. 非工程措施

非工程措施是用非工程手段降低大坝失事后的损失的重要方法之一。通过建立科学合理的应急预案,完善应急救助措施,加强应对紧急事件的经验教训的交流,使之系统化、实用化,指导并完善应急预案和应急救助措施。国内外的实践表明,切实可行的应急预案与应急救助措施,能大大降低下游损失。

4.4.1.3 产生效应风险

大坝工程的建设及其后续的改建、扩建、加固、维护和运行管理工作的主要目的是完成预期工程目标、弥补工程缺陷、降低工程风险和削弱损失风险等,但由于各种因素的影响,工程实施后的实际效果未必能达到先期目标,并可能由于前期工程考虑不周,出现预料之外的不利工程效应,这就是工程的效应风险。降低效应风险的最佳手段是在前期工作中,尽可能识别出所有可能导致不利效应风险的因素,辨别不同因素的潜在影响,并在后期工程实施和管理中采取有效措施予以控制。

4.4.2 大坝预警机制

4.4.2.1 预警机制的基本要求

溃坝洪水一般具有以下一些特征:①具有较大的危害性;②在发生的时间、强度、影响范围和影响时间上具有不确定性;③具有突发性和紧急性,且规律性不强;④危险和机会并存,科学应对则会减少损失,反之则损失惨重。因此,强化预警机制是保障大坝安全的重要举措之一。大坝预警机制是要对大坝潜在的突发事故及其损失进行有目的、有意识的监控,阻止风险损失的发生,削弱损失发生的影响程度。该机制是包括警情监测、警情识别和预警信息发布的制度化的大坝综合安全预警系统[200]。

完善的风险预警机制最基本的要求是:应满足《水电站大坝运行安全管理规定》和《水库防洪应急预案编制导则》(2003)、《破坏性地震应急条例》、《突发事件应对法》等法规和行业规范、规定的要求。整个预警机制包括警情监测、警情分析和警情发布三个环节(见图4-6)。其中,警情监测是对确认的大坝系统以及上游库区水文信息和天气变化等方面的警源进行必要的信息采集;警情分析则是对警源反映的外在信息进行建模分析,判断其安全状况以及对大坝系统安全的影响;警情发布则涉及预警信息发布对象、何时发布、预警网络的构成等方面。

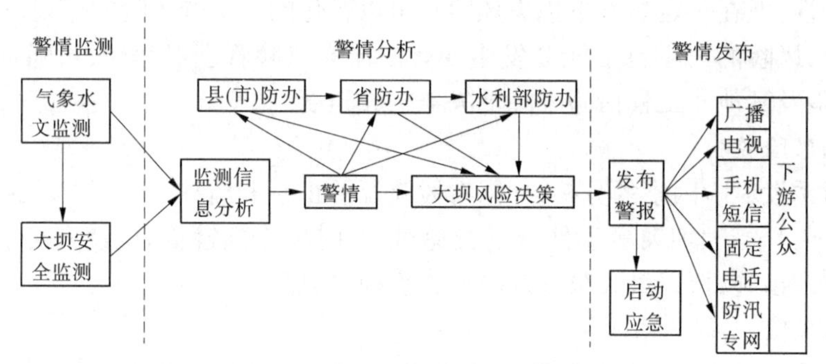

图4-6 大坝预警机制运作模式

4.4.2.2 警情监测与警源识别

国内外大坝的失事事例表明,大坝失事事件的发生是不分季节和昼夜的,失事事件的这种不确定性对影响大坝安全的警兆分析和警情发布提出了更高的要求,任何一次疏漏都可能酿成不可挽回的灾难。因此,拥有完善的警情监测与采集系统是预警机制的基础,有条件的大坝运行管理单位应建立起完善的大坝安全监控系统。

整个水库大坝的相关结构、设备、设施、人员和管理制度等从系统工程角度看是一个相互作用的有机体,影响大坝安全的因素众多,警源的存在是绝对的。但是受人力、物力、财力等因素的限制,管理部门不可能对大坝系统所有的警源进行监控,只能集中有限的力量去监控危险性比较大的警源。因此,进行警情监测和信息收集,必须先确定警源。

大坝系统中存在的警源涉及结构、设备、设施、管理规定、人员素质、操作习惯、自然灾害等,这些警源通常是潜在的,不易被人察觉和重视,需要通过对系统的查找分析,找出其中的主要警源,并界定其危险的性质、危险程度、现存状态、危险转化条件和转化过程、触发条件等,以便有针对性地进行警情监测与收集。警源识别可通过危险源调查、危险区域确定、存在条件分析、触发因素分析、潜在危险分析和危险程度分级等几个步骤来完成(见图4-7)。

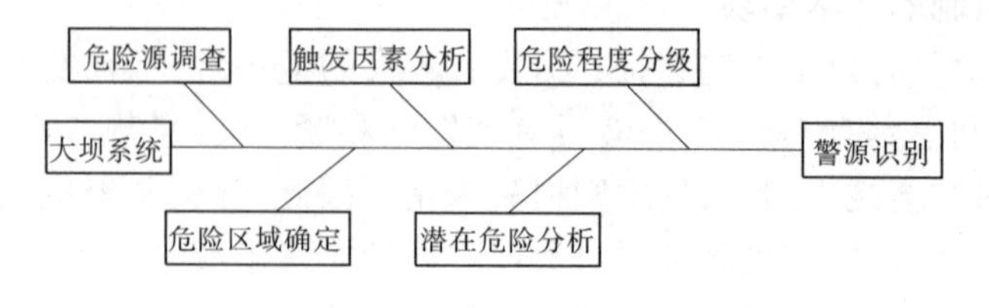

图4-7 大坝系统危险源识别程序

4.4.2.3 警兆分析与警情发布

任何事物的发生和出现都不是无中生有的，而是与其他事物和事件间存在着某种因果联系，并且有迹可寻。警兆分析就是要通过对警源的事故记录、维修（维护）情况、工作状态等反映出信息利用归纳、总结、建模等方式，发现异常征兆。如果某些监测项目（如个别点位的变形、渗流、扬压力等）测值超过监控指标，则应立即分析产生的原因。在排除系统误差和观测误差后，如果确系大坝结构出现异常变化，则应根据发生的时段（汛期或非汛期）、天气形势、上下游水情、水库当前库容综合判断情况危急程度，并根据事态进一步发展的严重性适时向上级主管部门、当地县（市）、省及国家防办发布不同等级的警情，并在必要时通过广播、电视、手机短信、互联网等手段向下游公众及时发布撤离、逃生预警信息。

4.4.3 应急行动机制

大坝应急行动是在大坝失事时，为减少人员损失、经济损失和环境损失所采取的抢险、救援行动。大坝风险的应急救援机制涉及行动指挥、信息传递、判断决策、抢险救灾队伍、抢险行动、通信保障、物资保障、应急征用等多个方面，各个部分之间的关系如图 4-8 所示。在建立失事风险应急机制方面，必须遵循正确的方针，这是由大坝失事危机处理的客观要求所决定的。国内外危机处理的经验和教训表明，应对诸如溃坝这样的突发公共危机，必须坚持未雨绸缪的原则，做到防患于未然，这是减轻失事风险的必然要求。大坝应急计划和行动方案应符合《防洪法》、《水法》、《防汛条例》、《水库大坝安全管理条理》和《突发事件应对法》等法律法规的要求，并综合考虑《水电站大坝运行安全管理规定》、《水库防洪应急预案编制导则》、《破坏性地震应急条例》、《综合利用水库调度通则》、《水库管理通则》、《蓄滞洪区安全建设指导纲要》和《水库大坝安全评价导则》等。

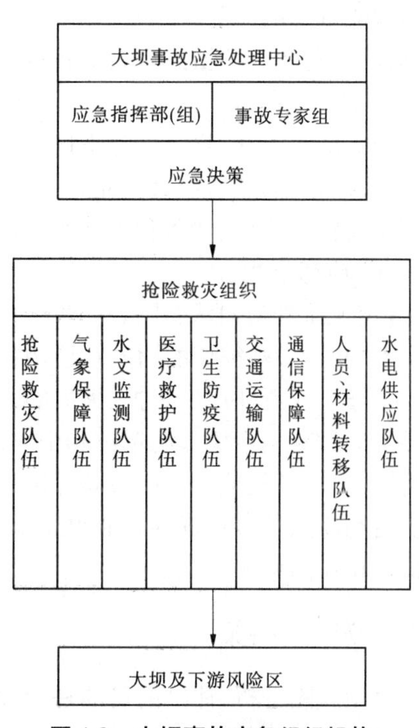

图 4-8 大坝事故应急组织机构

（1）行动指挥。

大坝失事引发洪水的影响范围可能遍及不同的地区，其间许多相关部门会投身其中展开救援，为进行协调和指挥，建立统一的指挥是必需的。根据《水库防洪应急预案编制导则》的要求，应急指挥部（组）由审批应急预案的人民政府、政府相关职能部门、部队、武警、水库主管部门和水库管理单位组成，并列出各部门成员名单、职责及联系方式。

（2）通信保障与信息传递。

为保证应急指挥部（组）及时了解事态的发展以及各应急组织之间保持良好的互动关系，可采用有线通信、无线电台、自动测报系统和微波或卫星电话保障上下游雨情、水情的收集，向上级部门的传递，以及抢险指挥的政令畅通。各下级组织应主动及时汇报现场情况，请示下一步行动计划，各组织之间应通过指挥部或自主进行沟通，互通情报；指挥部根据情况决策告警信息的发布时机、发布范围和发布方式。

(3)判断决策。

应急计划的启动、执行、时间和要求必须通过应急指挥部(组)相关成员的会商、制定、签发和下达程序，做到科学决策。

(4)抢险救灾队伍。

抢险救灾队伍应采取多种方式，即既有专业抢险队伍，也有业余的群众抢险队伍。专业抢险队伍由水库管理单位的技术人员和管理人员组成技术骨干，负责险工抢险的时间和要求；群众抢险队伍由有经验的群众组成，配合专业抢险队抢险。专业救灾队伍由公安消防和受训练的解放军组成，负责受灾群众的转移和救援；群众救灾队伍由地方民兵组成，协助专业救灾队伍进行人员救援和转移。

(5)物资保障。

根据应急要求，物资保障不仅要保障应急处理所需的各种物资和器材，还要保证平时应急演练所需的装备器材。此外，交通运输部门要确保应急物资的及时装运，各级政府要对应急物资的购买、储备和更新作出财政安排，明确应急用品征用条件赔偿规定。

(6)应急征用。

《突发事件应对法》中规定，“有关人民政府及其部门为应对突发事件，可以征用单位和个人的财产，被征用的财产在使用完毕或者突发事件应急处置工作结束后应及时返还。财产被征用或者征用后毁损、灭失的，应当给予补偿”。因此，在抢险和救援过程中，如果需要可通过应急指挥部向单位和个人征用应急救援所需设备、设施、场地、交通工具和其他物资，请求其他地方人民政府提供人力、物力、财力或者技术支援，要求生产、供应生活必需品和应急救援物资的企业组织生产、保证供给，要求提供医疗、交通等公共服务的组织提供相应的服务。

4.4.4 风险决策

大坝风险分析、评价的目的是为大坝运行机构和相关主管部门提供大坝安全状态信息，以便在大坝潜在风险上升时及时采取对策，通过增加投资，对薄弱环节进行改建、加固、维护或改变运行条件，达到降低风险的目的。现实中降低或转移大坝风险的策略多种多样，如何从中优选是一个风险决策问题。

4.4.4.1 风险决策的影响因素

在大坝风险决策过程中，影响决策的因素比较多，其中主要因素有风险成本、风险收益和风险信息。

1. 风险成本 W_{RC}

鉴于大坝失事风险的客观性，决策者想通过优化策略完全摆脱风险是不现实的。要降低风险必须付出相应的物质、金钱和人力的代价。由大坝失事风险导致的费用统称为风险成本，它包括大坝失事所造成的损失 $W_{RC,1}$ 、对风险的前期预防费用 $W_{RC,2}$ 及后续的风险处置费用 $W_{RC,3}$ 等，即：

$$W_{RC} = \sum_{i=1}^{3} W_{RC,i} \tag{4-1}$$

2. 风险收益 W_{Return}

这里讨论的风险收益指对大坝及其相关工程采取的改建、加固和维护措施而获得的回报。这种回报主要讨论因降低风险而使下游地区避免受到的生命损失 W_{Rt1} 、经济损失 W_{Rt2} 和环境损失 W_{Rt3} ，不包括其他衍生回报。综合风险收益可表示为

$$W_{Return} = f_{Rt}(W_{Rt1}, W_{Rt2}, W_{Rt3}) \tag{4-2}$$

式中：$f_{Rt}(\cdot,\cdot,\cdot)$ 为货币化风险收益综合评判函数，可根据当地保险业及相关法律法规的规定，制定合适的函数形式。

3. 风险信息 $R_{\inf}$

决策者在作出决策之前，获取的相关信息越多无疑越有助于决策者作出最合理的决策。随着决策者获得的信息量的增加，决策时面对的不确定性因素逐渐减少，这样可以提高决策者决策行为的正确度，降低决策风险。相反，如果决策者掌握的相关信息不充分或者不准确，那么就有可能对决策后果产生误判，从而增加决策风险。虽然获取相关信息需要付出一定的成本，例如对决策方案实施后的所达到的预期目标、降低风险的能力和程度分析，对大坝及其相关设施安全状况的总体调查分析等，但这些成本与投资决策风险成本相比，是值得的。因此，决策者在决定采取何种降低大坝失事风险的方案之前应尽可能多地调查大坝的荷载状况和整个工程中的薄弱环节，了解尽可能多的相关信息。

4.4.4.2　风险决策方法

根据工程决策人员对待风险的态度和所掌握的风险信息，可使用下面几种决策方法。

1. 最大可能法

针对工程风险分析结果，在制订的不同方案或策略中，投资（包括人力、物力和财力）多少必然也不尽相同。最大可能法的实质就是将投资收益概率最大的方案或策略结果看成是必然事件，即发生的概率为1，而将其他结果看作不可能事件。这一方法适用于某一方案或策略结果比其他结果发生的概率大得多的情况。决策者的决策行为也就因此变成了确定性决策问题。该方法的前提是决策者掌握了足够的相关信息来判断决策行为结果的发生概率，即：

$$P_{best}(k) = \begin{cases} R_{\inf,i} \\ \max(P(W_{Return,i} - W_{RC,i} - W_{\inf,i}))\ (i = 1,\cdots,n) \end{cases} \tag{4-3}$$

式中：P_{best} 为最佳收益方案；k 为优选出的方案编号；$R_{\inf,i}$ 为第 i 种方案的风险信息；$P(\cdot)$ 为事件发生概率；$W_{Return,i}$ 为第 i 种方案的收益；$W_{RC,i}$ 为第 i 种方案的风险成本；$W_{\inf,i}$ 为第 i 种方案的风险信息成本；n 为工程方案的总数。

如果在该方法实施过程中仍存在许多不确定因素，并会对发生概率的判断产生影响，则不适宜采用该方法。

2. 期望值法

期望值法是通过综合考虑大坝在不同处理方案下的风险收益期望和发生概率来进行风险决策。风险收益期望可表示为

$$E(W_{Return,i}) = \sum_{j=1}^{m} W_{Return,ij} P(\theta_{ij}) \tag{4-4}$$

式中：$E(W_{Return,i})$ 为第 i 个方案的风险收益期望；$W_{Return,ij}$ 为采取第 i 个方案出现第 j 种失事模式的风险收益；$P(\theta_{ij})$ 为采取第 i 个方案第 j 种失事模式的发生概率；m 为可能出现各种失事模式总数。

在收集相关资料后的实施过程中，首先应针对所有可行方案，计算各方案的风险降低期望值并加以比较。如果工程出险概率很低，下游日标损失较小，则应采取期望值最小的行动方案。如果工程出险概率较高，下游地区溃坝损失很大，工程风险较高，则应选择期望值最大的可行方案。这种方法综合了概率分析和风险收益，在大多数情况下都适用。

3. 动态风险决策

有时大坝的荷载概率或危险事件的发生概率很难估计，而只能对风险后果进行估计。这时，决策人是在一种不确定的情况下进行决策，所以决策结果在很大程度上依赖于决策者对风险所持的态度。如果认为危险荷载出现概率很低，溃坝可能性很小，则选择投资较小的方案；反之，随着洪水序列的增加，如果认为危险荷载出现概率较高，溃坝可能性上升，则决策者应选择投资较大且能较大幅度降低风险的方案。

第5章　大坝风险辅助分析系统

5.1　概　述

大坝风险分析完全依靠专家和工作组来完成将是一项艰巨的工作,如果能在上文建立的风险分析体系基础上建立一种大坝风险分析系统,将大幅减少人工处理的工作量,同时在分析的精度和效率上也会有质的飞跃。此外,利用建立的风险分析系统,大坝运行管理部门也可以随时根据需要开展一些相对简单的自我评估,或对拟开展的工程和非工程实施方案进行比较,有助于及时发现潜在的问题,提高大坝管理水平。为实现上述目标和功能,本章在前文大坝风险分析体系结构的基础上,根据我国目前大坝安全管理工作的现状和技术条件,结合数据库理论、GIS 理论、溃坝水利学、计算机图形学等方法和理论构建了一个大坝风险评价系统,并利用 Delphi 可视化编程语言开发了辅助分析系统。

5.2　大坝风险分析系统模型设计

大坝风险分析系统的总体结构包括逻辑结构模型和程序结构模型。其中,逻辑结构模型按照大坝风险分析的专业要求来设计系统的总体结构;程序结构模型实现专家系统界面功能布置和设计。

5.2.1　逻辑模型[201]

根据大坝风险分析系统程序流程建立的“三层多库”逻辑模型总体结构见图 5-1。其中底层为基础数据库,所需基础数据分类存储在不同的数据库中;中间为应用层,提供各种主要功能模块以及这些模块与相应数据库的耦合;顶层为用户层,用户和系统的交互操作以及各种查看分析界面都在用户层实现。整个系统总体结构各部分的内容和功能分述如下。

(1)GIS 数据库。

GIS 数据库用以存储坝区以及下游大坝溃坝洪水可能影响区域的各种地理信息,包括地形、行政区化、水系、堤坝、城镇、村落、工厂、学校、医院、厂矿、农田、道路、桥涵、排水(节制)闸、泵站、通信、电力、人口等分布信息。为溃坝仿真分析、风险图绘制、溃坝损失估计及溃坝应急决策提供支持。

(2)数据库。

数据库存储和管理大坝监测、检测资料以及设计、施工、运行管理、除险加固等各种资料和信息。

(3)图形库。

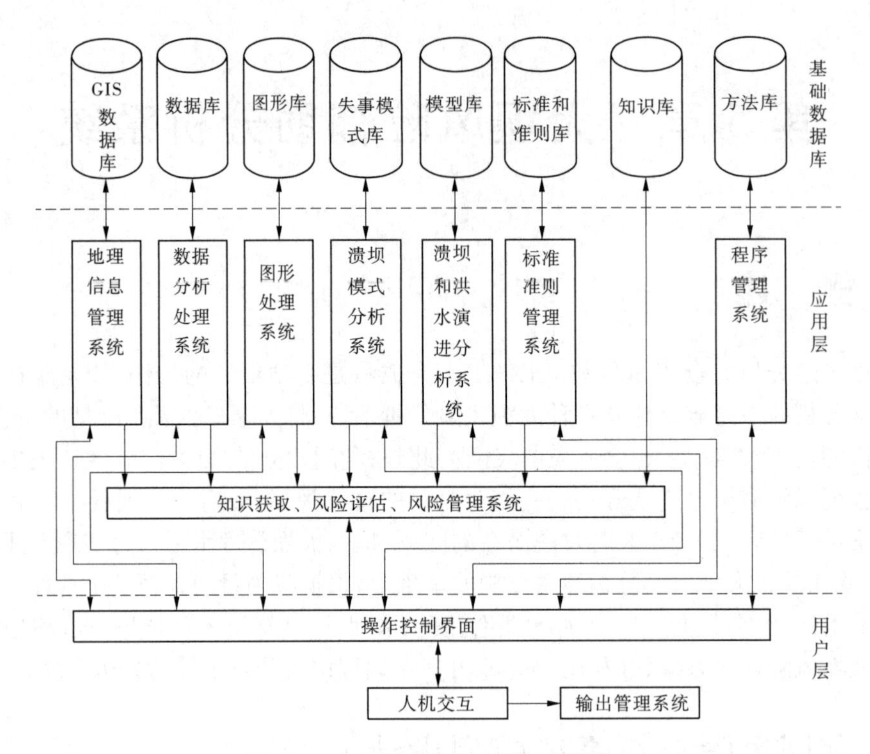

图 5-1　大坝风险分析系统逻辑结构

图形库存储和管理大坝的相关设计图片和图像以及根据大坝监(检)测资料得到的各类数据图表、图像,并为监(检)测数据分析提供直观形象的图形界面。

(4)失事模式库。

失事模式库集成了几种代表性坝型的常见失事模式以及失事概率估计信息,在失事模式分析时可以根据具体坝型、水库类型选择以及监(检)测资料分析成果得到失事模式初步成果。

(5)模型库。

模型库是根据计算分析需要,提供监(检)测资料数据分析模型、提供溃坝模式分析模型和溃坝洪水演进分析模型的模型库,是资料数据分析、模拟洪水发展过程的基础支持库之一。

(6)标准和准则库。

标准和准则库收集并管理了与大坝风险分析、评价相关的国内外标准、准则、导则、国家法律法规,以及根据不同地区制定的风险评价标准,为大坝风险分析过程中的洪水选择、大坝溢洪道和非常溢洪道泄流能力确定、设备和大坝监(检)测、大坝结构稳定计算、失事概率估计、洪水演进计算、失事损失估计等提供标准和方法参考。

(7)知识库。

知识库为根据不同失事模式下洪水演进模拟结果和淹没区地理信息进行溃坝生命、经济和环境风险估计提供评估技术支持,在此基础上结合大坝结构安全状态评价大坝风险状况,并根据评价结果进行风险管理(详见 4.4 节)。

(8)方法库。

方法库用于管理各数据库及相关功能的协调运行,提供各类计算模型的实施程序支持,通过与大坝模型库、数据库、GIS 数据库的组合,可进行各类检测和监测信息的监控模型分析,结合监控指标,判断大坝结构和设备的工作状态;大坝溃决过程分析;溃坝洪水演进过程分析;溃坝洪水损失估计等。

5.2.2 程序结构模型

大坝风险分析可视化设计的关键是抽象模型的可视化和对相关算法的选择,如 GIS 管理、失事模式分析、溃坝和洪水演进模拟分析、失事损失估计、失事风险分析与评价等,只有将抽象模型和可视化技术有机结合才能实现预定目标。通过对大坝风险评价系统任务需求的进一步分析,根据系统功能模块化和结构化设计的特点,确定该程序主要由数据模块窗体、用户登录窗体、程序主控窗体、3 个工程管理窗体、4 个 GIS 应用窗体、3 个溃坝洪水分析窗体、9 个失事模式分析窗体、14 个数据分析窗体、3 个失事损失估计窗体和 2 个风险评价窗体组成,程序结构如图 5-2 所示。其中的数据模块窗体是一个隐含窗体,为其他窗体访问数据库提供访问控件,在其他窗体需要访问数据库时只要在其单元文件中引用数据模块的单元文件即可直接访问数据库中数据。其他功能模块的功能如下:

(1)工程管理子系统。

为方便不同工程的管理,该子系统负责为新工程开辟管理文件夹,此后的文件保存默认存储在工程文件夹中,也可以打开一个已存在的工程,进行相关分析。对不需要的工程文件也可通过“删除工程”的提示来删除。

(2)GIS 应用子系统。

对大坝上游库区和下游一定范围内的地理信息进行管理,用于洪水演进分析和风险图的制作。该子系统包括 GIS 信息的录入、查看、修改及风险图制作管理等功能。

(3)溃坝洪水分析子系统。

对大坝在不同溃坝模式下的失事过程进行模拟,获取坝址溃决流量过程,并对溃坝洪水的演进规律进行模拟。该子系统主要包括溃坝模式选择、洪水演进模型选择、溃坝过程分析、洪水演进分析和分析结果查询等功能模块。

(4)失事模式分析子系统。

该子系统主要完成大坝失事模式和失事概率分析,其中又包括荷载管理模块组、失事路径事件树分析模块组和失事概率分析模块组等。

①荷载管理模块组。

荷载管理模块组主要管理大坝失事可能出现的荷载状态,为后续失事概率分析以及洪水演进分析、失事后果评价做准备,包括上游水位、洪水类型及地震荷载设置,各种荷载概率设置等功能。上游水位设置用于设置溃坝发生的不同库水荷载状态。洪水类型设置则用于设置因洪水诱发的溃坝事件的洪水类型。地震荷载设置用于设置地震出现的地震烈度。荷载概率分析再对不同荷载及其组合的发生概率进行分析设置。

②失事路径事件树分析模块组。

失事路径事件树分析模块组可实现大坝失事事件树的建立、修改、删除及保存、输出

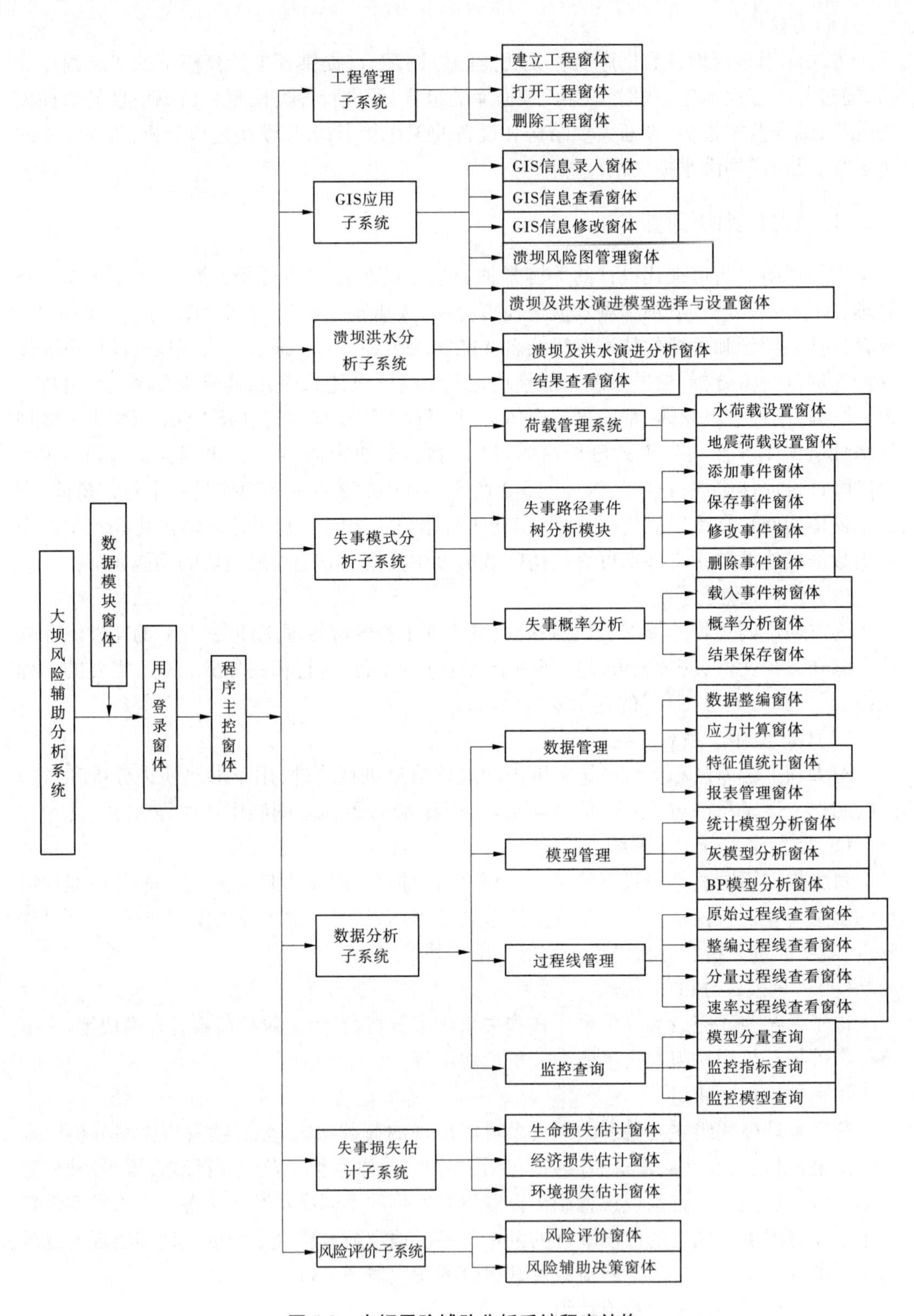

图 5-2　大坝风险辅助分析系统程序结构

等功能。

失事事件树分析功能主要建立大坝失事事件树,同时可以打开原来已经建立的事件树并对其修改、删除。事件树输出管理功能主要实现已经建立的事件树的保存、输出管理,可以链表方式保存,或以图形方式存储为文件或打印输出。失事路径输出管理可将失事事件树自动整理为不同的失事路径,可以失事模式、失事原因等不同方式归类并用表格或线图方式保存为文件或打印输出。

③失事概率分析模块组。

根据大坝失事荷载配置和失事事件树,计算各失事路径在不同荷载下的发生概率,进而得到大坝整体失事概率。失事路径分析:根据各事件和荷载的状态概率,对失事事件树进行遍历,搜索每条失事路径的包含的事件,根据各事件的发生概率,利用式(2-82)计算每条路径的出现概率。整体失事概率分析:根据荷载下失事事件概率分析和失事路径概率分析,利用式(2-83)求得。结果输出管理:可根据需要以不同形式失事路径和大坝的失事概率。

(5)数据分析子系统。

数据分析子系统用于对大坝监测数据的分析,为大坝失事规律分析提供参考依据。该子系统又包括监测数据管理、监测模型管理、过程线管理和监控查询等4个模块组。

(6)失事损失估计子系统。

根据洪水演进分析结果和下游GIS信息,对大坝失事造成的生命损失、经济损失和环境损失进行估算。该子系统包括生命损失估计、经济损失估计和环境损失估计等3个功能模块。

(7)风险评价子系统。

根据失事损失估计和风险标准,对大坝风险状态进行评价,并可根据风险评价结果为相关人员提供辅助决策建议。

5.3 大坝风险分析系统开发流程和要求

安全系统工程作为当前系统工程发展最快的、不断完善并得到迅速推广应用的重要工程技术之一,它以生产过程中的人－机－环境综合系统为研究对象,以消除和控制系统中危险因素为目的,对系统的安全隐患,经过分析、识别、推理、判断,建立系统安全分析模型并进行综合分析与评价,在分析结果的基础上采取防范措施来消除或控制系统中的不安全因素,杜绝系统事故的发生或使事故引发的影响降至较低的水平。但是,在传统的大坝失事路径和失事概率分析过程中,由于相关专家经验和认识水平的差异,失事路径中事件发展过程的确定及事件发生概率的估计可能存在差异,因此这一过程将经历若干反复。此外,失事洪水演进分析、失事损失估计及风险评价等涉及多种专业,工作量巨大。显然,如果能将这些工作借助于计算机技术予以实现,将会使相关人员从这种烦琐的劳动中解放出来,把主要精力放在对大坝风险的正确判断上。

20世纪80年代出现的科学计算可视化技术,使人与数据、人与研究对象之间实现图像通信,对计算和分析过程实现引导和监控,极大地提高了分析、计算以及数据处理的速度和质量,实现了科学计算工具和环境的现代化。可视化是计算机科学、计算机图形学、图形化用户界面以及面向对象的程序设计技术有机结合的产物,主要用于解决仿真、预处理、映射、绘制和解释的问题。它使得研究人员能够观察、模拟研究对象的变化过程,并实现人机交互控制,从而使得该学科在研究和诸多工程领域得到广泛应用。本节将基于上述问题研究大坝风险评价辅助分析系统的实现方式。

5.3.1 系统开发流程

大坝风险分析系统软件涉及用户管理、数据分析、仿真计算、数据存储、结果输出等诸多环节,不同的用户会根据实际工程情况对系统功能提出不同的要求。在满足用户基本需求的前提下,一个完善的分析系统软件应具有丰富的功能和便捷的操作方式,要实现这样的目标,在开发设计过程中必须遵循一定的软件开发准则和设计流程。根据大坝风险评价系统软件的设计经验构造的开发流程结构图见图 5-3。对于整个开发过程,从功能角度划分,可以分为数据库开发和程序开发两部分,二者在开发过程中是紧密联系的;从开发步骤上划分,大坝风险分析系统软件开发过程又可分为需求分析、方案设计、功能设计、编码设计与测试等几个环节。

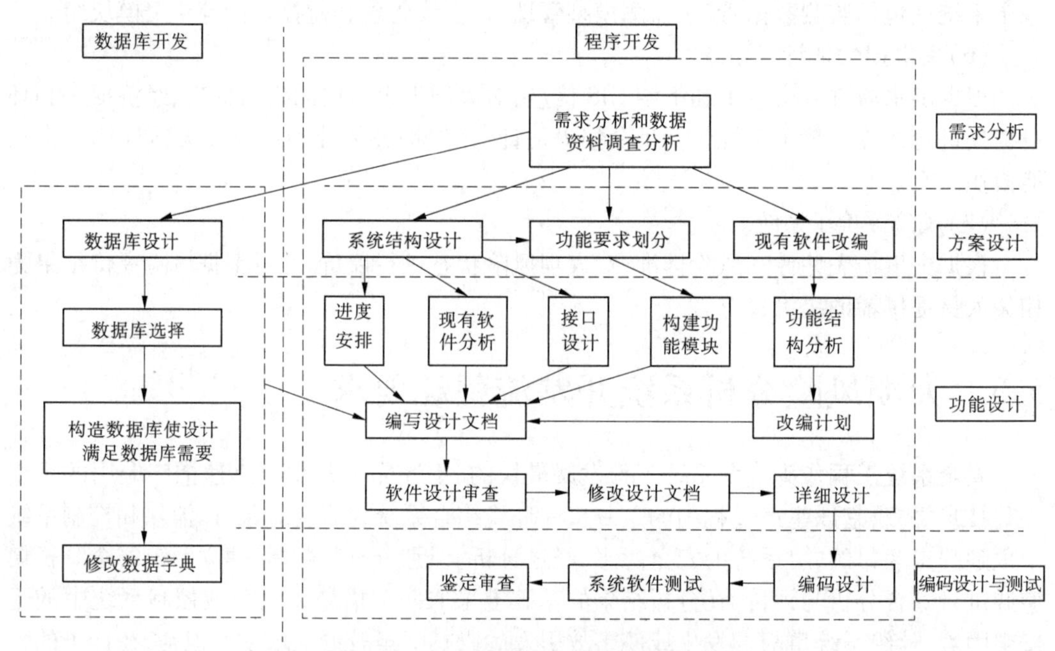

图 5-3　大坝风险分析系统软件设计流程

(1)需求分析。主要研究风险分析系统软件的需求,澄清其中的模糊部分,明确系统的功能、性能和运行条件,并用系统开发人员与其他使用者共同理解的方式准确表述出来。

(2)方案设计。针对功能需求,通过对实现系统的各种可能方案的比较分析,并考虑用户能够提供的软硬件运行环境,确定最佳实现方案。

(3)功能设计。根据方案设计结果,绘制系统数据流图,确定初始系统模块结构,并将系统功能分配至各软件模块。根据模块化设计的要求和原则,进一步优化系统模块,并明确各模块间接口关系,在此基础上定义系统全局数据结构和主要模块的算法。

(4)编码设计与测试。编码是上述功能设计的具体程序实现方式。必要和完善的测试过程必须从用户需求角度出发,最大限度地发现编码过程中出现的错误和疏漏,提高系统产品质量。

5.3.2 系统模块化开发要求

大坝风险辅助分析系统涉及多库操作,结构比较复杂,过去那种单人开发面向过程的设计方法已难以适应当前软件发展的需求。如此多功能的综合分析系统通常需要多人联合开发,并提高程序中常用功能的可移植性,这就需要在软件开发过程中加强对模块化开发重视和理解。

模块化是指按照规定的原则把大型软件划分为一个个较小的、相对独立的,但又相关的模块。软件模块可以理解为是一个适当尺寸能独立执行一个特定功能的子程序,或者与实现某一相对独立子功能相关的若干数据说明与程序段的集合。在程序模块化设计过程中,通常应遵循显性设计(外部可见)规则和隐性(模块内部)设计规则。

5.3.2.1 系统模块划分原则

一般而言,对程序中复杂问题的模块化分解,可以降低问题的难度,提高解决问题的效率,但这并不意味着问题分解得越细越好,在问题细分达到一定程度后,继续过度的分解问题反而会造成模块间接口的复杂度和为设计接口耗费的工作量不断增加。因此,系统模块的划分应遵循以下几方面的原则:

(1)模块化组合原则。该原则要求模块的划分允许把满足需要的当前已有功能组装进设计的新系统中,实现模块化。

(2)可分解性原则。尽量使一个模块完成单一功能,而不需要参考其他模块,以降低模块的构造、修改难度。

(3)连续性原则。如果根据用户需求对模块做些小的修改,修改结果只会影响与该模块紧密相关的模块,而不会造成系统的大幅改动。

(4)保护性原则。如果模块内出现异常问题,异常处理的影响仅限于模块内部,对其他模块不构成影响或影响很小,那么模块的副作用将降至最小。

5.3.2.2 模块设计要求

划分后的模块在具体设计时也应遵循一些要求,以提高程序设计和运行效率,改善程序调试、修正和后期改进的可维护性和向其他程序的移植性,以减少开发成本。具体实施过程中应特别关注以下几个方面:

(1)优化模块结构体系和算法。完成同样的功能,当模块采用不同的结构体系和算法时,有时执行效率差别很大,因此采用最优化的结构和算法也是模块化设计不断追求的目标。

(2)信息屏蔽。信息屏蔽指模块内部的数据和实现细节对模块用户不可见。用户模块在调用服务模块时,只能通过相应的信息和数据接口才能实现,调用者无权进入服务模块内部。

(3)接口单入单出。接口单入单出设计可以减小模块内过程重载设计难度,避免不必要的病态连接,提高模块工作稳定性。

(4)模块独立性。便于较好地分配设计任务,实现多人并行开发,缩短系统开发周期,并避免模块内部的修改影响到其他模块。

(5)优化接口设计,降低使用难度。复杂的接口不仅增大了模块自身的开发难度,也使用户模块为了适应该接口的格式增加额外的开销。

(6)优化模块功能。尽可能把相似的功能通过内部代码优化和接口优化整合到一个模块中,减少相似功能模块的重复开发。

5.4 系统结构和数据库设计

5.4.1 系统结构设计

大坝风险分析系统软件与常规的大坝安全监控系统有一定的联系,但也有更多的差别,在功能需求上有实质的不同。在大坝安全监控软件的开发过程中,往往偏重于软件功能的标准化,这样做虽然实现了系统操作的分布特性,提高了系统运行的可靠性,但由于用户系统平台、应用开发工具、系统开发经验等诸多条件的限制,使得系统的功能模块和数据流紧密耦合,造成监控软件灵活性差,系统功能的模块化程度不高,软件移植、维护和升级服务极为不便。另外,原有软件由于开发时技术上的限制,系统在测点布置、结果显示、监控过程动态展示等图形化显示方面存在不足,而这些要求也都对模块间数据流的交互提出了新的要求。

为解决上述问题,首要工作是淡化功能模块的模块内存取数据的方式,改善功能模块和数据的耦合形式,模块对数据的操作通过模块接口和专门的数据连接模组或控件进行,在功能模块和数据库之间形成一个虚拟的数据交换层,在此基础上设计的大坝风险评价系统软件体系结构如图 5-4 所示。

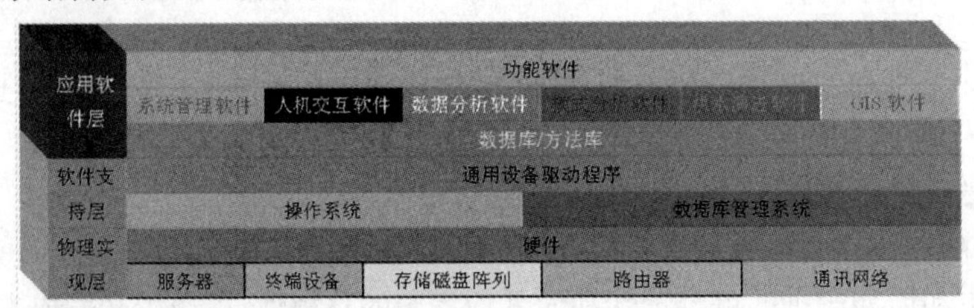

图 5-4 大坝风险分析软件系统结构

上述系统的最上层即表现层,是各种应用软件,由 VCL 组件、COM 组件及各种功能模块类组成,通过中间数据联系组件与底层的各种数据库、操作系统及网络等建立联系。

5.4.2 系统数据库设计

考虑到大坝风险辅助分析系统不同工程管理和分析的需要,系统的数据库和关键数据表采用如下结构设计:

(1)用户信息表(tb_User)。该表存储不同用户的信息,包括用户名称、密码和权限等字段，利用该表通过登录模块进行管理和更新。该数据表功能比较单一，和其他数据表不存在联系。

(2)工程信息表(tb_Project)。包含工程编号、工程名称等数据项。该表通过工程管理子系统动态生成记录。

(3)事件树结构表(tb_EventTree)。包括事件树编号、事件树名称、工程编号等字段，并通过工程编号与当前打开的工程建立联系。

(4)荷载信息表(tb_Load)。包括荷载编号、荷载名称、工程编号等字段。该表由荷载子系统动态维护，并通过工程编号与当前建立关联。

(5)概率分析表(tb_Probility)。该表包括失事路径编号、失事路径内容、工程编号、事件树编号、发生概率等五个数据列。

各数据表间相互关系见图5-5，各功能模块与数据库之间的关系见图5-6。

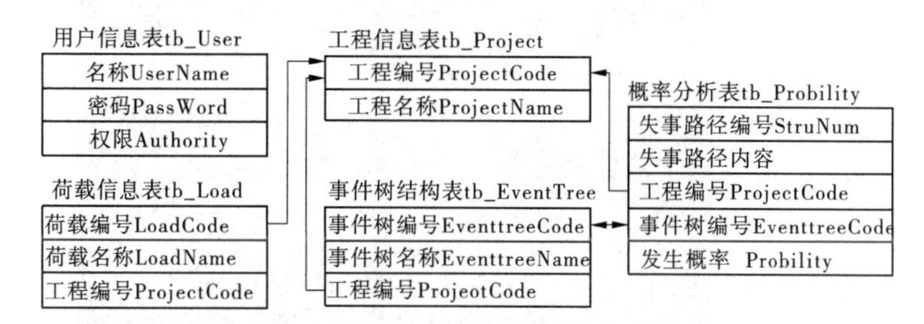

图5-5　系统数据表之间的关系

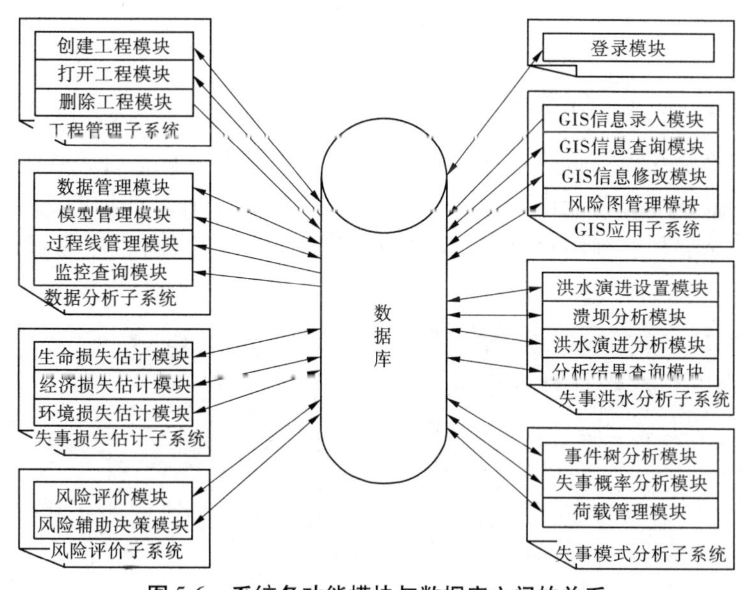

图5-6　系统各功能模块与数据库之间的关系

5.5　主要功能模块原理与实现

基于上述大坝风险分析软件结构和模块化设计要求，本文以Delphi为基本开发语言开发了大坝风险辅助分析系统,系统中不同程序模块综合了 Microsoft Word、Microsoft Excel、Visual Fortran 以及 FastReport、TeeChart、Flatstyle 等第三方程序和控件。该系统运行环境为 Windows2000、WindowsXP 或 Vista,底层数据库可使用 Access、SQL Serers、Oracle 等。

5.5.1 程序主控模块

程序主控模块提供了所有功能模块的管理界面,负责调用和协调各种功能模块间的数据传递和联系。主控界面(见图 5-7)的主功能操作位于左侧的功能导航区,辅助功能位于上部的功能菜单区。

图 5-7 主控程序管理窗体

5.5.2 用户登陆与管理模块

用户登陆模块在程序启动时进行用户身份识别和操作权限验证, 通过身份验证的用户只能对其权限许可的功能模块进行操作,该模块的数据表设计见图 5-5。该模块同时负责新用户的添加和已有用户身份、权限的修改(删除) 操作,程序运行窗体如图 5-8、图 5-9所示。

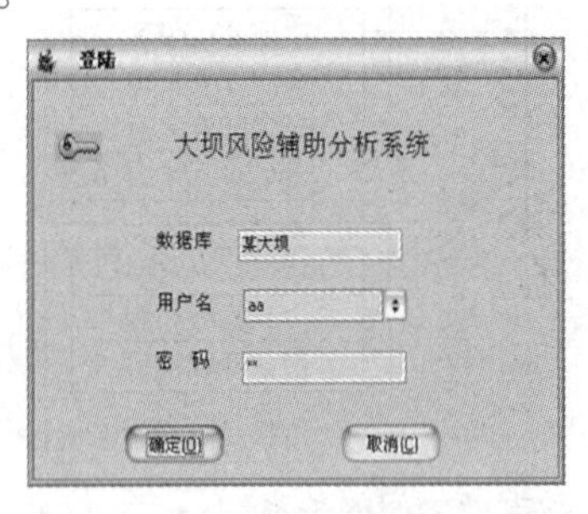

图 5-8 用户登陆窗体

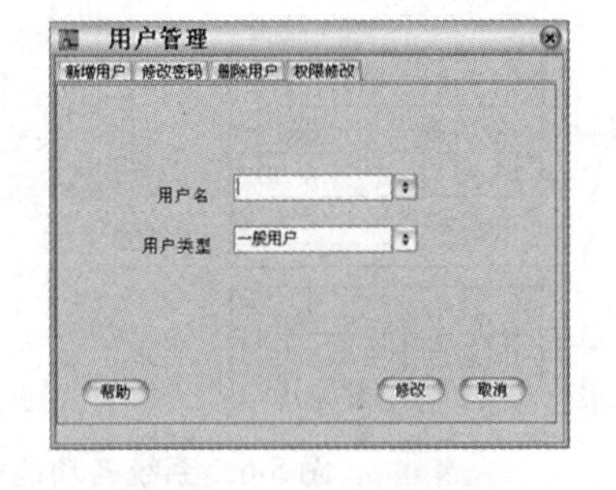

图 5-9 用户管理窗体

5.5.3 大坝失事模式分析子系统

(1)失事路径分析模块。

大坝失事模式分析子系统可根据坝型，辅助完成失事事件树的建立、修改、删除及保存、输出等。失事路径分析时的事件树采用二叉树结构实现，但为了满足一个原因事件诱发多种后继事件的情况，对传统二叉树结构进行了改进，允许一个节点有2个以上的分支出现，并借助递归查询实现对各节点的遍历。为满足上述要求，改进后定义的节点类和事件树类结构如下：

```
type
  ChildType = (B1,B2,B3,B4,B5,B6,B7,B8,B9,B10,B11,B12,B13,B14,B15,B16,
               B17,B18,B19,B20);//最多可从一个事件产生20个后继分支
  //节点类
  TEventsTreeNode = Class(TObject)
  private
   FData: String;
   FEventName:string;//事件名称
   FEventProbility:double; //事件发生概率
   FAllChildNumber:integer;//节点的子接点总数
    FCurrentChildNo:integer;//当前遍历的节点号
   FParentNode: TEventsTreeNode;//父节点
   FChildNode: array [ChildType] of TEventsTreeNode;  //子节点
   function GetChildNode(ctType: ChildType): TEventsTreeNode;
   procedure SetChildNode(ctType: ChildType; const Value: TEventsTreeNode);
   function GetData: String;
   procedure SetData(const Value: String);
   function GetName:string;
   Procedure SetName(const Value: String);
   function GetEventProbility:double;
   procedure SetEventProbility(const Value:double);
   function GetAllChildNumber:integer;
   procedure SetAllChildNumber(const Value:integer);
   function GetCurrentChildNo:integer;
   procedure SetCurrentChildNo(const Value:integer) ;
  Published
   Property Data: String Read GetData write SetData;
   property EventName : String Read GetName write SetName;
   property EventProbility:double Read GetEventProbility write SetEventProbility;
   property AllChildNumber:integer Read GetAllChildNumber write SetAllChildNumber;
   property CurrentChildNo:integer Read GetCurrentChildNo write SetCurrentChildNo;
   property ParentNode: TEventsTreeNode Read FParentNode write FParentNode;
  Public
```

```
    propertyChildNodes[ctType:ChildType]:TEventsTreeNodeReadGetChildNodewriteSetChildNode;
default;
    Constructor Create;virtual;
    Destructor Destroy;override;
end;
TEventsTree = Class(TObject) //定义事件树类
  private
   FHeadnode: TEventsTreeNode;
   FCurrentnode: TEventsTreeNode;
  published
   property HeadNode: TEventsTreeNode Read FHeadNode write FHeadNode;
   property CurrentNode: TEventsTreeNode Read FCurrentnode write FCurrentnode;
  Public
   Function FindNode(node: TEventsTreeNode;Content: String): TEventsTreeNode;overload;
    Function FindParentNode(node:TEventsTreeNode;const ParentNodeCode:String;
    parentName:string):TEventsTreeNode;
    procedure AddNode(Content: String;SEventName:string;SEventProbility:double;
    const CurNode: TEventsTreeNode); //为当前节点添加后继节点
     //删除节点
   Procedure DeleteNode(CurNode: TEventsTreeNode);
   Function GetChildType(CurNode: TEventsTreeNode): ChildType;
   Function IsTrailNode(Node: TEventsTreeNode): Boolean; //是否尾节点
   Constructor Create;virtual;
   Destructor Destroy;override;
  end;
  //异常类
  EBinaryException = Class(Exception)
  Private
    FErrMessage: String;
  Public
    constructor Create(const Msg: string);virtual;
end;
```

该模块运行界面如图5-10所示。

(2)荷载管理模块。

荷载管理模块主要管理大坝可能出现的不利荷载状态,为后续失事概率分析以及洪水演进分析及失事后果评价做准备,包括上游水位、洪水类型及地震荷载等设置功能。程序通过设置界面(图5-11、图5-12)对相关信息进行修改和更新,并对数据库中相关记录进行维护。

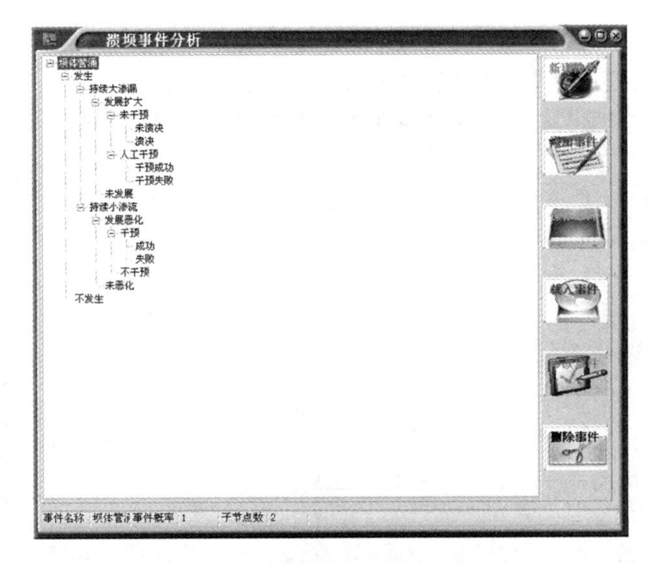

图 5-10　事件树分析子系统主界面

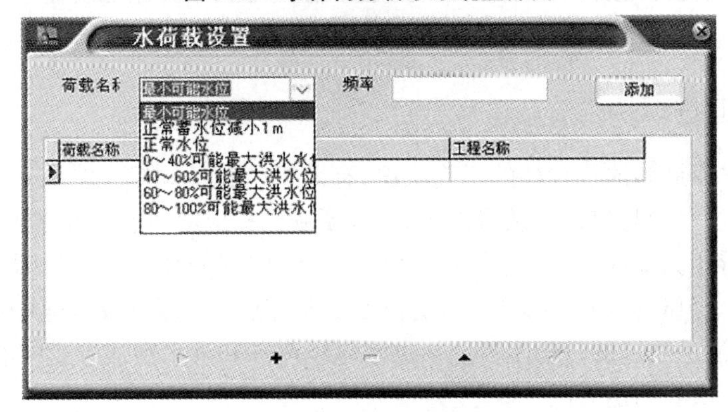

图 5-11　水荷载设置界面

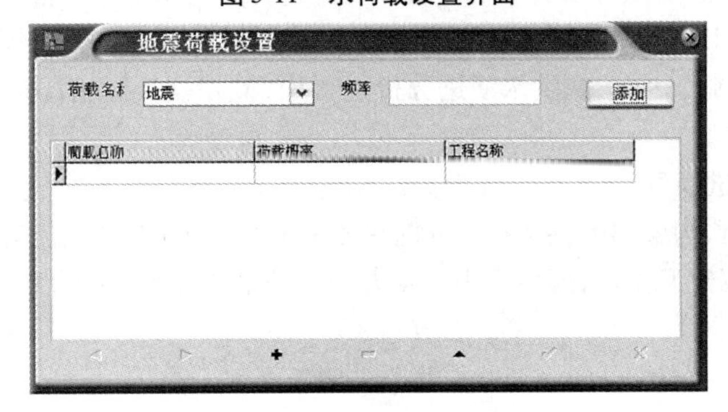

图 5-12　地震荷载设置界面

5.5.4　溃坝分析模块

本文使用的土石坝溃坝模型为 Fread 于 1984 年提出的侵蚀模型(Breach)[208]。该模型基于水力学、泥沙动力学、土力学等原理以及大坝的几何特性和材料特性与水库特性

（库容、溢洪道特性和库水位随来水量的变化），可用于模拟因管涌和漫顶引起的溃坝过程（见图5-13）。对其他坝型的溃坝过程模拟方法尚在研究中。

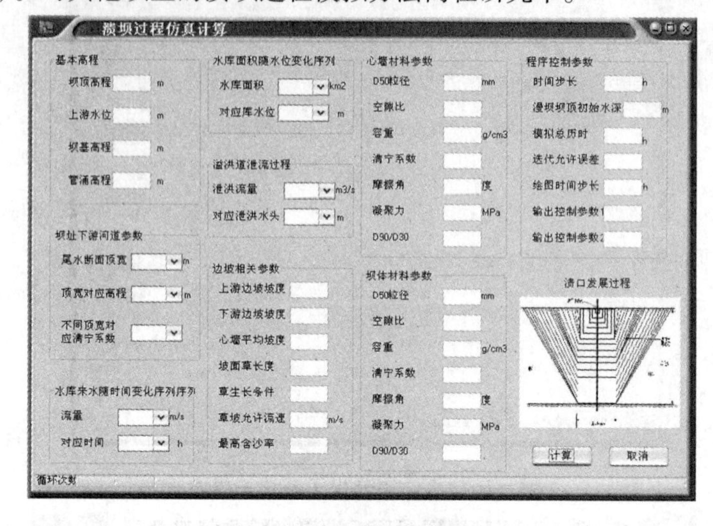

图5-13　溃坝过程模拟界面

5.5.5　洪水演进模块

对溃坝洪水发展和演进规律的正确认识，有助于了解不同频率洪水对下游造成的淹没范围、最大淹没水深与流速以及淹没历时，以便制作相应的风险图并在大坝出现溃坝险情时及时向下游相关地区发布不同的警报信息。考虑到溃坝风险分析时各种溃坝损失（包括生命损失、经济损失和环境损失）受洪水扩展范围、水深以及流速的影响很大。因此，对溃坝洪水演进规律的分析主要包括洪水淹没范围和洪水在演进途中沿程的流量、水位、流速、波前及洪峰到达时间等。

通过水力学数值模拟可以实现溃坝洪水演进过程的动态仿真。根据大坝下游地理概况的不同，溃坝洪水演进路径可能在河谷内呈一维演进，也可能在下游堤岸薄弱地点破堤而出，形成二维漫流。因此，在洪水演进分析过程中，应根据实际情况选用合适的计算模型进行模拟。

5.5.5.1　河道演进模型

被约束在河道、沟渠内的洪水在不同时刻不同断面形成的水深、流速等水力要素通常采用一维非恒定流模型模拟，模型可用连续方程和动量方程组成的方程组描述为

$$B\frac{\partial H}{\partial t}+\frac{\partial Q}{\partial x}=q \tag{5-1}$$

$$\frac{\partial H}{\partial x}+\frac{1}{g}\left(\frac{\partial v}{\partial t}+v\frac{\partial v}{\partial x}\right)+\frac{n^2v^2}{R^{4/3}}=0 \tag{5-2}$$

式中：H为水面高程，m；B为断面宽度，m；Q为流量，m^3/s；g为重力加速度，m/s^2；x为距离，m；t为时刻，s；q为沿两岸汇入河道的单宽流量，m^2/s；v为水流流速，m/s；n为满宁糙率系数；R为水力半径，m。

河道或沟渠的两岸汇流流量按宽顶堰计算。当河道或沟渠内洪水位高出堤岸并发生

漫流时，$q<0$；当外部水位高出堤岸，水流流入河道或沟渠时，$q>0$；当两岸无侧向汇流时，$q=0$。

5.5.5.2　**洪水漫流计算模型**

利用一维洪水演进模型得到的水深和流速实际是断面的平均水深和平均流速，与断面实际最大水深和流速相比，显然偏小。法国曾对马尔巴塞拱坝进行过物理试验模型和数值计算模型的结果对比，虽然研究者认为计算水位叠加速度水头后可以包括模型测出的两岸最高水位，但从公开的成果看虽然多数包括了，但仍有些地方总水位线低于模型试验水位。这主要是由于溃坝水流的二维漫流特性引起的，在地势平坦的平原地区，这种特性更为明显。目前的调查和试验资料也表明，在同一断面上，最高洪水位并不在两岸，而在主流。因此，为了对下游广大平原地区或蓄滞洪区内的工厂、学校、村镇及其他关键设施的最大淹没水位、最大流速和历时进行估计，需要进行二维洪水演进模拟。

二维计算模型来源于一维模型，但对一维方程进行了修正，相关连续方程和运动方程为

$$\frac{\partial H}{\partial t}+\frac{\partial U}{\partial x}+\frac{\partial V}{\partial y}=q' \tag{5-3}$$

$$\frac{\partial(uh)}{\partial t}+\frac{\partial(u^2h)}{\partial x}+\frac{\partial(uvh)}{\partial y}+gh\frac{\partial H}{\partial x}+\frac{gn^2u\sqrt{u^2+v^2}}{h^{4/3}}=0 \tag{5-4}$$

$$\frac{\partial(vh)}{\partial t}+\frac{\partial(uvh)}{\partial x}+\frac{\partial(v^2h)}{\partial y}+gh\frac{\partial H}{\partial y}+\frac{gn^2v\sqrt{u^2+v^2}}{h^{4/3}}=0 \tag{5-5}$$

式中：u、v 分别为 X 和 Y 方向的流速，m/s；x、y 分别为 X 和 Y 方向的距离，m；H、h 分别为水面高程和水深，m；q' 为源项，m/s；其余符号意义同前。

1. 网格划分与模拟范围

虽然三角形网格比矩形网格更适应各种边界形状的变化，但采用三角形网格时会使控制程序的离散更为烦琐，更主要的是，不能直接采用 DEM 数据。实践应用表明，采用规则的正方形网格不仅可以满足工程精度要求，还可以通过 GIS 软件或控件方便地读取 DEM 地形数据，避免从传统地形图上获取数据带来的误差，因此得到更为广泛的使用。

2. 道路堤坝等线形障碍物的影响与模拟

对道路、堤岸、厂房及其他线形建筑物，应考虑障碍物对泛滥水流的阻挡作用，并根据障碍物两侧网格的水位来判断是否出现淹没障碍物的漫顶水流。在具体计算时，为保证每个节点水位的单值性，可将障碍物概化为无厚度挡水板布置在网格线上（见图 5-14(a)）。在计算漫顶水流流量时，应先根据障碍物两边水深判断是否发生淹没堰流，再从式(5-6)、式(5-7)中选取不同公式进行计算。

当$\frac{h_2-h_1}{H_0-h_1}<2/3$时　　$q=m\sqrt{2g}H^{1.5}$　　(5-6)

当$\frac{h_2-h_1}{H_0-h_1}>2/3$时　　$q=m\sqrt{2g(H_0-h_2)}h_2^{\ 1.5}$　　(5-7)

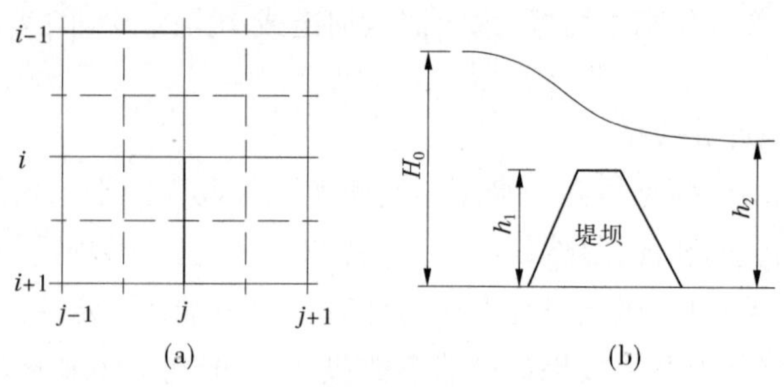

图 5-14　线性障碍物概化与计算示意图

式中:q 为漫顶水流单宽流量,m^2/s;m 为流量系数;H 为(H_0-h_1)堰上水深,m。

3. 桥涵的模拟

在计算区域内,通常会遇到若干桥涵等过水建筑物,对这类过水建筑物应根据其两侧水位使用不同的流量计算公式。当过流为无压流时,使用宽顶堰公式(5-6)计算;若为有压流,则按孔流计算。

4. 堤坝的溃决模拟

口门溃决宽度、深度和发生位置等参数都难以确定,一种简化的处理方式是利用式(5-8)来模拟口门扩展过程。其中的参数 C_{break} 和 α 可根据计算区域的土质、堤坝形式通过模型试验获取,当 $\alpha=1$ 时成为简单线性函数。

$$h' = C_{break}(t/1)^{\alpha}$$
$$b' = C'_{break}(t/1)^{\alpha} \tag{5-8}$$

式中:h'和 b'分别为溃口发展深度和宽度;C_{break} 和 C'_{break} 分别为单位时间内溃口下切深度和宽度,m;t 为溃口发展历时,s,α 和 α'为溃口时间响应因子。

堤垸溃口出现的位置具有一定的随机性,目前尚无好的确定办法。在工程应用上目前有两种解决办法[210]:一种是根据历史口门位置、重点防御堤段、堤顶高程不足堤段、出险堤段、堤基薄弱堤段、无护岸或出现明显侵蚀的堤段作为可能溃口位置;另一种则是按等间距(5~10 km)在堤防两岸设置溃决点。

5. 排水闸、泵的模拟

蓄、滞洪区内洪水在外部洪峰经过以后或外部水位下降至较低程度后一般会开启排涝闸、泵排除洪区积水。经由排水闸排泄的洪水流量可根据闸门的流量水位过程线确定,经由排涝泵站外排洪水对泵站所在网格水位降低的贡献可按下式计算:

$$\begin{cases} h(t+\Delta t) = h(t) - \dfrac{Q_b \Delta t}{A} \\ \text{当 } h(t+\Delta t) < 0 \text{ 时,取 } h(t+\Delta t) = 0 \end{cases} \tag{5-9}$$

式中:$h(t)$、$h(t+\Delta t)$分别为 t 时刻和($t+\Delta t$)时刻泵站所在网格的水深,m;Q_b 为泵站的排水能力,m^3/s;Δt 为时间间隔,s;A 为泵站所在网格的面积,m^2。

洪水演进分析窗体如图 5-15 所示。

5.5.6　风险损失估计模块

该模块利用洪水演进模拟计算结果得到下游淹没区的不同时刻、不同地点(x,y)的

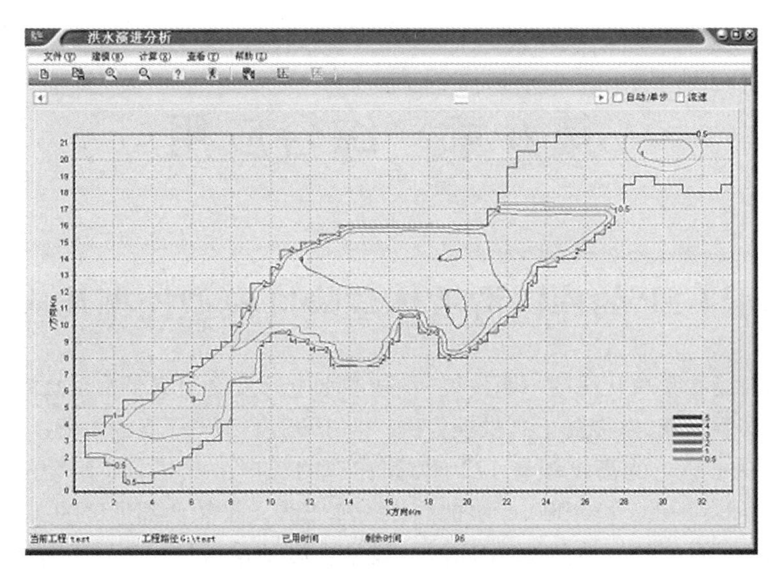

图 5-15　洪水演进模拟界面

水深 $h_{x,y}$ 和流速 $v_{x,y}$，结合第 3 章溃坝风险评价技术和 GIS 库中下游城镇、学校、工厂、矿山、道路、桥梁等人口、经济、文化和环境分布信息，得到不同点的风险损失（包括个体生命风险 $R_{\text{life}}(x,y)$、社会生命风险 $R_{\text{communitye}}(x,y)$、经济风险 $R_{\text{economic}}(x,y)$ 和环境风险 $R_{\text{environment}}(x,y)$），继而通过对各点风险的求和得到下游不同区域的风险状况，再利用模糊综合评价模型得到淹没区的总体风险。在此基础上可以得到下游淹没区的淹没风险图、生命损失风险图、经济损失风险图和环境损失风险图及总体损失风险图。根据分析精度的需要，通过对下游地区不同时刻的风险分析，可得到下游淹没区的总体风险以及某一地点或某一区域的风险损失随时间的变化规律，为大坝失事时的应急指挥决策提供依据。

5.5.7　风险评价模块

根据风险估计结果和大坝所在地区的生命、经济以及环境损失标准，对溃坝损失的风险状态进行评价，结合 GIS 库用不同的色彩对下游不同地区风险高低进行标绘，可得到下游地区的风险分布图。同时，对重点区域，也可求出这些区域在溃坝过程不同时刻的风险状态，得到重点区域的风险变化随时间的变化过程线。

5.5.8　GIS 应用模块

对收集到的大坝上游库区和下游一定范围内的地形和其他地理信息进行管理，并根据洪水演进分析结果制作风险图。

第6章　综合应用

6.1　基于GEP的库区滑坡体危险度模型挖掘及应用

随着国内能源紧缺状况的不断发展,我国的水电开发又迎来了一个高潮,一大批水库大坝已经或将要建成,以混凝土高拱坝为例。自1998年240 m高的二滩拱坝投入运行以来,2005年60 m以上的高拱坝有172座,如在建的锦屏一级拱坝、小湾拱坝、溪洛渡拱坝、拉西瓦拱坝等一批200~300 m级的高坝大库工程。虽然西部地区的深山峡谷为修建高坝大库创造了良好的自然条件,但库区一般处在高地震区域。库区两岸的深谷陡坡及滑坡体给水库大坝留下了很大安全隐患,20世纪60年代意大利瓦依昂大坝的失事就是惨痛的教训。本章拟就库岸滑坡体对水库大坝运行危险度问题进行探讨[202]。

6.1.1　库区高边坡滑坡体的危险度及其分析模型

6.1.1.1　影响滑坡危险的因素

水库大坝两岸山体滑坡可能会造成大坝失事,但并不是所有的滑坡都会造成直接危害,滑坡对大坝危害程度受滑坡体滑落速度 v、滑坡体积 V、离大坝的距离 l、滑坡时水库蓄水量 C(与库水位相关)等多种因素的影响。

1. 滑落速度 v

滑坡体的滑落速度是决定滑坡危害程度的主要因素之一,因高速滑坡体入库造成巨大损失的情况也不乏其例。1963年10月9日,意大利瓦依昂水库,217亿 m^3 的滑坡体以大于30 m/s速度滑入水库,引起约2 500万 m^3 库水越过坝顶宣泄而下,产生的涌浪高出坝顶125 m,摧毁了下游3 km的隆加罗市(Longarone)及数个村镇,造成死亡近3 000人[203]。此外,黄河小浪底水库的涌浪试验也表明,在库水位相同时,同样的滑坡体下滑速度从6.0 m/s提高到8.0 m/s时,涌浪高度则会从1.0 m上升到1.88 m[204]。李家峡水库正常运行期Ⅰ、Ⅱ号滑坡体的涌浪试验也表明,在滑坡距离、蓄水位、滑坡体积相同的条件下,当滑坡速度不断增大时,涌浪高度随下滑速度接近线性增加[205]。事实表明,无论滑坡体大小,在较短时间内迅速滑落都可能产生较大的危害。特别是大体积滑坡体瞬间滑入水库时,在特殊的地形环境和运行条件下会产生惊人的涌浪和较快的推进速度,危害甚大。反之,如果滑坡体滑落速度缓慢,发现及时,则可以提前降低库水位或腾空库容,使涌浪风险降至最低。

2. 滑坡体积 V

滑坡体积大小是决定滑坡危害大小的另一个主要因素。大体积滑坡体滑入水库时,即使没有因涌浪造成直接危害,滑坡体也会挤占大量库容,影响水库的正常使用。仍以瓦依昂水库为例,在1963年10月该库灾难性滑坡发生前,1960年11月左岸即发生了约70

万 m^3 的岩质滑坡滑入库的事件，引起 2 m 高涌浪，坝址波浪爬高 10 m[206]，但由于入库滑坡体相对较小，加之当时水库蓄水较低，才没有造成大的损失。因此，在工程建设前期，对库区大的潜在滑坡体进行加固很有必要。虽然加固处理会增加额外投资，但相对整个工程因滑坡体造成的功能丧失和涌浪风险而言是值得的。

3. 离大坝的距离 l

滑坡体离大坝距离的远近也是影响滑坡潜在的威胁的因素。新滩滑坡的模拟计算表明，新滩滑坡引起的涌浪在河道传播过程中，在距滑坡点 2 km 时，涌浪高度由 31.6 m 下降到 11.0 m，降幅约达 65%，当传播距离为 10 km 时，涌浪高度仅有 4.1 m，衰减幅度高达 87%[207]。这是由于涌浪在传播过程中，受地形阻力、空气阻力、水的内摩擦和涌浪涡流等多种阻力影响，涌浪自身能量随传播距离的增大不断消耗的结果。当滑坡点离大坝很近时，滑坡体不仅会引起更大的动水压力，更高的涌浪，还可能引起坝基失稳，严重时造成垮坝。一般滑坡体离大坝越近，威胁越大；距大坝越远，威胁越小。

4. 滑坡时水库蓄水量 C

1960 年 11 月，瓦依昂水库左岸 70 万 m^3 滑坡体滑落水库事件充分说明，如果滑坡体滑入水库时，库内蓄水量足够小（库水位比较低），一般不至于引起涌浪，或引起的涌浪较小，从而降低对大坝的威胁。因此，山体滑坡时的库内蓄水量也是影响滑坡体风险的一个重要因素。

6.1.1.2 滑坡危险度评价模型

上述分析表明，库区边坡滑坡体的危害大，影响因素较多。如果能够建立滑坡体危险度预测和分析模型，通过对库区潜在滑坡体的分析，排列出主要威胁源，并对其进行综合治理和重点监控，则可有效降低库区滑坡体的威胁。这里不妨把山体滑坡对水库大坝的威胁程度用危险度 λ 表示，且 λ 为无量纲指标：

$$\lambda = f(v', V', l', C') \tag{6-1}$$

式中：f 为山体滑坡危险度评价函数；v' 为当量化（无量纲化）滑坡体滑落速度 v 的对应值 m/s；V' 为滑坡体积 V 的对应值，m^3；l' 为滑坡体距大坝的距离 l 的对应值，km；c 为滑坡时水库蓄水量 C 的对应值，m^3。其中：

$$v' = v/10 \tag{6-2}$$

$$V' = V/1\ 000\ 000 \tag{6-3}$$

$$l' = l/10 \tag{6-4}$$

$$C' = C/1\ 000\ 000 \tag{6-5}$$

下面来探讨山体滑坡危险度评价函数 f 的表现形式。

根据对影响滑坡体危害因素的分析，已经知道滑坡危险度 λ 随滑坡体滑落速度 v'、滑坡体积 V' 及滑坡时水库蓄水量 C' 的增大而增大，是增函数；而 λ 随滑坡体离大坝的距离 l' 的增大而减小，为减函数，即：

$$\frac{\partial f}{\partial v'} > 0;\frac{\partial f}{\partial V'} > 0;\frac{\partial f}{\partial C'} > 0;\frac{\partial f}{\partial l'} < 0 \tag{6-6}$$

f 随 v'、V'、l'、C' 的可能变化曲线如图 6-1、图 6-2 所示，图中的 f_1、f_2、f_3 为可能存在的三种走势函数。

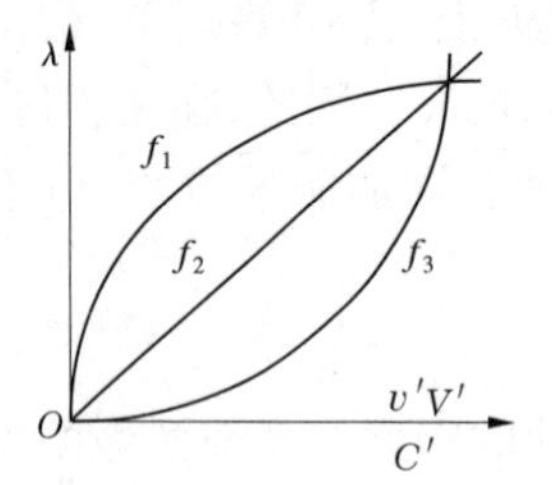

图 6-1　$\lambda \sim v'$、$\lambda \sim V'$、$\lambda \sim C'$关系曲线

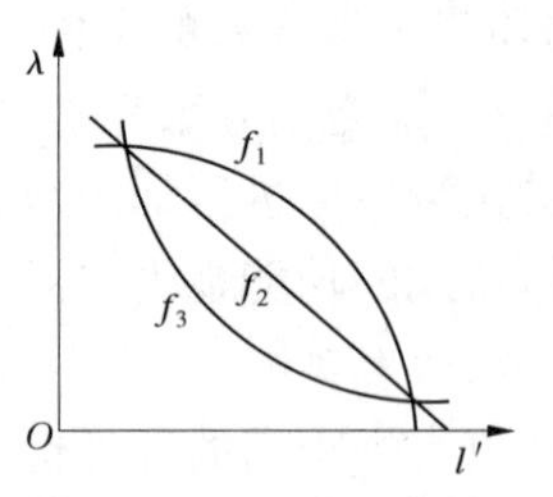

图 6-2　$\lambda \sim l'$关系曲线

6.1.2　基因表达的编程算法(GEP)

式(6-1)及上述分析表明,危险度 λ 与 v'、V'、l'、C'间存在复杂的非线性关系,在模型挖掘方面,常规的分析方法难以取得理想的结果。虽然神经网络和演化算法在建立非线性关系和参数识别方面有较好的表现[208],但神经网络模型提供的是一个黑箱系统,并且在训练时容易陷入局部最优收敛,演化算法则受所选函数形式的制约,有时效果并不理想。而基因表达式编程(Gene Expression Programming,GEP)知识挖掘技术作为一种新兴的知识挖掘手段,目前已在数据挖掘、股票投资、信息系统设计等领域得到成功应用[209-213],可以比较完美地解决滑坡危险度函数这类非线性函数挖掘问题,并可在全域内达到最优。这里将就基因表达式编程及其在滑坡危险度函数挖掘中相关问题进行探讨。

6.1.2.1　GEP 程序设计概述

基因表达式编程(Gene Expression Programming,GEP)是融合遗传算法(Genetic Algorithms,GA)和基因编程(Genetic Programming,GP)的优点[212]的一种高效数据挖掘算法。GEP 的进化过程,既拥有 GP 算法的非线性树结构,又保持了 GA 算法遗传操作的便捷性,实现了利用简单编码解决复杂问题的目的[214]。基因表达式编程的实现离不开两个关键角色:染色体(Chromosome)和表达树(Expression Trees,ETS)(见图 6-3),前者包含的遗传信息由后者表达。基因表达式编程的遗传编码比较简单,染色体中符号和相应的表达树节点呈一一对应关系。这样,在基因表达式编程中就有了两种 GEP 表达语言:基因语言和表达树语言。按照一定规则,可以方便地把染色体中的基因符号翻译成表达树形式,也可以把表达树翻译为基因符号。在解决实际问题时,可以根据需要把数个基因按照一定方式进行组合,组成染色体,经过多代基因进化,达到优化目的,进而解决问题。

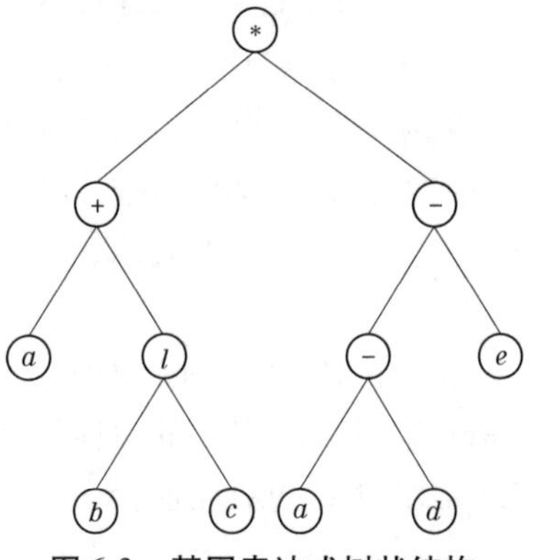

图 6-3　基因表达式树状结构

6.1.2.2　GEP 的基因和染色体结构

基因表达式编程采用定长编码的符号串作为遗传基因编码,编码由头部(head)和尾部(tail)组成。头部由函数操作符(来自于函数集:运算符和初等函数)或终结符(来自于终结符集:自变量和常数)组成,而尾部仅含有终结符。头部长度 h 依据具体问题选定,尾部长度 l 则是 h 和 n 的函数,并由式(6-7)决定。

$$l = h \cdot (n - 1) + 1 \tag{6-7}$$

式中：n 为所需参数量最多的函数的参数个数。如开方和对数运算，n 取 1；而加减等四则运算，n 取 2。GEP 中基因的这种结构避免了遗传操作中产生大量的无效编码，提高了算法的执行效率。

考虑由运算符{+、-、*、/}和操作数{a、b、c、d、e}构成的基因。这里 $n=2$，如果取 $h=10$，则由式(6-7)可得 $l=11$，基因总长度为 $10+11=21$。

则式$(a+b/c)*((a-d)-e)$的基因编码可表示为（尾部用黑斜体表示）

012345678901234567890 * +- a/ - ebcad***eaacedbecaba*** (6-8)

只要按照从左到右顺序读取基因，即可将其变换成表达式树（Expression Tree，ET）。依照上述规则解析基因式(6-8)得到的树如图 6-3 所示。该例中表达式长度为 11 个字符，基因后部的非编码区域为程序的进化提供了很大空间。

在 GEP 中，若干个类似的等长基因按照一定的组合方式即构成了 GEP 染色体（Chromosome）。这种组合一般根据待解决的具体问题而定，可以是逻辑运算，也可以是四则运算。程序运行时，基因的数目以及基因的头部长度都是事前确定的。染色体中每个基因片段可以解码成一个子表达式树（Sub - Expression Tree, Sub - ET），多个子表达式树构成更复杂的多子树（Multi - subunit ET）表达式树[213]。GEP 染色体的这种特殊结构以及丰富的遗传算子为 GEP 解决复杂问题提供了基本保证。

6.1.2.3 适应度函数和选择算子

在 GEP 的符号回归和函数挖掘过程中，所有的进化计算算法都需要对代表个体的问题解答进行评价。通常根据由该表达式和训练样本得到的数据和目标数据的接近程度来评价表达式的优劣。Candida 提出了两种评价模型[213]

$$f_i = \sum_{j=1}^{C_t} (M - |C_{(i,j)} - T_{(j)}|) \tag{6-9}$$

$$f_i = \sum_{j=1}^{C_t} \left(M - \left|\frac{C_{(i,j)} - T_{(j)}}{T_j} \times 100\right|\right) \tag{6-10}$$

式中：M 是适应度的取值范围，为一常数；$C_{(i,j)}$ 为由第 i 个染色体解析的公式计算第 j 组数据集得到的估计值；T_j 为第 j 组数据集的目标值；C_t 为训练样本总数。

GEP 中对选择算子并无特殊要求，研究结果表明[215]，选择不同的选择算子在个体优选能力上没有明显差别。为了防止超级个体独霸种群，最好采用锦标赛选择算子。

6.1.2.4 染色体的遗传算子

GEP 的染色体结构只是提供了解决问题的物质基础，复制、变异、插串和重组等几类遗传操作算子才是 GEP 解决复杂问题的保证。

1. 复制算子（Replication）

根据适应度函数计算结果和选择结果，被选中的染色体被忠实地复制到下一代。一般，适应度高的个体更容易被复制到下一代。在挑选复制基因的过程中，被选中的基因组根据轮盘赌的结果决定了被复制的次数，并根据种群中个体的数量进行相应次数的旋转，从而保证了种群的大小维持恒定。

2. 变异算子（Mutation）

当对染色体的每一位编码遍历时，对其进行随机测试，当测试值满足设定的变异概率时,重新产生该位编码。变异操作可以出现在染色体的任何部位。为保证染色体结构的完整性,如果变异发生在头部(head),可以重新选择所有的符号,否则只能选择终结符。

3. 插串算子(Transposition and insertion Sequence)

GEP 中有三种插串操作方式:①IS 插串(Insertion Sequence elements, IS elements)。即随机在基因中选择一段子串,然后将该子串插入到基因头部第一个位置之外的任何位置,将头部的其他符号向后顺延,并截掉超过头部长度的编码。②RIS 插串(Root IS elements, RIS)。RIS 插串是选择一个第一的位置是函数的子串,插入到染色体的起始位置,将头部的其他符号向后顺延,并截掉超过头部长度的编码。③基因插串,即整个基因转移到染色体的起始位置。

4. 重组算子(Recombination)

GEP 中有三种重组方式:单点重组(One - point recombination)、两点重组(Two - point recombination)和基因重组(Gene recombination)。但基因重组并没有形成新的基因,只是两个父染色体的随机配对并交换对应部分的染色体编码。

6.1.2.5 基于 GEP 的滑坡危险度模型挖掘

1. 模型参数的确定

根据前文分析,选择影响滑坡危险度较大的滑坡体滑落速度 v、滑坡体积 V、滑坡体距大坝的距离 l、滑坡时水库蓄水量 C 等几个参数作为滑坡危险度函数的参数项。在建模时应结合工程实际情况,用式(6-2)~式(6-5)对上述参数作当量化处理。

2. GEP 算法流程

GEP 算法流程与 GA 和 GP 有某些相似的地方,其主要结构流程如下:

(1)创建初始种群,随机生成一定数量的染色体,每个染色体含有若干个基因片段,各个基因表达式之间通过连接函数(Link Function)连接。

(2)根据选定的适应度函数和训练样本,计算每个个体的适应度。不同的适应度函数对种群进化过程的影响不同,经过比较,本文使用如下形式的适应度函数:

$$\alpha_i = \frac{1}{C_t}\sum_{j=1}^{C_t}(C_{(i,j)} - T_{(j)})^2 \tag{6-11}$$

$$f_i = 1\,000 \times \frac{1}{1+\alpha_i} \tag{6-12}$$

(3)根据适应度计算值,判断是否满足收敛条件。若满足收敛准则,结束程序;否则,执行下一步。

(4)根据个体的适应度值和复制概率决定保留到下一代的个体。

(5)根据选定的变异、插串、重组概率和选择算子,执行相应的遗传操作,生成新的种群。

(6)返回第(2)步。

6.1.3 实例分析

黄河上游 L 水电站位于 Q 省,为黄河上游梯级开发电站之一。水库正常高水位 2 600 m,相应库容 247 亿 m^3,自 1986 年下闸蓄水以来,水库曾达到的高水位为:1989 年

11 月的 2 575.04 m，1993 年 11 月的 2 577.59 m，1999 年 11 月的 2 580.89 m，2006 年 11 月达到最高水位，库水位由原河水位 2 464.73 m 上升到 2 597.62 m，升幅 132.89 m。

L 水库坝前右岸 1.5～15.8 km 的地段，由第四系中、下更新世河相地层组成，相对坡高达 300～500 m，坡度 35°～45°。在黄河高漫滩侵蚀期以来，该地段曾发生过一系列大型滑坡，滑坡堆积物岸坡占库岸长度的 80%。通过地质测绘与分析，认为可能失稳的完整地层边坡有 6 处，自峡口至上游分别为峡口、农场、龙西、查东、查纳及查西陡边坡。在地震、水位骤降或强降水等外界触发因素影响下，该滑坡群有可能产生滑动冲入水库，产生涌浪，给大坝的安全和发电生产带来重大的不利影响[216]。因此，研究分析该滑坡群的稳定性，对 L 水库在高水头条件下安全运行和科学决策有着重要意义。

根据对 L 库区滑坡体失稳涌浪模型试验结果，用 GEP 算法对不同滑坡危险进行函数挖掘（模型基本参数设置见表 6-1），得到 L 库区滑坡风险度预测函数为[202]

$$\lambda = V' - 11.572 \times v' - 8.791 - C'/V'^2 - v' + C' - 14.986 + \sqrt{\ln\left(\sqrt{e^{\ln v'/l'}} \times \left(e^{v'} + \sqrt{C'}\right)\right)} \tag{6-13}$$

部分检验数据的校验结果（见表 6-2）表明，应用 GEP 方法挖掘的滑坡体危险度函数具有较高的可靠性，可以为 L 库区滑坡体潜在危险度的预测提供参考。

表 6-1　GEP 挖掘参数设置

种群及染色体结构	种群大小 基因头长度	50 10	基因个数 基因连接函数	2 加（+）
遗传算子概率	复制	0.15	基因重组	0.1
	变异	0.044	IS 插串	0.12
	单点重组	0.3	RIS 插串	0.12
	两点重组	0.15	基因插串	0.15

表 6-2　不同滑坡体危险度

序号	V'	l'	v'	C'	λ	计算（预测）值	序号	V'	l'	v'	C'	λ	计算（预测）值
1	3	0.38	2.5	224.59	0.4	0.49	6	6.5	0.28	1.6	246.98	0.6	0.55
2	3	0.38	2.5	246.98	0.6	0.51	7	1.9	0.52	2.3	224.59	0.3	0.33
3	9	0.38	2.5	246.98	0.85	0.81	8	3	0.52	2.3	246.98	0.38	0.39
4	3	0.28	1.6	224.59	0.4	0.38	9	9	0.38	2.5	224.59	0.8	0.81
5	6.5	0.28	1.6	224.59	0.5	0.54	10	3	0.28	1.6	246.98	0.45	0.40

注：前 8 组数据为挖掘样本，后 2 组数据为校验样本。

6.2 基于风险分析的某水库应急预案编制

6.2.1 水库大坝概况

6.2.1.1 工程基本概况

1. 大坝

某水库(以下记作 H 水库)枢纽工程由大坝、溢洪道、输水洞和电站四部分组成,由省、地水利局设计,1957 年成立水库工程指挥部,并负责施工任务。H 水库大坝为黏土心墙坝,坝高 20.00 m,总库容 3 503 万 m^3。大坝工程分两期施工,第一期于 1957 年 10 月开始施工至 1958 年 3 月坝高达 15.00 m 后开始蓄水;同年 8 月二期工程动工,11 月竣工,坝高达 21.00 m。1968 年大坝经过近 10 年运行,坝顶高程由 21.00 m 沉陷至 20.00 m。后在坝顶建成 0.9 m 高浆砌块石防浪墙。当前最大坝高 20.60 m,防浪墙高 0.9 m,坝顶宽 5.3 m,坝顶长 206.0 m。

2. 溢洪道

水库溢洪道位于大坝右侧,为正槽式溢洪道,进口为奥氏实用堰式,堰顶高程 14 m,其上设有泄洪闸 3 孔,孔净宽 3.6 m,总净宽 10.8 m,采用单拉杆电动人力双用启闭机,启闭力 20 t。闸门为钢筋混凝土梁板式平板门,每孔 4.34 m×3.0 m(宽×高),最大下泄量(2 000 年一遇)为 270 m^3/s。泄槽段用 1 000 年一遇频率设计。泄槽起始断面底宽 9.7 m,底高程为 10.60 m。溢洪道末端有消力坎式消力池,池长 15 m,底坡坡度为 0.037,消力坎高 1.96 m;出口渠道设计标准为 20 年一遇,底坡坡度为 1/2 000。

3. 输水建筑物

该枢纽输水建筑物包括放空洞和引水洞。其中,放空洞位于大坝左侧,为穿坝建筑物,现已封堵。为放空水库,在左岸山洞中又开挖一条隧洞(现正在施工)。另建有 1 条引水灌溉隧洞,隧洞长 481.2 m,断面尺寸为 1.5 m×1.8 m,进口底高程 9.876 m,出口高程 7.576 m。

4. 电站

H 水库电站为坝后式,采用压力隧洞引库水发电。电站装机容量 2×200 kW。

5. 引水渠

引水渠位于水库大坝东北方向 X 村上游,引水渠集雨面积 4.88 km^2,全长 3 664 m,渠底部分用混凝土护底。设计引水入库流量为 10 m^3/s。全程共有九个山岙,建筑物有挡水墙、挡水侧堰、控制闸、D 水库、L 水库等。

6. 上下游水利工程

H 水库上游有 R1、R2、R3 3 条溪流。R1 上游有小(2)型水库 1 座,总库容为 72.9 万 m^3,集雨面积为 4.5 km^2,正常库容 42.5 万 m^3。R2 上游有 3 座小型水库,总库容分别为 8.6 万 m^3、4.17 万 m^3、0.8 万 m^3。水库下游农田的防洪标准为 10 年一遇洪水,集镇为 20 年一遇洪水,县城为 50 年一遇洪水。

7. 安全监测

2005 年 10 月水库建立起一套集大坝安全监测、闸门自动控制和实时视频监视于一体的自动化监控系统。监测结果表明:①大部分测点处渗透压力随库水位的下降而下降,尤其是位于上游侧的各点(R1、U1－2A 等)同库水位等幅下降;位于黏土心墙体和下游坝坡内的渗压计随库水位变化缓慢,符合大坝实际渗流情况。②坝体、坝基和绕坝的渗透压力除靠近上游侧测值较大外,其他各测点测值均较小,并且各渗压计测值变化不大,渗漏量也较小。③大坝上游坡的坝基渗流压力相对较大,通过防渗齿墙后坝基渗流压力明显减小,到下游一级马道部位,坝基渗流压力变得很小,符合土石坝坝基渗流性态的一般规律。

6.2.1.2 水库技术参数及运行方案

H 水库工程属于三等,主要建筑物大坝、溢洪道、输水洞等属于 3 级建筑物。水库原设计洪水标准按 100 年一遇设计,1 000 年一遇校核。2004 年进行水库大坝安全鉴定时,考虑到 H 水库为 W 市城关生活及工业的主要供水水源,其下游经济发达且人口密集,根据国家防洪标准及地方相关规定,防洪标准取用上限,即设计为 100 年一遇洪水,校核为 2 000 年一遇洪水。通过对暴雨分析推求的设计暴雨进行产汇流计算后得到水库的设计洪水,调洪演算结果见表 6-3。库水位—库容关系曲线见图 6-4,库水位—下泄流量关系曲线见图 6-5。

H 水库正常蓄水位 20.47 m,相应总库容 2 671 万 m^3,主汛期 7～9 月在水库正常蓄水位以下预留防洪库容 156 万 m^3,相应汛期限制水位 19.97 m。主汛期水库按照市水利局下达的控运计划执行,库水位超过 20.47 m 以上时,开 1 孔溢洪道闸门及泄洪洞泄洪;库水位超过 20.87 m 以上时,开 2 孔溢洪道闸门及泄洪洞泄洪;库水位超过 21.07 m 时,开 3 孔溢洪道闸门及泄洪洞泄洪。

表 6-3 水库调洪演算成果

分期	起调水位(m)	项目	各频率(%)计算值						
			0.02	0.05	0.1	0.2	1.0	2.0	5.0
年最大	20.50	最高洪水位(m)	23.06	22.83	22.68	22.53	22.08	21.97	21.68
		库容(万 m^3)	3 613.2	3 516.6	3 443.6	3 368.1	3 204.7	3 165.9	3 063.5
		最大下泄流量(m^3/s)	239.0	228.0	220.6	213.2	191.4	173.8	160.6
台汛期	19.50	最高洪水位(m)	22.99	22.78	22.64	22.47	22.00	21.77	21.44
		库容(万 m^3)	3 583.8	3 493.9	3 423.5	3 342.4	3 176.5	3 095.3	2 980.3
		最大下泄流量(m^3/s)	235.9	225.5	218.7	210.3	187.5	176.7	161.3
梅汛期	20.50	最高洪水位(m)	21.59	21.46	21.37	21.29	21.12	21.05	20.94
		库容(万 m^3)	3 031.8	2 986.8	2 957.2	2 930.9	2 875.0	2 852.0	2 815.8
		最大下泄流量(m^3/s)	168.2	162.2	158.1	154.4	146.6	101.0	95.2

6.2.1.3 安全鉴定情况及存在的问题

H 水库建成至今,仅 2004 年 2 月水库管理处委托所在市水利水电勘测设计院对水库

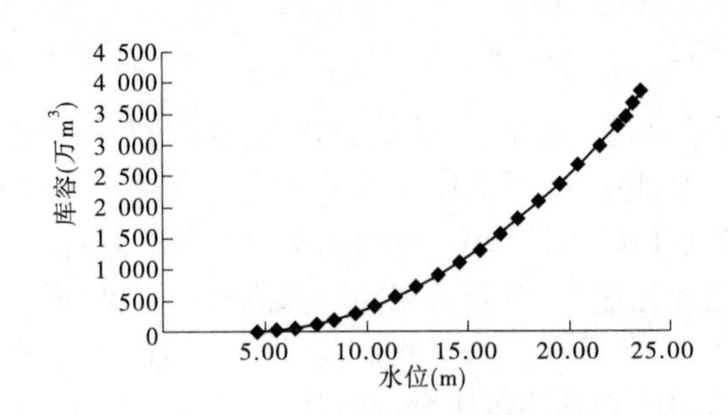

图 6-4　库水位—库容关系曲线

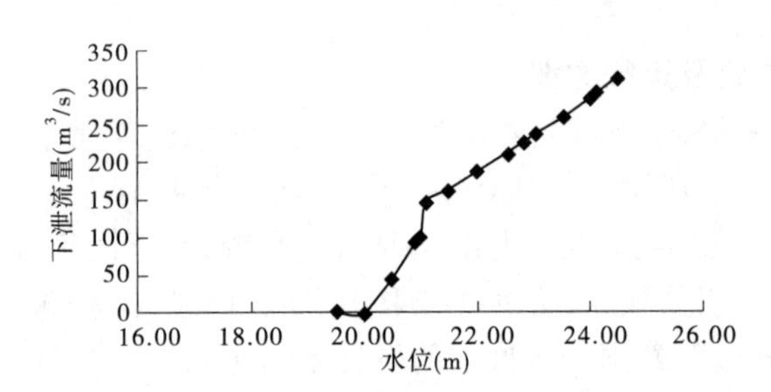

图 6-5　库水位—下泄流量关系曲线

大坝进行安全鉴定,鉴定结果为“二类坝”。鉴定结论主要为:①大坝坝顶未护砌,浆砌块石防浪墙下沉、损坏,且未与心墙紧密接触;②溢洪道泄洪渠尚未配套;③大坝下游坝脚排水设施失效;④放水涵洞为坝下埋涵,启闭设施老化;⑤引水灌溉隧洞启闭设施老化,启闭机房属危房。针对上述存在的问题,从 2005 年着手开始对水库进行除险加固工作,2008 年底除险加固工作全面完成。

目前,H 水库防洪安全存在的问题有:

(1)上游库区建库时按设计标准,房屋迁移高程为 25.47 m,土地赔偿高程为 23.47 m,应迁人口 2 348 人,实际上至 1973 年只完成 22.47 m 以下迁移。同时,由于水库经常处于低水位运行,自 20 世纪 80 年代后库区内部分村民房屋建在正常蓄水位 20.47 m 线上,正常蓄水位以上土地也陆续作为村土地被分包到户。

(2)下游溢洪道泄洪渠全长约 1 300 m,其中泄洪闸至下游 450 m 渠道 2007 年进行了整治,防洪标准为 50 年一遇,相应设计下泄流量 173.8 m^3/s。剩余的 850 m 渠道未进行整治,实际泄洪能力与设计不配套,仅相当于 20 年一遇防洪标准。

6.2.1.4　水文概况

H 水库地处我国东南沿海,属亚热带季风气候区,多年平均降水量 1 605.8 mm。降水时空分布不均,其中 3~9 月的 7 个月的降水量占全年降水量的 70%~80%。流域内降水主要为春雨、梅雨和台风雨,其中台风暴雨是形成流域大洪水的主要因素。

H 水库自 1960 年起设水库水位站,流域内仅有水文站点 1 座,观测项目有水库水位和降水量。2004 年增加了蒸发观测项目。

6.2.2 突发事件分析

6.2.2.1 可能突发事件分析

H水库是一座以供水为主,兼顾灌溉、防洪、发电、养鱼等综合利用的中型水利枢纽。结合水库运行多年来发生的灾害事件,其可能的突发事件可分为三类,即重大工程险情、突发水污染事件、突发干旱事件。

1. 重大工程险情分析

根据H水库所处地区地形、气候、水文、地质、地震及工程结构情况,基本可以确定能够引起水库出现重大险情的原因有两类:由水文气象灾害带来的洪水引起的险情和由工程安全隐患造成的险情。

根据险情发生的原因,可以将险情分为以下四种。

1)洪水

H水库工程属于三等,主要建筑物大坝、溢洪道、输水洞等属于三等3级。水库原设计洪水标准按100年一遇设计,1 000年一遇校核。2004年进行H水库大坝安全鉴定时,根据国家防洪标准及所在省相关规定,防洪标准取用上限,即设计为100年一遇洪水,校核为2 000年一遇洪水。

(1)起调水位采用正常蓄水位(20.50 m)时,当遭遇100年一遇设计洪水时,将淹没库区22.08 m高程以下部分区域,致使该区域内农民受灾;当遭遇2 000年一遇校核洪水时,将会引起水库更高区域的淹没。

(2)溢洪道泄洪渠全长约1 300 m,其中泄洪闸至下游450 m渠道2007年进行了整治,防洪标准为50年一遇,相应设计下泄流量173.8 m^3/s。剩余的850 m渠道未进行整治,实际泄洪能力与设计不配套,仅相当于20年一遇防洪标准。当下泄流量超过下游河道的防洪标准时,即造成下游部分区域淹没。

2)运行管理不当

(1)遭遇洪水时不能及时泄流,引起库水位上涨,致使库区部分区域被淹没,更严重的将直接出现大坝漫顶情况。

(2)由于未按汛限水位控制水位,降低了防洪标准而造成的工程险情。

(3)由于维护运行不当造成的工程险情,如电力供应不上、闸门变形等原因,使闸门在水库遭遇洪水需要进行泄流时不能顺利提起;或者不及时清理坝前漂浮物,引起溢洪道闸门处拥堵,影响洪水顺利下泄等原因,致使库水位上涨,造成库区淹没甚至大坝漫顶等严重后果。

(4)由于无人管理或管理人员专业素质较低。

3)工程隐患

(1)坝体局部存在渗漏隐患。对大坝进行钻孔勘探并取土样做土工试验(1993年7月),结果表明,坝体明显存在孔洞、泥浆夹层薄弱带等渗漏隐患。虽经水库大坝除险加固(1998),大坝外坡在桩号0+045~0+136仍有局部散浸现象;大坝内外坡发现白蚁(2002年7月),经专家鉴定认为是散白蚁,后采用诱杀包诱杀后复查中暂未发现白蚁,但可能形成局部隐患。

(2)不均匀沉陷。大坝运行40多年来,发生了4次垂直坝轴线的裂缝,大坝第一期工程近结束时(1958年3月)和第二期工程近结束时(1958年10月),大坝两岸坝头发生垂直坝轴的裂缝。裂缝在坝顶部分较宽,一般30~40 mm,自坝顶向下逐渐减少,最后到1~3 mm,深度一般在2 m以内,最深达5 m。后又发现裂缝,裂缝仍在原位置(1960年),坝顶东端最大裂缝达50~80 mm,并向下延至坝脚;西端坝顶裂缝亦达30~40 mm,也延至坝脚。另一次裂缝范围较小(1963年8月),坝顶部分宽度10~20 mm,裂缝范围从坝顶向下延至半坝高处。以上几次裂缝位置均在两端坝头,走向基本上均与山坡线平衡,近于垂直坝轴。裂缝产生的主要原因是两边岩石基础与河床中间的软黏土基础不均匀沉陷,当不均匀沉陷量超过一定限度时产生裂缝。此外,水库水位降落速度太快,也会加速裂缝的发生与发展。

(3)穿坝式拱条石涵洞。位于大坝左侧的放水涵洞为穿坝式拱条石涵洞,由于涵洞启闭机水下部分的拉杆压件损坏严重,加上多次开启后无法关闭,目前已报废,并进行了封堵,由于其为穿坝建筑物,易造成沿涵洞洞壁的接触渗漏。

4)其他由于战争或恐怖事件对大坝造成的损坏及溃决破坏

根据上述重大工程险情分析,绘制了H水库大坝溃决的事故树如图6-6所示。

2. 突发水污染事件险情分析

H水库是附近城市城区生活用水主要水源地。经对水库上游污染源调查,发现存在以下险情。

1)农业污染源

H水库上游库区的农业污染主要由水田、旱地的化肥农药、畜禽粪便以及生活垃圾等流失引起。保护区内水田面积约为289亩,旱地面积约为541亩,其他水产养殖统计面积约为6万亩。

(1)水田化肥污染。水田区域一般存在于山冲,依靠天然降水,低堰拦水逐级使用,最后汇入水库。经计算,水田排放的总氮806.31 kg/a,总磷6.27 t/a。

(2)旱地化肥污染。旱地区域内以茶、桑、栗及山林为主。经计算,库区旱地由茶林流失总氮2.58 t/a,总磷0.15 t/a。

(3)家畜养殖污染。目前,保护区内农户饲养猪、鸡、鸭和羊的数量较多,散养使得农民没有能力,也不会去处理畜禽粪便,造成粪便随处堆放或简单还田,极易流失,给水环境带来一定影响。

(4)库区水面养殖污染。库区养鱼虽然对净化水体水质有一定作用,但是库区渔民的随意捕捞会导致一部分生态破坏。

(5)农业废弃物污染。保护区内农业废弃物主要为秸秆及竹类加工废弃物。

2)生活污染源

(1)生活污水。H水库库区周边居民共有人口1.8万人,居民的洗涤用水、冲洗用水以及厕所粪便污水等是水库主要的污染源之一。

(2)生活垃圾。H水库流域内的生活垃圾以瓜果蔬菜的残余物为主。根据该地区乡镇的经济发展和产业结构等情况,计算得到库区生活垃圾产量以0.6 kg/(人·天)计,生活垃圾产量1 971 t/a。

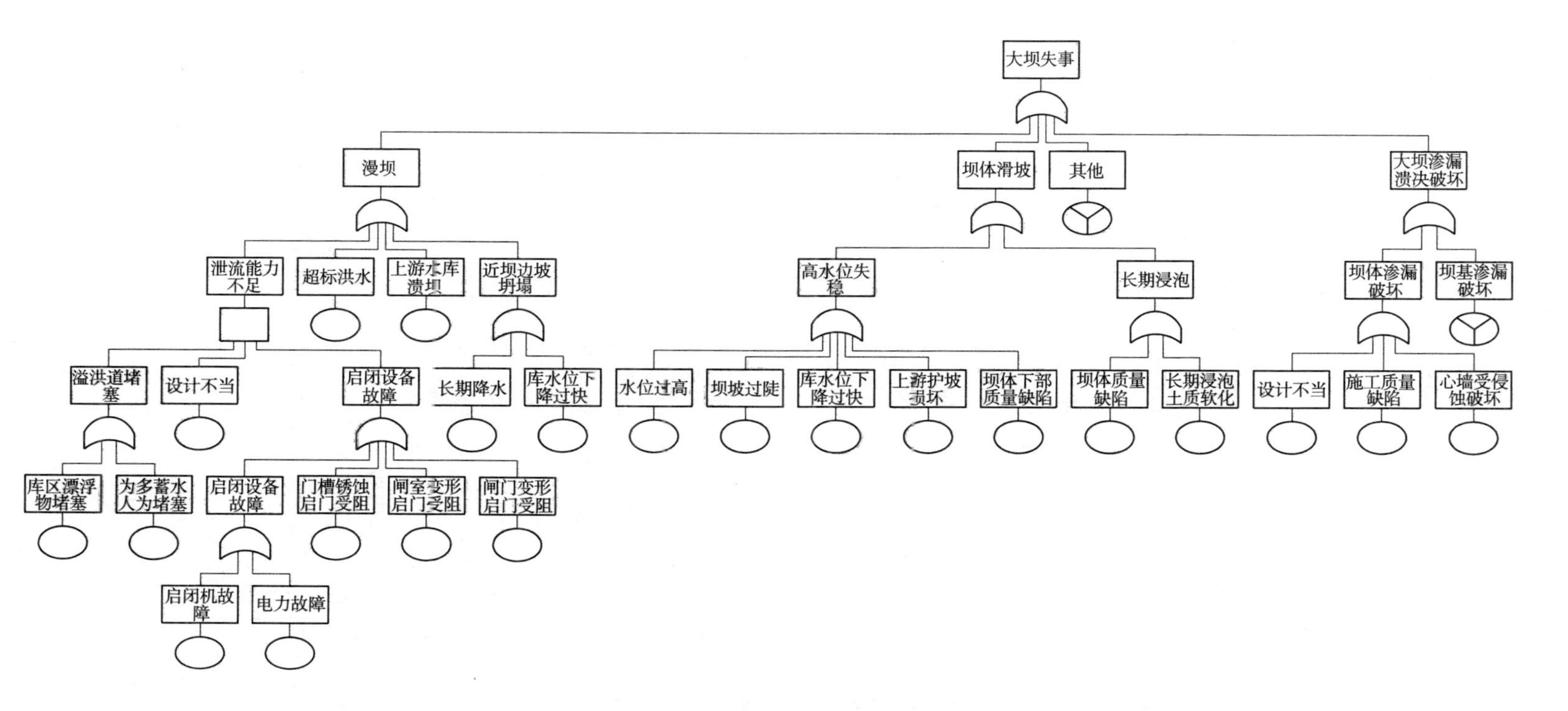

图 6-6　H 水库大坝突发事件事故树

3)突发污染源

H 水库附近有一国道,车流量较大,水库与国道间无有效隔离带,一旦发生运输危险用品货车倾翻事故,极有可能成为突发事件。2007 年,库区就曾发生油罐车翻车,罐体破裂柴油外泄事故。

3. 突发干旱事件险情分析

干旱是一定区域内水分收支或供求不平衡形成的水资源短缺现象。干旱发生的主要成因如下:

(1)年内降水稀少,汛期降水表现尤为突出。汛期库区集水区的降水本应是水库补给的主要来源,但水文资料分析表明,近年汛期降水与常年同期比较偏少。

(2)降水的地域、时空分布不均。降水时空分布不均,表现为不仅年际变化较大,年内分配也很不均匀。

(3)地下淡水缺乏。H 水库地处东南沿海,海水入侵致使旱情有加剧可能。

(4)出梅后出现夏秋高温,土壤水分蒸发量大。由于水资源的补给量减少,地下水位急剧下降,部分地区土壤失墒严重,土壤含水率持续下降,造成农业干旱,加之水利设施标准较低,配套设施不完善,灌溉模式陈旧,管理不到位使得水的利用率较低。

(5)节水意识浅薄,费水现象较为普遍。随着工农业的发展,人口的增加,城市化水平的提高,各方面需水量增加。

6.2.3 突发事件后果分析

6.2.3.1 重大工程险情后果分析

1. 洪水险情造成的危害

(1)洪水对库区的危害。该水库建库时按设计标准,房屋迁移高程为 25.47 m,土地赔偿高程为 23.47 m,应迁人口 2 348 人,实际截至 1973 年只完成 22.47 m 以下人口迁移。洪水发生时,会造成未迁移范围内的房屋、农田淹没,财产损失。

此外,该水库库尾有 M 水库,总库容 72.9 万 m^3,正常库容 42.5 万 m^3。若 M 水库发生垮坝,且出现在 H 水库最高水位,不考虑增加的下泄,将使得 H 水库静水位增高 0.3 m。

(2)洪水对下游的危害。洪水对下游的危害主要涉及 W 市的四个区、城北街道以及沿下游河道的 W 市乡镇农村,人口约 21 万人。

2. 管理不当或工程安全隐患造成的危害

(1)库区由于电力或闸门变形等原因,使闸门在水库遭遇洪水需要泄流时不能顺利提起,当坝前有较多漂浮物时,可能会在泄洪闸门处形成壅堵,进而影响洪水的顺利下泄;或者当大型漂浮物对闸门进行强烈撞击后,造成闸门的局部变形使闸门不能顺利启闭,致使库水位的上升,影响库区居民的生命和财产的安全。

(2)下游在特大暴雨、洪水等极端灾害情况下,造成大坝漫顶、管涌等,使得大坝溃决,对大坝及下游人民生命财产安全造成巨大危害。

6.2.3.2 溃坝洪水计算

1. 入库洪水过程

H 水库原设计洪水标准按 100 年一遇设计,1 000 年一遇校核。2004 年进行水库大坝安全鉴定时，考虑到该水库为 W 市城关生活及工业的主要供水水源，其下游经济发达且人口密集，根据国家防洪标准及所在省相关规定，防洪标准取用上限，即设计为 100 年一遇洪水，校核为 2 000 年一遇洪水。通过对暴雨分析推求的设计暴雨进行产汇流计算后可得到 H 水库的设计洪水。

2. 溃坝计算模型和参数

本次溃坝模型采用 D. L. Fread 的土石坝侵蚀模型 Breach。该模型基于水力学、泥沙动力学、土力学等原理以及大坝的几何特性和材料特性与水库特性，可用于模拟因管涌和漫顶引起的溃坝过程。

调洪演算计算结果表明，100 年一遇设计洪水位为 22. 08 m，2 000 年一遇校核洪水位为 22. 83 m，均低于大坝现状高程 24. 10 m，也低于大坝心墙顶高程 23. 50 m。5 000 年一遇超标准洪水位为 23. 06 m，考虑到波浪爬高 1. 15 m，有可能产生洪水漫顶现象。结合工程安全现状，考虑以下溃坝工况：

(1)5 000 年一遇洪水，溢洪道正常下泄，洪水漫顶；

(2)5 000 年一遇洪水，溢洪道设备问题不能正常下泄，洪水漫顶；

(3)2 000 年一遇校核洪水，溢洪道正常下泄，管涌；

(4)2 000 年一遇校核洪水，溢洪道不能正常下泄，洪水漫顶；

(5)100 年一遇设计洪水，溢洪道正常下泄，管涌；

(6)100 年一遇设计洪水，溢洪道不能正常下泄，洪水漫顶；

(7)正常蓄水位，管涌。

因穿坝式拱条石涵洞易造成沿涵洞洞壁的接触渗漏，故管涌发生高程选择坝内埋涵的进口高程。利用 Breach 土石坝侵蚀模型对上述 7 种工况进行了计算，得到大坝溃口流量过程。

6. 2. 3. 3 大坝溃决事件后果分析

大坝溃决事件的后果分析包括生命损失分析、经济损失分析和社会环境损失分析，由于生命损失估算方法还很不成熟，多采用经验分析法。本次大坝溃决事件后果分析以生命损失估算为主，并进行了经济损失估算和社会与环境影响分析，依据其严重程度对 H 水库大坝突发事件分级。

1. 生命损失估算

生命损失目前还没有精确的估算方法，由于国内收集到的资料不够充分，还无法建立国内生命损失估算公式。国外的生命损失估算公式用于国内，虽然误差大，但具有一定参考价值。这里采用美国垦务局(USBR)提出的式(1-4)进行估算。

估算的风险人口近似以淹没人口计算。预警时间选择：对于大坝漫顶工况，以库水位接近大坝坝顶时作为预警的起始时间；对于大坝管涌工况，以管涌发生时间作为预警的起始时间。预警时间包括溃坝过程历时及下游洪水演进时间，生命损失估算结果见表 6-4。根据表 6-4 中生命损失估算结果，结合《水库大坝安全管理应急预案编制导则(试行)》中的“按生命损失分级标准”和“水库大坝突发事件分级标准”，可得到突发事件分级标准见表 6-5。

表 6-4　H 水库大坝突发事件下淹没区生命损失情况

工况	溃坝水位（m）	洪水频率（%）	溃坝情况	街道代号	P_{ar}（万人）	W_T（h）	LOL（人）
1	24.20	0.02	溢洪道正常下泄 + 漫顶	CD	58 879	2.67	5
				TP	115 682	3	5
				CX	28 013	3	2
				HF	36 482	4	1
				CB	22 271	4	1
2	24.20	0.02	溢洪道故障 + 漫顶	CD	58 879	2.33	6
				TP	115 682	3	5
				CX	28 013	3	2
				HF	36 482	3.83	1
				CB	22 271	3.83	1
3	22.83	0.05	溢洪道正常下泄 + 管涌	CD	58 879	0.67	21
				TP	11 5682	1	24
				CX	28 013	1	11
				HF	36 482	2	6
				CB	22 271	2	4
4	24.11	0.05	溢洪道故障 + 漫顶	CD	58 879	3.33	3
				TP	115 682	3.67	3
				CX	28 013	3.67	1
				HF	36 482	4.33	1
				CB	22 271	4.33	1
5	22.07	1	溢洪道正常下泄 + 管涌	CD	58 879	0.67	21
				TP	115 682	1	24
				CX	28 013	1	11
				HF	36 482	2	6
				CB	22 271	2	4
6	24.11	1	溢洪道故障 + 漫顶	CD	58 879	3.67	2
				TP	115 682	4	2
				CX	28 013	4.33	1
				HF	36 482	5	1
				CB	22 271	5	0
7	20.51	—	管涌	CD	58 879	1	17
				TP	115 682	1.33	19
				CX	28 013	1.67	7
				HF	36 482	2.33	5
				CB	22 271	2.33	3

表 6-5　生命损失估算结果及分级标准

工况	1	2	3	4	5	6	7
生命损失(人)	15	16	67	9	67	7	50
事件分级	Ⅱ级	Ⅱ级	Ⅰ级	Ⅲ级	Ⅰ级	Ⅲ级	Ⅰ级
事件严重性	重大	重大	特别重大	较大	特别重大	较大	特别重大
说明	漫顶	漫顶	管涌	漫顶	管涌	漫顶	管涌

2. 经济损失估算

根据《已成防洪工程经济效益分析计算及评价规范》(SL 206—98)的规定,直接洪灾损失可以采用各致灾洪水年淹没耕地或人口数乘以对应年份的单位综合损失指标求得。不同淹没区不同情况下的单位综合损失指标可根据淹没水深、淹没历时转移条件等因素分析确定。淹没区的经济损失可根据各个区淹没区的生产总值情况近似地加以评估,评估结果见表 6-6。

表 6-6　2007 年 H 水库下游影响乡镇社会经济发展基本情况

项目	单位	TP	CD	CX	CB	HF
居民委员会个数	个	15	4	2	1	2
乡镇行政区域面积	km^2	35	43	20. 1	13. 2	17. 1
乡镇总户数	户	37 100	22 725	10 000	7 561	11 000
乡镇总人数	人	115 682	58 879	28 013	22 271	36 482
村民小组个数	户	327	565	318	218	456
中小学学校总数	个	39	11	7	3	4
其中:中学	个	13	2	2	1	1
中小学在校学生总数	人	44 215	5 337	5 616	3 152	3 454
卫生机构数	个	12	13	7	9	7
其中:医院和卫生院数	个	2	2	1	1	1
农作物总播种面积	亩	2 782	16 693	11 823	10 812	16 864
粮食总产量		105	1 481	1 948	1 836	3 634
农、林、牧、渔业总产量	万元	514	4 797	3 737	2 400	3 151
乡镇企业个数	个	1 875	970	417	1 079	2 330
乡镇企业总产值	万元	852 500	540 000	222 045	388 655	960 618
第一产业	人	786	4 591	3 000	1 035	2 645
第二产业	人	24 500	18 532	7 300	9 600	19 108
第三产业	人	41 294	21 767	7 356	4 961	5 165
年末资产总额	万元	75 850	6 566	7 558	8 477	1 480

根据表6-5结合不同工况、不同时段溃坝洪水淹没范围和水深，经计算可以确定水库下游的CD街道、TP街道、CX街道、HF街道、CB街道等淹没区的农、林、牧、渔业以及乡镇企业经济损失属于特别重大（Ⅰ级）。

3. 社会与环境影响

H水库大坝下游为W市，地处东南沿海，是所在省黄金海岸中部经济最发达地区之一。东、东南、西南三面濒海。市域总面积1 081.24 km^2，2005年底统计总人口115万人（户籍人口），其中非农业人口18.2万人，人口自然增长率为4.84‰，人口密度1 253人/km^2。2005年实现生产总值305.4亿元，"十五"期间，全市生产总值年均递增12%。三产占国内生产总值的比重依次为9.2%、52.9%、37.9%。

一旦水库大坝发生溃决，溃坝洪水将直接影响W市城区、重要厂矿企业、水库下游的河流堤防遭受严重破坏、冲毁耕地表土和植被，并导致人文景观、厂房等的毁灭或破坏，造成环境影响或污染。因此，溃坝事件的后果是严重的，社会与环境影响应当属于重大（Ⅱ级）等级。

4. 重大工程可能突发事件分级

洪汛期间，按照水库及大坝面临的雨情、运行状况以及可预见的危害程度，可将H水库大坝突发事件分为四级，即Ⅳ级（一般）、Ⅲ级（较大）、Ⅱ级（重大）、Ⅰ级（特别重大）。

1）Ⅳ级险情

出现下列情况之一的为Ⅳ级险情：

（1）按20.47 m汛限水位起调，未达到21.68 m（20年一遇设计洪水）；

（2）发生泄洪时；

（3）闸门前发生杂物壅堵，影响单扇闸门的正常启闭及正常泄流；

（4）近坝库岸边坡出现小范围滑坡，但对大坝安全运行没有影响；

（5）管理不当引发的险情（如单扇闸门不能及时启闭、一路控制电源断路等情况）。

2）Ⅲ级险情

出现以下情况为Ⅲ级险情：

（1）洪水位超过21.68 m（20年一遇设计洪水位），未达到21.97 m（50年一遇设计洪水位），水位持续上升；

（2）洪水位超过21.44 m（20年一遇设计洪水位），但多处闸门不能及时提起泄洪；

（3）近坝库岸边坡出现较大滑坡，但对大坝安全运行不产生大的影响；

（4）汛期由于管理不当，出现较大险情（如启闭机房的两路电源同时断路、水库中较大杂物撞击闸门门槽引起变形，使闸门无法开启等情况）。

3）Ⅱ级险情

出现以下情况为Ⅱ级险情：

（1）预计洪水位超过21.97 m（50年一遇设计洪水位），未达到22.08 m（100年一遇设计洪水位），下泄流量超过173.8 m^3/s，水位持续上升。该情况下，大坝下游河道附近出现受淹区域。

（2）洪水位超过21.97 m，按照正常调度无法将闸门全部提起进行泄洪。

（3）大坝出现较大变形、沉降等严重工程险情，但不至于引发垮坝情况。

4) Ⅰ级险情

出现以下情况为Ⅰ级险情：

(1)超标准洪水，洪水位超过22.83 m(2 000年一遇设计洪水位)，溢洪道设备问题不能正常下泄，水位持续上升，H水库大坝出现漫顶的险情。该情况下，大坝下游河道附近出现大面积受淹区域。

(2)超标准洪水，洪水位超过22.83 m(2 000年一遇设计洪水位)，H水库大坝出现管涌险情。该情况下，大坝下游河道附近出现大面积受淹区域。

(3)100年一遇设计洪水，H水库大坝出现管涌险情。

(4)100年一遇设计洪水，溢洪道不能正常下泄，洪水漫顶。

(5)大坝监测数据大部分出现突变，且幅度较大，坝体出现裂缝并有渗水发生，大坝安全面临危险。

6.2.4 突发水污染事件后果分析

H水库是W市城区生活用水主要供水水源，水库下游是W市城区经济繁华地带，有12.5万人口。其中4个街道由W市水厂供水，水源为H水库，区域内山区丘陵地区由山塘或地下水分散供给。水源地突发性污染事件指在规定的水源保护区域或邻近水域范围内，由于事故突发性的污染物质泄漏、排放，造成水源地水质瞬间严重恶化，并对取水口产生严重威胁的污染事件。目前，水厂水口95%保证率下的供水能力为6.5万t/d。若遭遇突发水污染事件，将直接威胁着水源保护区域或邻近水域范围的饮水安全。

根据《国家突发环境事件应急预案》(2006年1月24日)，H水库突发水污染事件按照事故的严重性和紧急程度，饮用水水源污染事故分为特别重大水污染事故(Ⅰ级)、重大水污染事故(Ⅱ级)、较大水污染事故(Ⅲ级)和一般水污染事故(Ⅳ级)四级。

Ⅳ级突发水污染事件：

(1)发生3人以下死亡；

(2)因水污染造成跨县级行政区域纠纷，引起一般群体性影响的；

(3)4、5类放射源流入水源保护区域或邻近水域范围。

Ⅲ级突发水污染事件：

(1)发生3人以上10人以下死亡，或中毒(重伤)50人以下；

(2)因水污染造成跨地级行政区域纠纷，使当地经济、社会活动受到影响；

(3)3类放射源流入水源保护区域或邻近水域范围。

Ⅱ级突发水污染事件：

(1)发生10人以上30人以下死亡，或中毒(重伤)50人以上100人以下；

(2)区域生态功能部分丧失或濒危物种生存环境受到污染；

(3)因水污染使当地经济、社会活动受到较大影响，疏散转移群众1万人以上5万人以下的；

(4)1、2类放射源流入水源保护区域或邻近水域范围；

(5)因水污染造成重要河流、湖泊、水库及沿海水域大面积污染，或下游城镇水源地取水中断的污染事件。

Ⅰ级突发水污染事件：

(1)发生30人以上死亡,或中毒(重伤)100人以上；

(2)因环境事件需疏散、转移群众5万人以上,或直接经济损失1 000万元以上；

(3)区域生态功能严重丧失或濒危物种生存环境遭到严重污染；

(4)因水污染使当地正常的经济、社会活动受到严重影响；

(5)1、2类放射源流入水源保护区域或邻近水域范围造成大范围严重辐射污染后果；

(6)因水污染造成台州市主要水源地取水中断的污染事故；

(7)因危险化学品(含剧毒品)生产和储运中发生泄漏,严重影响人民群众生产、生活的水污染事故。

6.2.5 突发干旱事件后果分析

若遇突发干旱事件,则H水库水质随水位下降逐渐变差,供水形势严峻,将导致生活、生产用水供需矛盾进一步突出。此外,随着库水位的降低,将导致大坝上游边坡安全系数下降,影响大坝安全。

根据《国家防汛抗旱应急预案》(2006年1月11日),H水库突发干旱事件按照事故的严重性和紧急程度,分为特大干旱(Ⅰ级)、严重干旱(Ⅱ级)、中度干旱(Ⅲ级)和轻度干旱(Ⅳ级)四级。

Ⅳ级干旱事件：

(1)受旱区域作物受旱面积占播种面积的比例在30%以下；

(2)因旱造成农区临时性饮水困难人口占所在地区人口比例在20%以下；

(3)因旱城市供水量低于正常需求量的5%～10%,出现缺水现象,居民生活、生产用水受到一定程度的影响。

Ⅲ级干旱事件：

(1)受旱区域作物受旱面积占播种面积的比例达31%～50%；

(2)因旱造成农区临时性饮水困难人口占所在地区人口比例达21%～40%；

(3)因旱城市供水量低于正常日用水量的10%～20%,出现明显的缺水现象,居民生活、生产用水受到较大影响。

Ⅱ级干旱事件：

(1)受旱区域作物受旱面积占播种面积的比例达51%～80%；

(2)因旱造成农区临时性饮水困难人口占所在地区人口比例达41%～60%；

(3)因旱城市供水量低于正常日用水量的20%～30%,出现明显缺水现象,城市生活、生产用水受到严重影响。

Ⅰ级干旱事件：

(1)受旱区域作物受旱面积占播种面积的比例在80%以上；

(2)因旱造成农(牧)区临时性饮水困难人口占所在地区人口比例高于60%；

(3)因旱城市供水量低于正常日用水量的30%,出现极为严重的缺水局面或发电供水危机,城市生活、生产用水受到极大影响。

6.2.6　应急组织体系(略)

6.2.7　应急预案运行机制(略)

6.2.8　应急保障体系(略)

6.2.9　宣传、培训与演练(略)

6.3　基于风险分析的黄河下游滩区风险管理

6.3.1　黄河下游河道滩区概况

6.3.1.1　概述

黄河下游为河南省桃花峪河段至入海口。黄河下游河道总面积约 4 860.3 km^2,滩区面积约 3 154 km^2[217]。

根据河道的特点,一般将黄河下游分为白鹤—花园口—东坝头—陶城铺—利津河段,具体见图 6-7[218]。白鹤镇至花园口河段长 98 km,河道宽 4.1 ~ 10 km。该河段大玉兰工程以上已修建了防御标准为 10 000 m^3/s 洪水的防护堤,中小洪水不漫滩;大玉兰工程以下,当地流量 5 000 m^3/s 左右即可漫滩。花园口至兰考县东坝头长 124 km,河道宽浅,是典型的游荡性河道,两岸堤距 5.5 ~ 12.7 km,河槽宽 1.5 ~ 7.2 km。东坝头至陶城铺河段长 231 km,两岸堤距 1.4 ~ 20 km,河槽宽 0.7 ~ 6.5 km,滩区面积 1 759.6 km^2,滩面横比降增大为 1/3 000 ~ 1/2 000,远大于 1.5‰左右的河道纵比降,是黄河滩区受灾频繁、灾情较重的地区。陶城铺至利津河段,长约 290 km,两岸堤距 0.4 ~ 5.0 km,河槽宽 0.3 ~ 1.5 km,该河段已治理成弯曲性河道,河势流路比较稳定,滩槽高差较大。利津以下河段,属河口地区。黄河下游滩地占下游河道面积的 84%[219]。既是黄河下游洪水调蓄、洪峰消减的主要场所,也是河南、山东两省 189.5 万群众的生产、生活场所[220]。

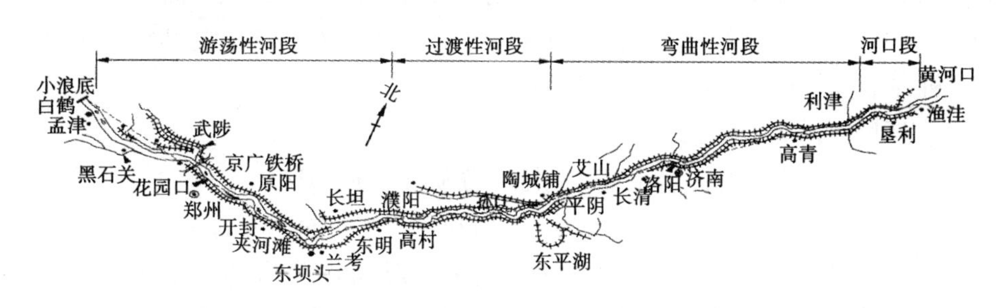

图 6-7　黄河下游河道概况图

目前,黄河下游滩区(以下部分地方简称滩区)在流量超过 4 000 m^3/s 洪水的情况下即发生漫滩,滩区群众生命财产经常遭受漫滩洪水侵袭。随着社会经济的发展,滩区的人口资产与密度也已经显著增加,滩区群众为了保护自己的家园,在滩地上修建了大量的生产堤,使得中、小洪水情况下,大量的泥沙淤积在主槽中,部分河段形成了“槽高、滩低、堤根洼”的二级悬河,滩槽横比降甚至大于河道纵比降,对整体防洪形势发生了显著的影响,引出了平滩流量下降,小流量、高水位,洪水在滩区滞留时间增长等一系列现象。

对于滩区来说,如果采取工程措施控制洪水漫滩,从而消除洪水对下游滩区群众的威胁,则更多的泥沙将淤积在河道里,而无力被输送到河口去,从而使得现行河道加速衰老,加大了大堤溃决的风险;如果全部将滩区群众迁移到黄河大堤以外,由于我国人多地少和滩区土地相对比较肥沃的现状,也难以实现。因此,当前黄河下游滩区必须实行有风险的洪水灾害管理模式。

6.3.1.2　滩区工程体系及社会经济情况

1. 滩区工程体系

下游滩区内的防洪工程主要有两岸的堤防、河道整治工程和群众自发修建了大量的生产堤。此外,在长期的安全建设中,还修建了一些村台、房台、撤退道路等避洪设施。

黄河下游堤防是在历代堤防和民埝的基础上多次加修形成的,目前黄河下游共有堤防 2 409. 611 km,其中设防堤防长 2 047. 993 km,不设防堤防长 361. 618 km。

河道整治工程主要包括险工和控导工程两类,险工依附大堤而建,由坝、垛和护岸组成,具有控导河势和保护大堤的功能;控导工程修建在滩地前沿,修筑有坝、垛和护岸,具有控导河势和护滩保堤的作用。

黄河下游生产堤总长为 583. 75 km,历史上将黄河下游生产堤称为“民埝”,新中国成立后改称生产堤。黄河下游民埝修筑历史悠久,时禁时兴。新中国成立后生产堤的修建,经历了禁—兴—禁的发展过程,生产堤的存在对黄河下游滩区洪水灾害损失的影响很大。

避洪设施主要包括村台、避水楼、避水台和道路等。

2. 滩区社会经济情况

黄河下游滩区跨河南、山东两省,经 15 个地市 43 个县(区),1 928 个村庄,居住人口约 189. 5 万人,耕地面积 340. 1 万亩,林地面积 48. 1 万亩[217]。滩区属于典型的农业经济,基本无工业,农作物以小麦、大豆、玉米、花生、棉花为主,除少量的油井外,乡镇企业规模很小。滩区群众财产主要包括房屋、机械、役畜、耐用消费品等。公共财产主要包括工矿企业、机井、公路、线路、渠道、桥梁等。

6.3.1.3　滩区洪水泥沙情况

(1)黄河下游洪水洪峰流量主要来源于中游黄土高原地区。

黄河下游滩区洪水及泥沙主要来源于暴雨和黄土高原冲刷下的泥沙。花园口站大于 8 000 m^3/s 的洪峰流量都是以中游地区来水为主所形成的,兰州以上的洪水一般只对下游洪水起抬高基流、加大洪水总量的作用。黄河下游的大洪水主要来自中游地区的河口镇花园口区间。小浪底水库建成后,威胁黄河下游防洪安全的主要是小浪底至花园口区间的洪水。

(2)黄河下游洪水年际变化大、年内分布不均匀、大洪水发生时间集中。

黄河多年平均进入黄河下游的水量为 580 亿 m^3。黄河下游水量年际、年内分布不均。

(3)黄河含沙量高,沙多水少,水沙异源。

1919～1960 年,黄河天然状况下年平均输沙量 16 亿 t,年均含沙量 34 kg/m^3,远远高于全国其他江河,且居世界河流之首。即使受到人类活动的剧烈影响,其沙量仍特别巨大,1950～2005 年多年平均输沙量 11.3 亿 t,多年平均含沙量 31.8 kg/m^3。

黄河洪水具有水沙异源的特性。河口镇以上河段,来水多来沙少,水流较清。河口镇至三门峡区间,来水少来沙多,水流含沙量高。黄河的来水大部分来自河口镇以上,沙量则主要来自河口镇以下至三门峡区间[221]。

(4)黄河水沙量年际、年内分布不均,汛期水沙量占全年比例较大。

6.3.2 滩区洪灾风险特性分析

(1)黄河下游滩区的洪水风险是长期的、不可回避的风险。小浪底水库与三门峡、故县、陆浑 3 座水库的联合运用虽然大大提高了黄河下游防御特大洪水的能力,但小浪底至花园口区间 2.7 万 km^2 无工程控制区本身产生的百年一遇洪水花园口站的洪峰流量仍将达 12 900 m^3/s,加上游来水,即使充分利用中游水库联合调控,百年一遇花园口站洪峰流量还可达 15 700 m^3/s,对下游滩区威胁依然很大。小浪底水库正常运用年限有限,一旦拦沙库容淤满后,这种情况将更加恶化,所以黄河下游河道仍将长期发挥滞洪沉沙作用,黄河下游发生大洪水的概率不会明显减少。另外,由于种种原因导致的黄河下游河槽萎缩,虽然经过近几年的调水调沙后有了明显改善,但花园口水文站以下中小水出现漫滩的情况还会发生,洪水漫滩后,农田淹没损失难以避免,滩区群众还长期面临洪水风险。

(2)黄河下游滩区洪水风险是积极的风险,具有利害两重性。由于黄河下游滩区具有蓄滞洪功能和沉沙功能,只有在滩区受淹的情况下,才可能充分发挥滩区的行洪、滞洪、沉沙作用,有效削减进入山东河段的洪水,利用自然的力量,通过滩槽水沙交换,实现淤滩刷槽,改变"二级悬河"的险恶状况,并有利于保证黄河大堤的长久安全。因此,黄河下游滩区洪水风险对整个华北平原经济社会的发展有其积极的意义。

(3)黄河下游滩区洪水风险是滩区群众难以承受的风险。滩区为典型的农业经济,产业单一工业少,农业收成以年为周期。一次受淹,可能意味着一年无收获,因此对于滩区群众来说,这是难以靠自身力量承受的风险。

6.3.3 滩区水灾后果分析

(1)历史水灾系列。

自有历史记载以来,黄河下游河道发生过多次变迁。据不完全统计[222],新中国成立以来滩区遭受不同程度洪水漫滩 30 余次,累计受灾人口 900 多万人次,受淹耕地 2 600 多万亩,见表 6-7。滩区洪涝灾害最严重的是 1958 年、1982 年和 1996 年。

表 6-7 黄河下游滩区历年受灾情况统计表

年份	花园口最大流量（m^3/s）	淹没村庄个数（个）	人口（万人）	耕地（万亩）	淹没房屋数（万间）
1949	12 300	275	21.43	44.76	0.77
1950	7 250	145	6.90	14.00	0.03
1951	9 220	167	7.32	25.18	0.09
1953	10 700	422	25.20	69.96	0.32
1954	15 000	585	34.61	76.74	0.46
1955	6 800	13	0.99	3.55	0.24
1956	8 360	229	13.48	27.17	0.09
1957	13 000	1 065	61.86	197.79	6.07
1958	22 300	1 708	74.08	304.79	29.53
1961	6 300	155	9.32	24.80	0.26
1964	9 430	320	12.80	72.30	0.32
1967	7 280	45	2.00	30.00	0.30
1973	5 890	155	12.20	57.90	0.26
1975	7 580	1 289	41.80	114.10	13.00
1976	9 210	1 639	103.60	225.00	30.80
1977	10 800	543	42.85	83.77	0.29
1978	5 640	117	5.90	7.50	0.18
1981	8 060	636	45.82	152.77	2.27
1982	15 300	1 297	90.72	217.44	40.08
1983	8 180	219	11.22	42.72	0.13
1984	6 990	94	4.38	38.02	0.02
1985	8 260	141	10.89	15.60	1.41
1988	7 000	100	26.69	102.41	0.04
1992	6 430	14	0.85	95.09	
1993	4 300	28	19.28	75.28	0.02
1994	6 300	20	10.44	68.82	
1996	7 860	1 374	118.80	247.60	26.54
1997	3 860	53	10.52	33.03	
1998	4 700	427	66.61	92.20	
2002	3 170	196	12	29.25	
2003	2 780		14.87	35	3.88

(2)典型场次水灾洪水风险信息分析。

1958 年 7 月 14 ~ 18 日，黄河花园口站发生实测以来最大洪峰流量 22 300 m^3/s，7 d 洪量达到 61 亿 m^3，流量大于 10 000 m^3/s 持续 89 h，经过东平湖自然滞洪调蓄，艾山站洪峰 12 600 m^3/s。在此次洪水过程中，东坝头以下的低滩区基本上全部上水，东坝头以上局部漫滩。

1982 年 8 月 2 日，黄河花园口水文站出现了流量 15 300 m^3/s，为 1958 年以来的最大洪水。东平湖以上的黄河水位高于 1958 年最高水位 1 ~ 2 m，严重地威胁着艾山以下窄河道的防洪安全，经过东平湖滞洪调蓄，黄河最大洪水流量由孙口水文站的 10 400 m^3/s 减为艾山水文站的 7 430 m^3/s。在此次洪水过程中，东坝头以下的低滩区基本上全部上水，东坝头以上局部漫滩。

1996 年 8 月 5 日，黄河花园口出现了 7 860 m^3/s 的洪峰流量。由于河道淤积严重，除高村、艾山、利津三站外，其余各站水位均达到了有实测记录以来的最高值，滩区几乎全部进水，甚至连 1855 年以来从未上水的原阳、开封、封丘等高滩也大面积漫水。据调查，“96·8”洪水滩地平均水深约 1.6 m，最大水深 5.7 m，洪水淹没滩区村庄 1 374 个，人口 118.8 万人，耕地 247.6 万亩，倒塌房屋 26.54 万间，损坏房屋 40.96 万间，紧急转移安置群众 56 万人。

根据有关洪水设计成果，黄河下游滩区 1958 年、1982 年、1996 年洪水分别相当于千年一遇、百年一遇、五年一遇洪水。由于黄河洪水高含沙特性，下游河床一直在淤积抬高，而且下游河道的“二级悬河”状况的长期存在，所以下游漫滩洪水变化较大。如 20 世纪 60 年代，黄河下游漫滩洪水为 6 000 m^3/s，90 年代后，主槽淤积严重，漫滩流量已减少到了 3 000 m^3/s 左右，经过调水调沙，漫滩流量增至 4 000 m^3/s。

(3)洪灾模拟计算结果分析。

①洪灾淹没情况。

选择 20 年一遇(12 370 m^3/s)洪水，采用黄河水利科学研究院开发的基于 GIS 的黄河下游二维水沙数学模型及其后处理软件进行洪水风险分析。可计算得到各河段滩区淹没面积、耕地、受灾人口，见表 6-8 ~ 表 6-11。其中，黄河下游花园口—利津滩区面积 3 124.26 km^2，人口总计 150.2 万人，耕地 320 万亩。从计算结果看，黄河下游滩区发生漫滩洪水时，随着流量的不同，受洪水淹没的范围逐步增大，淹没的范围、人口、耕地也随之增加。当洪水流量为 6 000 m^3/s 时，影响人口为 77.61 万人，当发生洪水流量为 22 600 m^3/s 时，影响人口将达到 134.57 万人，占花园口—利津河段滩区人口的 89.6%；当洪水流量为 6 000 m^3/s 时，影响耕地为 231.59 万亩，当发生洪水流量为 22 600 m^3/s 时，受淹耕地达到 304.01 万亩，占花园口—利津河段滩区耕地的 95%。同时，三个河段中，东坝头—陶城铺滩区属于中低滩区，受灾人口占整个花园口—利津河段的一半以上，淹没面积也最大，平均占 47%，灾情多集中在该区域。

表 6-8　不同量级洪水滩区淹没面积统计

频率	流量级 (m^3/s)	花园口—东坝头		东坝头—陶城铺		陶城铺—利津		合计	
		面积 (km^2)	耕地 (万亩)	面积 (km^2)	耕地 (万亩)	面积 (km^2)	耕地 (万亩)	面积 (km^2)	耕地 (万亩)
常遇洪水	6 000	434.09	46.62	1 206.79	127.58	578.27	57.38	2 219.15	231.59
常遇洪水	8 000	684.23	73.49	1 276.11	134.84	645.28	63.71	2 605.62	272.04
5 年一遇洪水	10 000	854.48	91.77	1 280.75	135.33	696.28	68.66	2 831.51	295.76
20 年一遇洪水	12 370	858.78	92.23	1 282.7	135.53	705.72	69.53	2 847.2	297.29
100 年一遇洪水	15 700	894.32	96.05	1 282.78	135.54	718.07	70.67	2 895.17	302.26
1 000 年一遇洪水	22 600	898.98	96.55	1 283.29	135.6	731.28	71.86	2 913.55	304.01

表 6-9　不同量级洪水滩区淹没人口统计

流量级 (m^3/s)	花园口—东坝头	东坝头—陶城铺	陶城铺—利津	合计	
	人口(万人)	人口(万人)	人口（万人）	人口（万人）	村庄(个)
6 000	6.67	49.75	21.19	77.61	935
8 000	26.44	60.46	26.1	113	1 302
10 000	39.85	61.19	27.64	128.68	1 470
12 370	39.8	61.19	28.65	129.64	1 482
15 700	42.16	60.91	29.93	133	1 507
22 600	42.52	60.96	31.09	134.57	1 529

表 6-10　不同淹没水深村庄及人口分布情况统计

河段	0～1 m		1～3 m		3～5 m		5 m 以上		总计	
	村庄 (个)	人口 (万人)	村庄 (个)	人口 (万人)	村庄 (个)	人口 (万人)	村庄 (个)	人口 (万人)	村庄 (个)	人口 (万人)
花园口—东坝头	100	15.44	152	21.97	19	2.39	0	0	271	39.80
东坝头—陶城铺	0	0	211	16.74	485	33.90	159	10.55	855	61.19
陶城铺—利津	24	1.98	68	10.45	165	10.45	100	5.77	357	28.65
合计	124	17.42	431	49.16	669	46.74	258	16.32	1 482	129.64

注:表中数据以 20 年一遇洪水为例,按滩面水深计算。

表 6-11　不同淹没水深耕地分布情况统计

河段	0～1 m		1～3 m		3～5 m		5 m 以上		总计	
	面积	耕地	面积	耕地	面积	耕地	面积	耕地	面积	耕地
花园口—东坝头	321.21	33.44	495.03	53.24	42.54	5.55	0	0	858.78	92.23
东坝头—陶城铺	0	0	373.02	39.32	727.66	77.08	182.02	19.13		
陶城铺—利津	23.15	1.66	293.36	30.13	252.43	24.87	136.79	12.87	705.73	69.53
合计	363.29	35.10	1 233.46	122.69	901.69	107.50	348.77	32.00	2 847.21	297.29

注：表中数据以 20 年一遇洪水为例，按滩面水深计算。

②洪灾淹没损失计算。

基于黄河下游滩区洪灾损失淹没范围，洪灾间接损失系数为 0.1，亩均损失 895.84 元/亩（2010 年标准），计算得到黄河下游滩区洪灾损失价值见表 6-12。

表 6-12　不同量级洪水淹没损失计算

流量级（m^3/s）	淹没面积（万亩）	直接经济损失（万元）	间接经济损失（万元）	总损失值（万元）
6 000	231.59	188 606.90	18 860.69	207 467.59
8 000	272.04	221 549.38	22 154.94	243 704.32
10 000	295.76	240 866.94	24 086.69	264 953.63
12 500	297.29	242 112.98	24 211.30	266 324.28
16 500	302.26	246 160.54	24 616.05	270 776.59
22 600	304.01	247 585.74	24 758.57	272 344.31

6.3.4　滩区洪灾经济损失风险评价

采用 ALARP 准则与 $F-N$ 线相结合的可接受风险分析评价黄河下游滩区风险。加拿大哥伦比亚水电局 BC Hydro 公司先提出了 $7 120/年的可接受经济风险标准，而后又提出了水利工程中大坝的经济损失期望 $E(D) <$ $10 000/年。澳大利亚堤防委员会（ANCOLD）结合 $F \sim D$ 线和 ALARP 准则制定的经济风险标准如图 3-8 所示。

国内一些学者[41]建议我国江浙等发达省区采用和 ANCOLD 一样的标准，而认为在青海、贵州、宁夏等不发达地区经济损失超过 2 000 万元人民币时，年失事率大于 1.0×10^{-5}是不可接受的，小于 1.0×10^{-6}是可以接受的；根据本书第 3 章的分析，考虑到我国经济在东、中、西部发展上的不平衡性，建议我国经济损失风险标准按东、中、西三个部分区别对待。

考虑到黄河下游滩区经济欠发达，滩区的许多县为国家级的贫困县，属于中部的贫困区，因此建议采用西部标准，确定每年经济损失超过 2 000 万元人民币的可接受风险上限为发生率不超过 1.0×10^{-5}，广泛可接受风险标准为发生率不超过 1.0×10^{-6}（见图 6-8）。

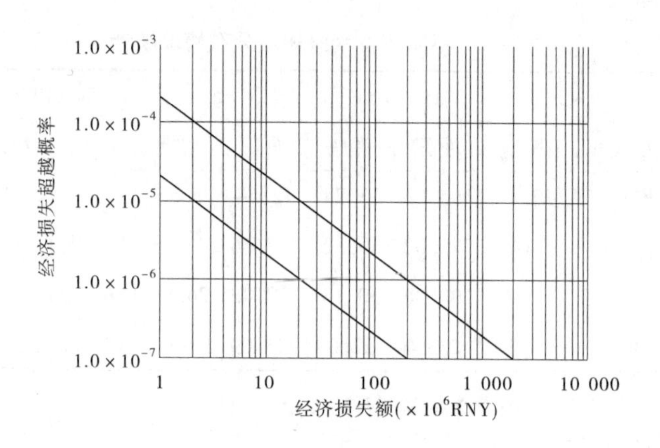

图 6-8　黄河下游滩区经济风险标准

黄河下游滩区风险远远大于可承受的标准。黄河下游滩区在千年一遇的洪灾损失为 27.23 亿元,远远大于 2 000 万元的承受能力,因此黄河下游滩区洪水风险极高,必须将超出风险进行预防、转移、化解。

6.3.5　滩区洪灾风险管理的主要措施

黄河下游滩区属于高风险区,洪灾风险严重,必须进行风险的预防、转移、化解和处理。目前,黄河下游滩区洪灾风险控制的主要措施包括有修建控导工程、生产堤、开展"二级悬河"治理、土地修复、滩区安全建设等。未来滩区实行政策补偿后,实行基于滩区分类管理的洪灾风险管理模式将成为一种趋势[223]。

滩区分类管理的基本思路是将滩区(河道)按其承担的主要功能分为三类进行管理,即Ⅰ类为行洪区,主要包括主河槽和嫩滩部分;Ⅱ类为行滞洪区,在大洪水时起削峰滞洪、淤滩沉沙的作用,同时也是滩区开发利用的主要场所;Ⅲ类为集中居住区主要解决滩区广大群众的安居问题[223]。滩区分类后,安全建设的模式是:Ⅰ类滩区居民外迁;Ⅱ类滩区作为居民生产的场所,修建撤退道路;Ⅲ类滩区是居民集中居住区,就地建设大型村台和移民建镇、修建撤离道路。实行滩区分类管理后,生产堤不再强制拆除,可根据规划在Ⅰ、Ⅱ类滩区分界处修建部分生产堤,使生产堤起到"防小水不防大水"的作用。滩区淹没补偿政策实行:Ⅰ类滩区不补偿;Ⅱ类滩区主要补偿农作物损失;Ⅲ类滩区补偿住房的水毁损失;先对Ⅲ类滩区的堤河、串沟、坑塘进行淤筑修复,之后再对Ⅱ类滩区低洼地、坑塘、沙荒地进行淤筑修复,Ⅰ类滩区土地不修复。

附　录

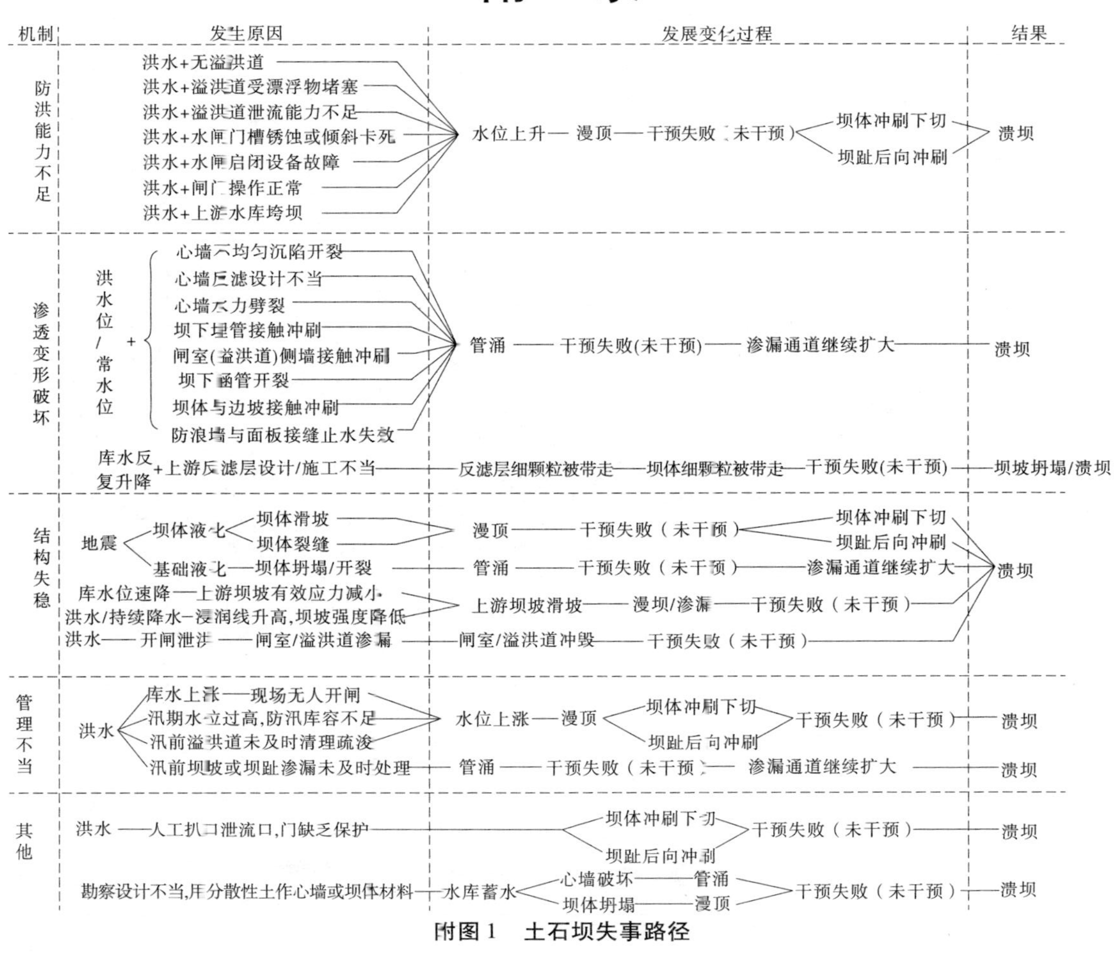

附图 1　土石坝失事路径

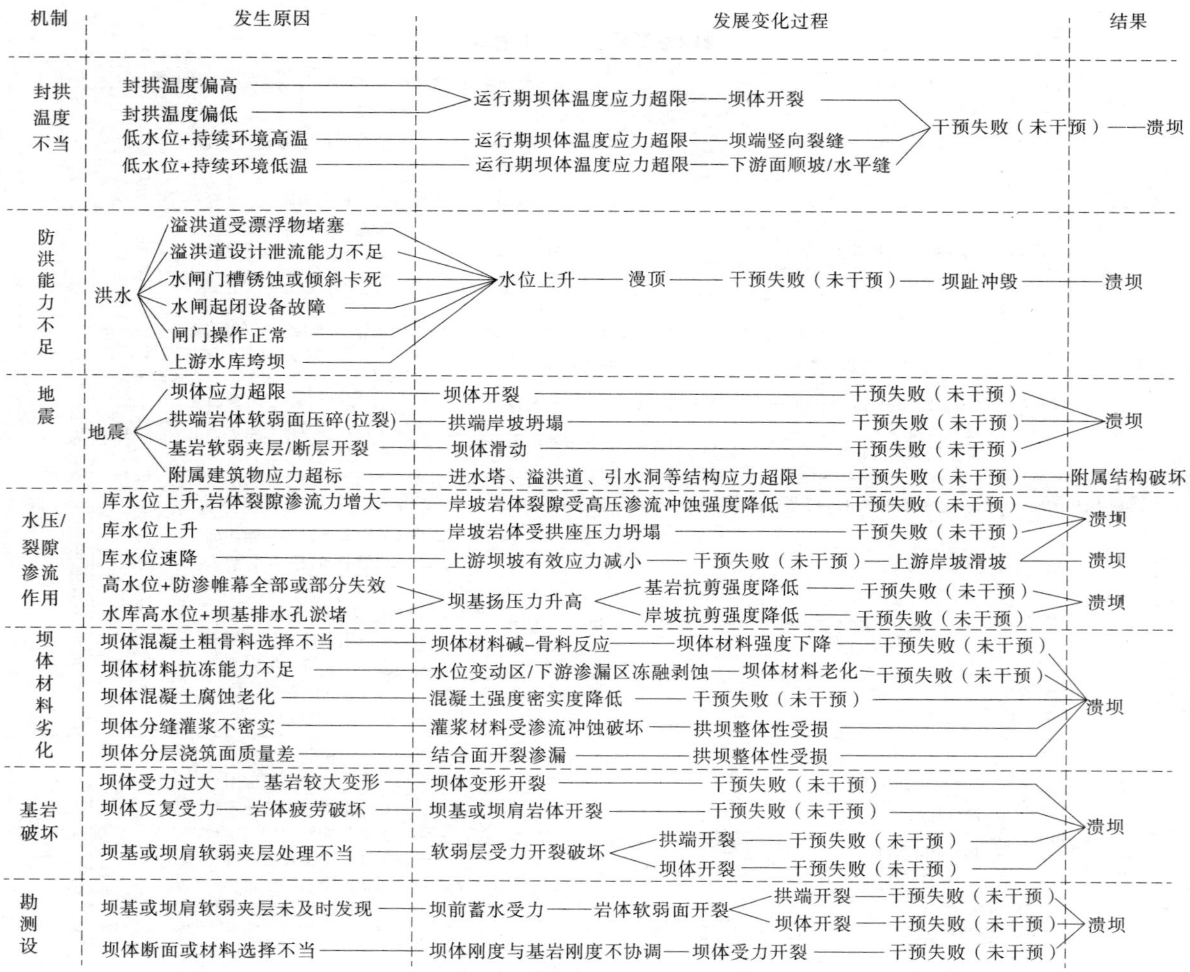

机制	发生原因	发展变化过程	结果
封拱温度不当	封拱温度偏高；封拱温度偏低	运行期坝体温度应力超限——坝体开裂——干预失败（未干预）	溃坝
	低水位+持续环境高温	运行期坝体温度应力超限——坝端竖向裂缝——干预失败（未干预）	溃坝
	低水位+持续环境低温	运行期坝体温度应力超限——下游面顺坡/水平缝——干预失败（未干预）	溃坝
防洪能力不足	洪水：溢洪道受漂浮物堵塞；溢洪道设计泄流能力不足；水闸门槽锈蚀或倾斜卡死；水闸起闭设备故障；闸门操作正常；上游水库垮坝	水位上升——漫顶——干预失败（未干预）——坝趾冲毁	溃坝
地震	地震：坝体应力超限	坝体开裂——干预失败（未干预）	溃坝
	地震：拱端岩体软弱面压碎(拉裂)	拱端岸坡坍塌——干预失败（未干预）	溃坝
	地震：基岩软弱夹层/断层开裂	坝体滑动——干预失败（未干预）	溃坝
	地震：附属建筑物应力超标	进水塔、溢洪道、引水洞等结构应力超限——干预失败（未干预）	附属结构破坏
水压/裂隙渗流作用	库水位上升，岩体裂隙渗流力增大	岸坡岩体裂隙受高压渗流冲蚀强度降低——干预失败（未干预）	溃坝
	库水位上升	岸坡岩体受拱座压力坍塌——干预失败（未干预）	溃坝
	库水位速降	上游坝坡有效应力减小——干预失败（未干预）——上游岸坡滑坡	溃坝
	高水位+防渗帷幕全部或部分失效；水库高水位+坝基排水孔淤堵	坝基扬压力升高——基岩抗剪强度降低——干预失败（未干预）	溃坝
		坝基扬压力升高——岸坡抗剪强度降低——干预失败（未干预）	溃坝
坝体材料劣化	坝体混凝土粗骨料选择不当	坝体材料碱-骨料反应——坝体材料强度下降——干预失败（未干预）	溃坝
	坝体材料抗冻能力不足	水位变动区/下游渗漏区冻融剥蚀——坝体材料老化—干预失败（未干预）	溃坝
	坝体混凝土腐蚀老化	混凝土强度密实度降低——干预失败（未干预）	溃坝
	坝体分缝灌浆不密实	灌浆材料受渗流冲蚀破坏——拱坝整体性受损	溃坝
	坝体分层浇筑面质量差	结合面开裂渗漏——拱坝整体性受损	溃坝
基岩破坏	坝体受力过大——基岩较大变形	坝体变形开裂——干预失败（未干预）	溃坝
	坝体反复受力——岩体疲劳破坏	坝基或坝肩岩体开裂——干预失败（未干预）	溃坝
	坝基或坝肩软弱夹层处理不当	软弱层受力开裂破坏——拱端开裂——干预失败（未干预）	溃坝
		软弱层受力开裂破坏——坝体开裂——干预失败（未干预）	溃坝
勘测设	坝基或坝肩软弱夹层未及时发现	坝前蓄水受力——岩体软弱面开裂——拱端开裂——干预失败（未干预）	溃坝
		坝前蓄水受力——岩体软弱面开裂——坝体开裂——干预失败（未干预）	溃坝
	坝体断面或材料选择不当	坝体刚度与基岩刚度不协调——坝体受力开裂——干预失败（未干预）	溃坝

附图 2 拱坝溃坝失事路径

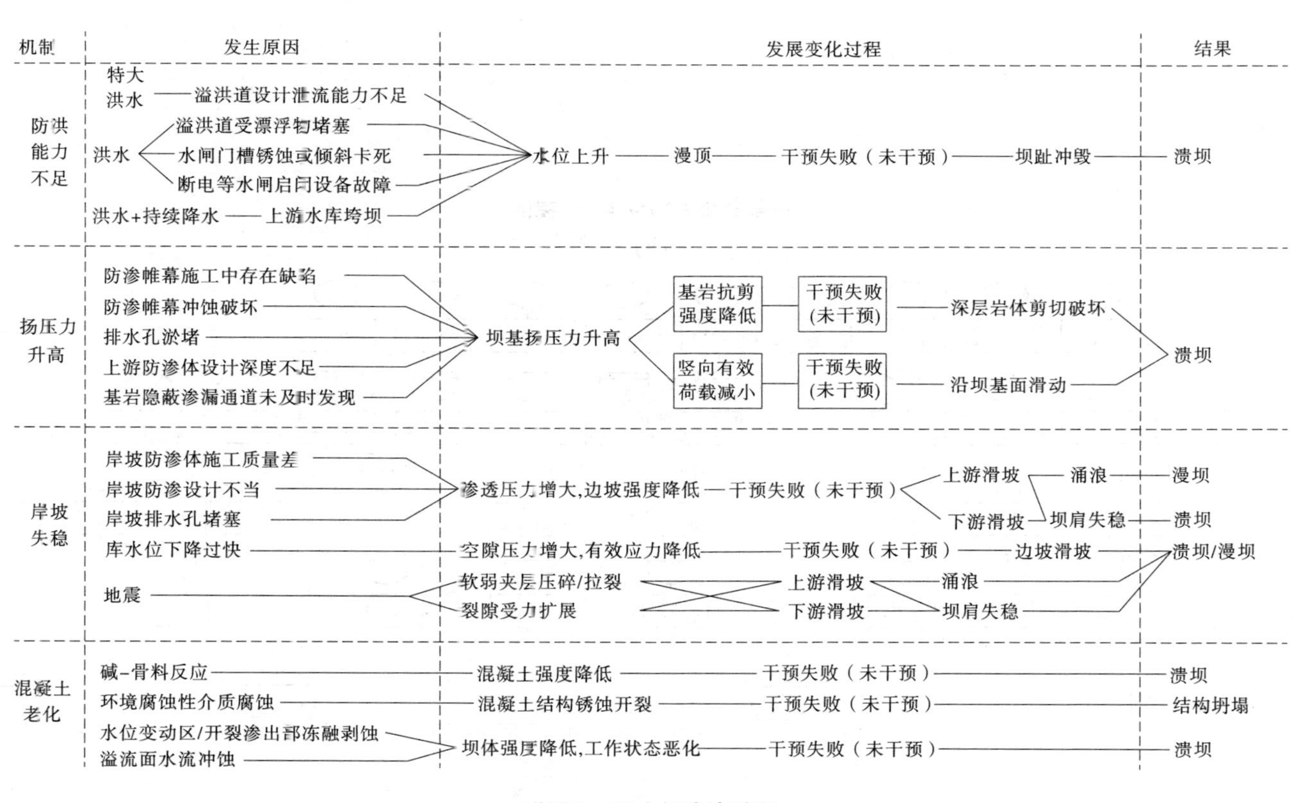
机制
发生原因
发展变化过程
结果
防洪能力不足
特大洪水
溢洪道设计泄流能力不足
洪水
溢洪道受漂浮物堵塞
水闸门槽锈蚀或倾斜卡死
断电等水闸启闭设备故障
洪水+持续降水
上游水库垮坝
水位上升
漫顶
干预失败（未干预）
坝趾冲毁
溃坝
扬压力升高
防渗帷幕施工中存在缺陷
防渗帷幕冲蚀破坏
排水孔淤堵
上游防渗体设计深度不足
基岩隐蔽渗漏通道未及时发现
坝基扬压力升高
基岩抗剪强度降低
竖向有效荷载减小
干预失败(未干预)
干预失败(未干预)
深层岩体剪切破坏
沿坝基面滑动
溃坝
岸坡失稳
岸坡防渗体施工质量差
岸坡防渗设计不当
岸坡排水孔堵塞
库水位下降过快
地震
渗透压力增大,边坡强度降低
干预失败（未干预）
上游滑坡
下游滑坡
涌浪
坝肩失稳
漫坝
溃坝
空隙压力增大,有效应力降低
干预失败（未干预）
边坡滑坡
溃坝/漫坝
软弱夹层压碎/拉裂
裂隙受力扩展
上游滑坡
下游滑坡
涌浪
坝肩失稳
混凝土老化
碱-骨料反应
环境腐蚀性介质腐蚀
水位变动区/开裂渗出部冻融剥蚀
溢流面水流冲蚀
混凝土强度降低
混凝土结构锈蚀开裂
坝体强度降低,工作状态恶化
干预失败（未干预）
干预失败（未干预）
干预失败（未干预）
溃坝
结构坍塌
溃坝

附图 3　重力坝失事路径

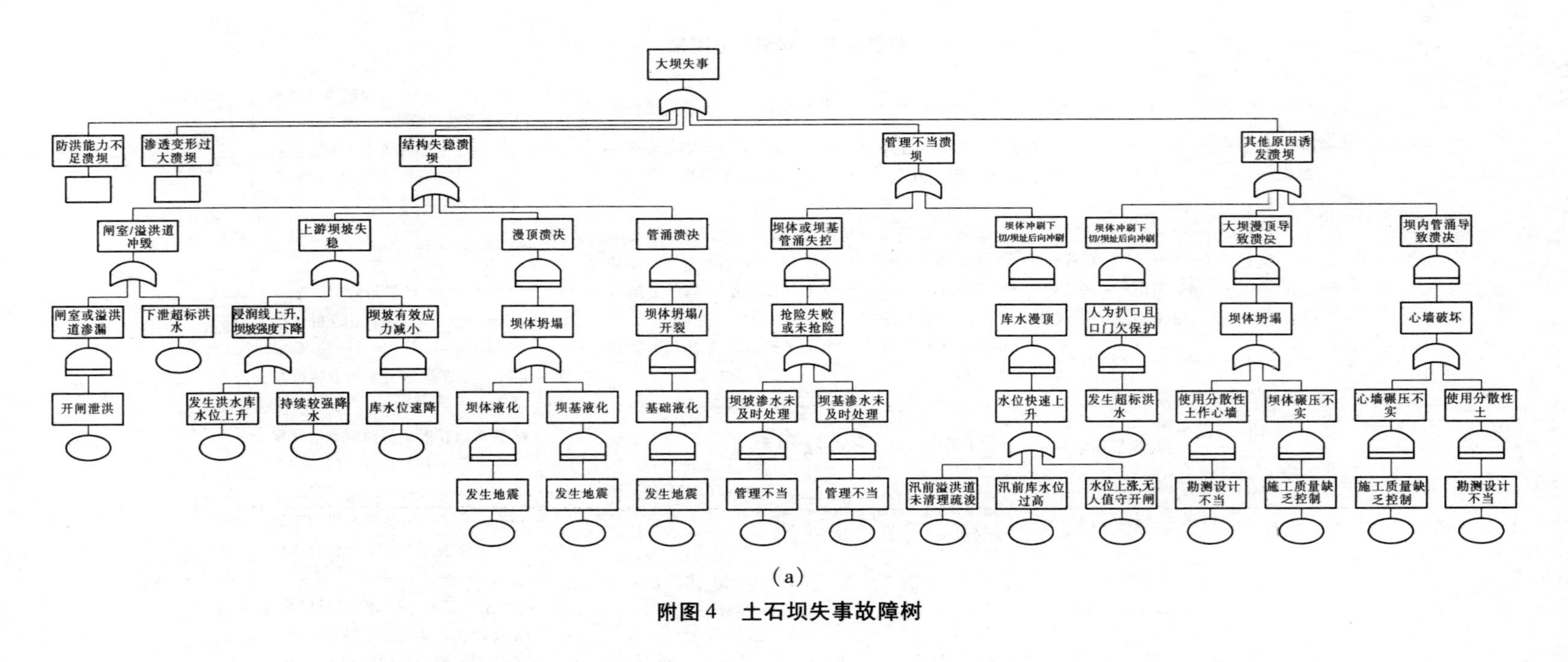

(a)

附图4 土石坝失事故障树

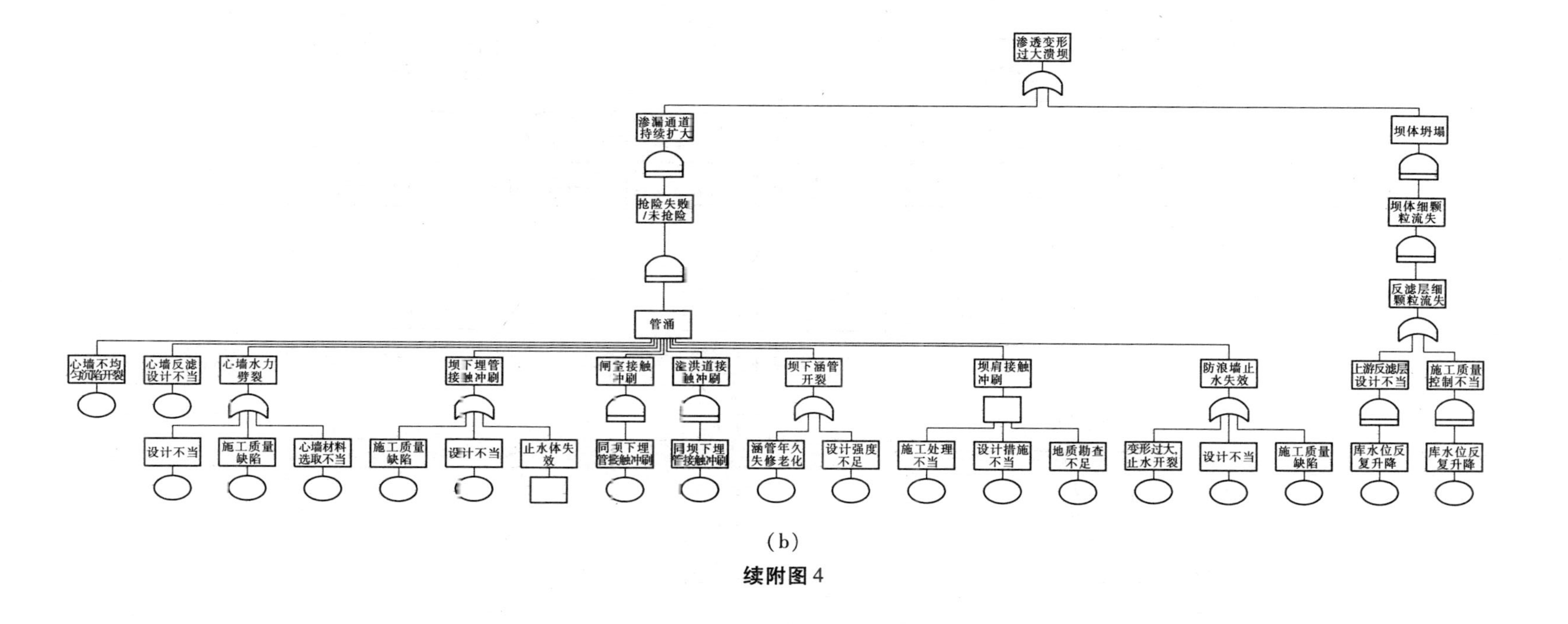
渗透变形过大溃坝
渗漏通道持续扩大
坝体坍塌
抢险失败/未抢险
坝体细颗粒流失
反滤层细颗粒流失
管涌
心墙不均匀沉陷开裂
心墙反滤设计不当
心墙水力劈裂
坝下埋管接触冲刷
闸室接触冲刷
溢洪道接触冲刷
坝下涵管开裂
坝肩接触冲刷
防浪墙止水失效
上游反滤层设计不当
施工质量控制不当
设计不当
施工质量缺陷
心墙材料选取不当
施工质量缺陷
设计不当
止水体失效
同坝下埋管接触冲刷
同坝下埋管接触冲刷
涵管年久失修老化
设计强度不足
施工处理不当
设计措施不当
地质勘查不足
变形过大，止水开裂
设计不当
施工质量缺陷
库水位反复升降
库水位反复升降

(b)

续附图 4

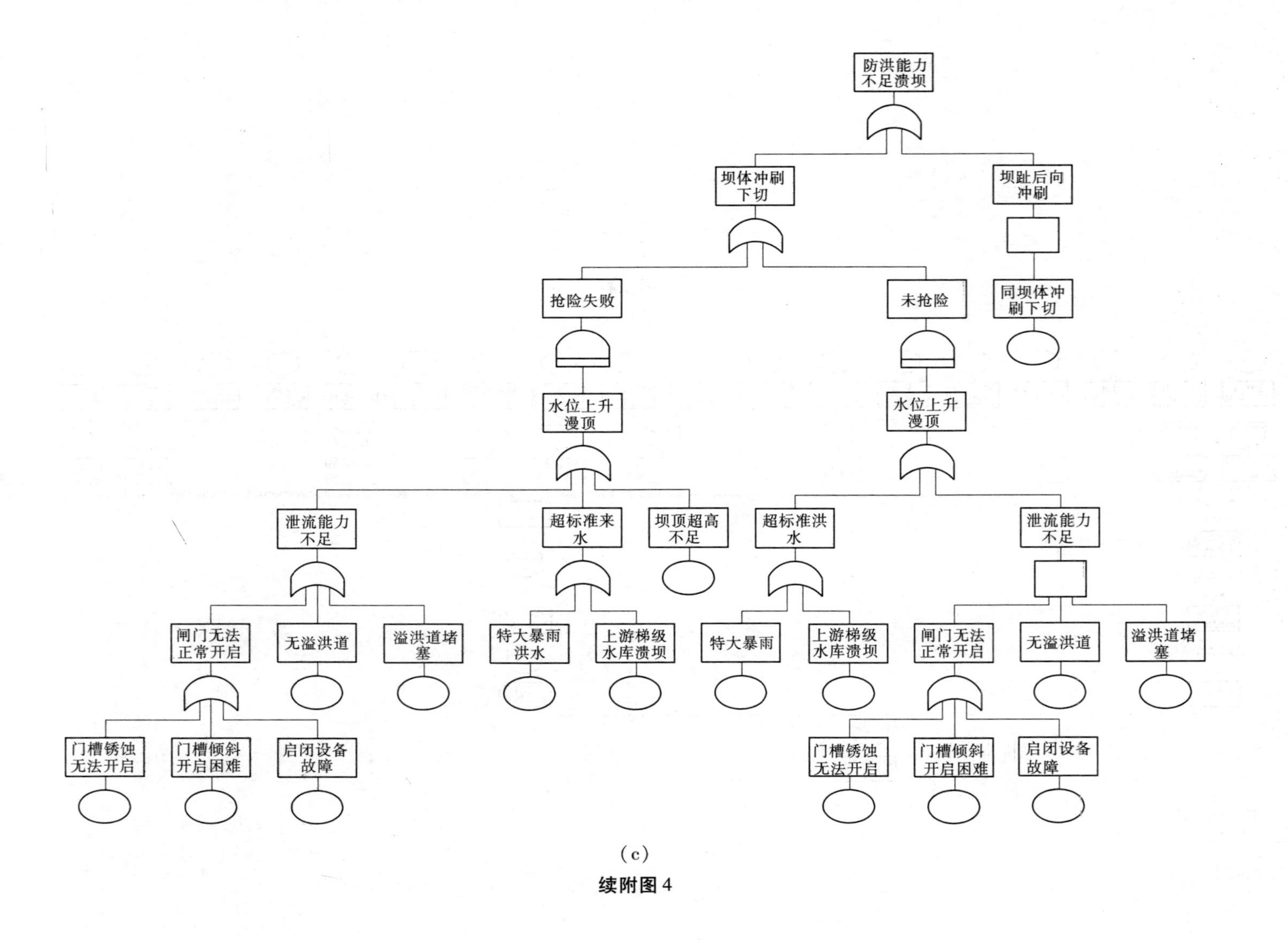
防洪能力不足溃坝
坝体冲刷下切
坝趾后向冲刷
抢险失败
未抢险
同坝体冲刷下切
水位上升漫顶
水位上升漫顶
泄流能力不足
超标准来水
坝顶超高不足
超标准洪水
泄流能力不足
闸门无法正常开启
无溢洪道
溢洪道堵塞
特大暴雨洪水
上游梯级水库溃坝
特大暴雨
上游梯级水库溃坝
闸门无法正常开启
无溢洪道
溢洪道堵塞
门槽锈蚀无法开启
门槽倾斜开启困难
启闭设备故障
门槽锈蚀无法开启
门槽倾斜开启困难
启闭设备故障

(c)

续附图 4

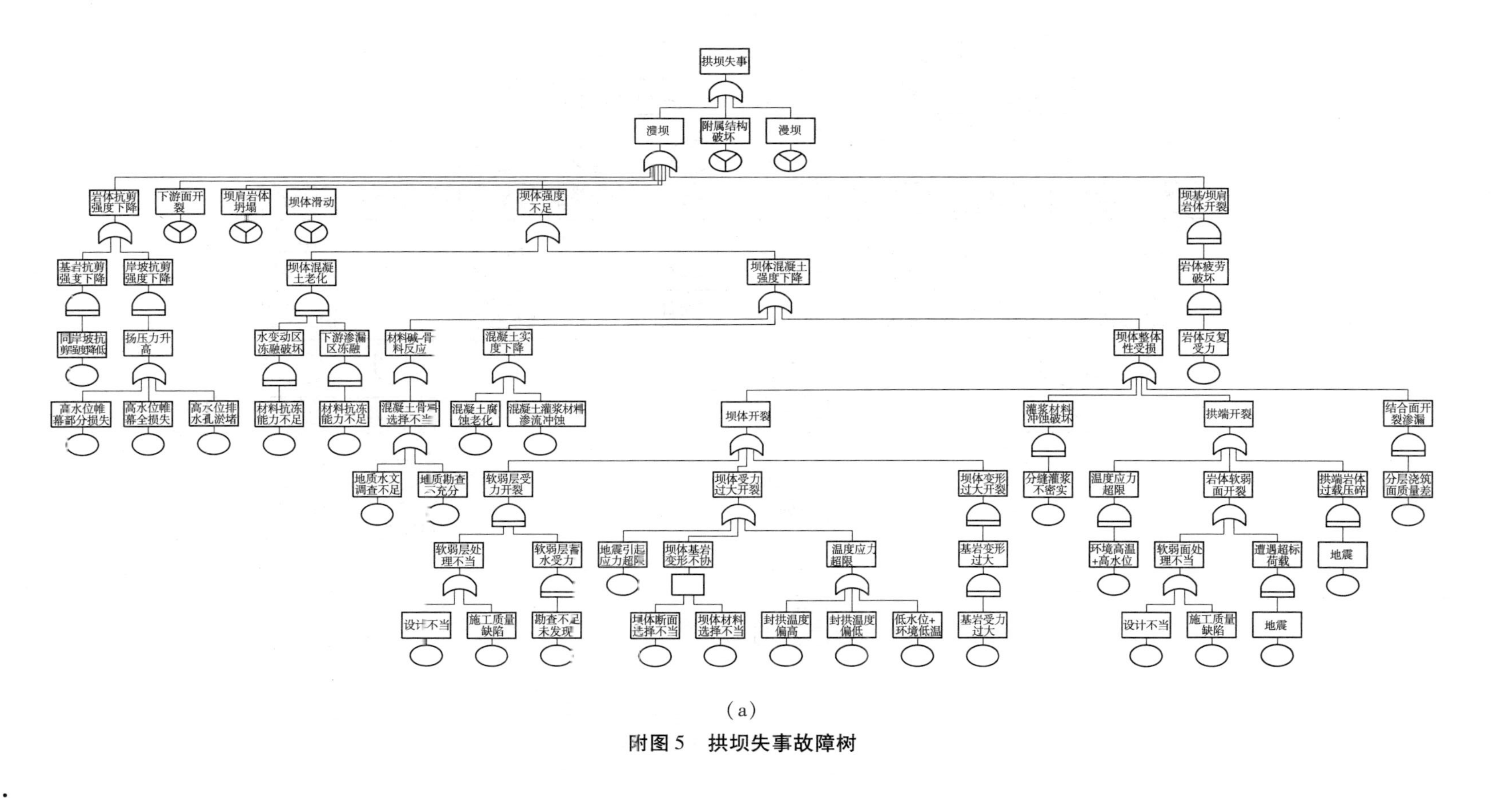

(a)

附图 5　拱坝失事故障树

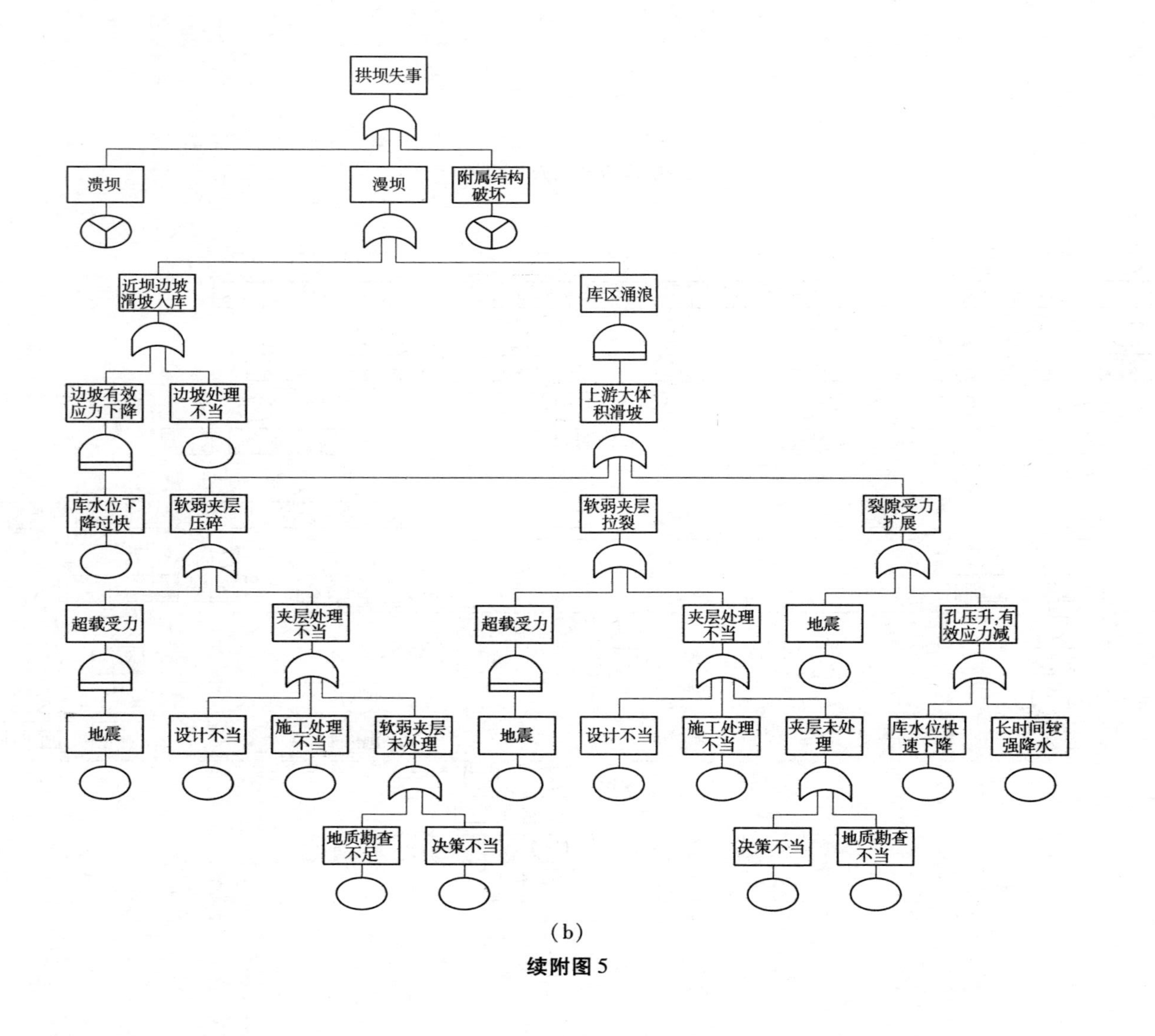
拱坝失事
溃坝
漫坝
附属结构破坏
近坝边坡滑坡入库
库区涌浪
边坡有效应力下降
边坡处理不当
上游大体积滑坡
库水位下降过快
软弱夹层压碎
软弱夹层拉裂
裂隙受力扩展
超载受力
夹层处理不当
超载受力
夹层处理不当
地震
孔压升,有效应力减
地震
设计不当
施工处理不当
软弱夹层未处理
地震
设计不当
施工处理不当
夹层未处理
库水位快速下降
长时间较强降水
地质勘查不足
决策不当
决策不当
地质勘查不当

(b)

续附图 5

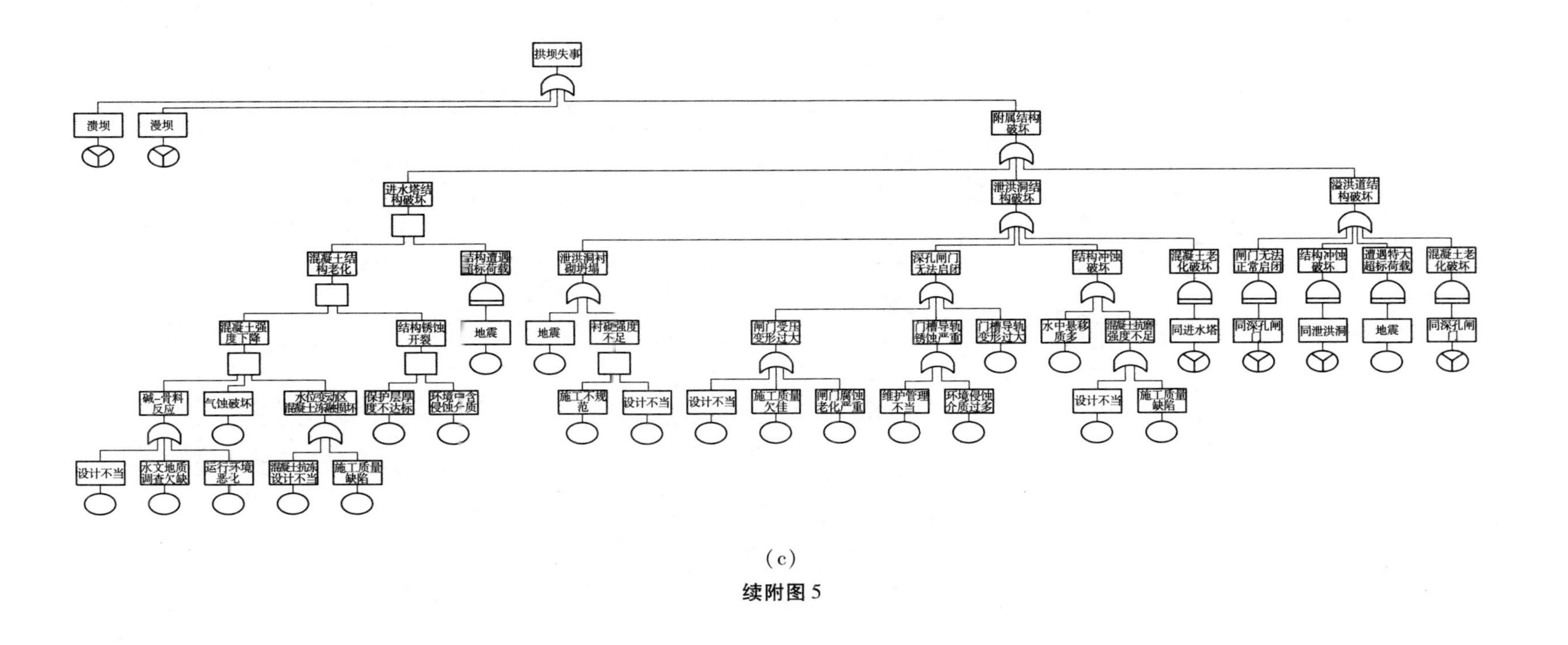

拱坝失事
溃坝
漫坝
附属结构破坏
进水塔结构破坏
泄洪洞结构破坏
溢洪道结构破坏
混凝土结构老化
结构遭遇超标荷载
泄洪洞衬砌坍塌
深孔闸门无法启闭
结构冲蚀破坏
混凝土老化破坏
闸门无法正常启闭
结构冲蚀破坏
遭遇特大超标荷载
混凝土老化破坏
混凝土强度下降
结构锈蚀开裂
地震
地震
衬砌强度不足
闸门受压变形过大
门槽导轨锈蚀严重
门槽导轨变形过大
水中悬移质多
混凝土抗磨强度不足
同进水塔
同深孔闸门
同泄洪洞
地震
同深孔闸门
碱-骨料反应
气蚀破坏
水位变动区混凝土冻融损坏
保护层厚度不达标
环境中含侵蚀介质
施工不规范
设计不当
设计不当
施工质量欠佳
闸门腐蚀老化严重
维护管理不当
环境侵蚀介质过多
设计不当
施工质量缺陷
设计不当
水文地质调查欠缺
运行环境恶化
混凝土抗冻设计不当
施工质量缺陷

（c）

续附图 5

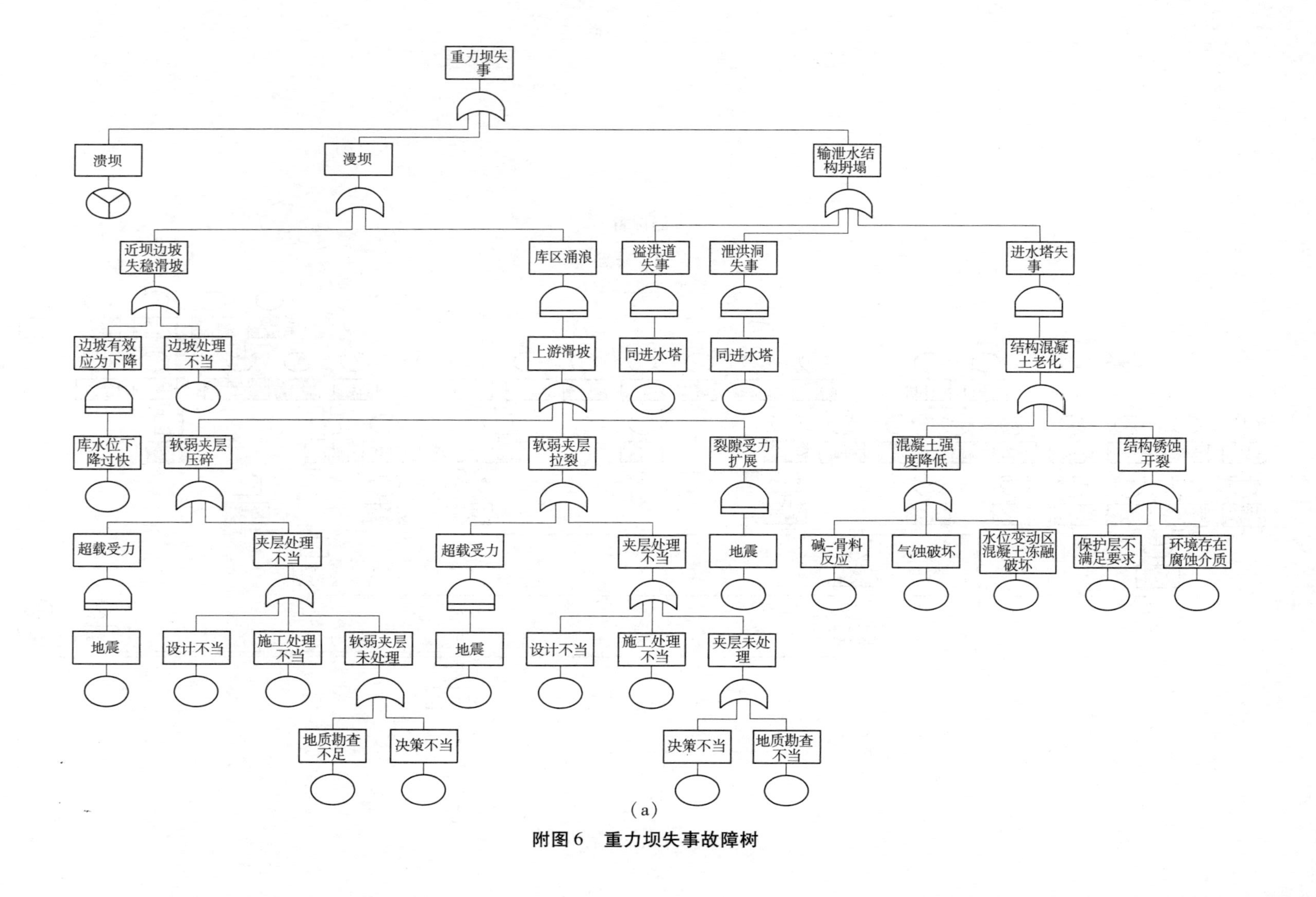

（a）

附图 6　重力坝失事故障树

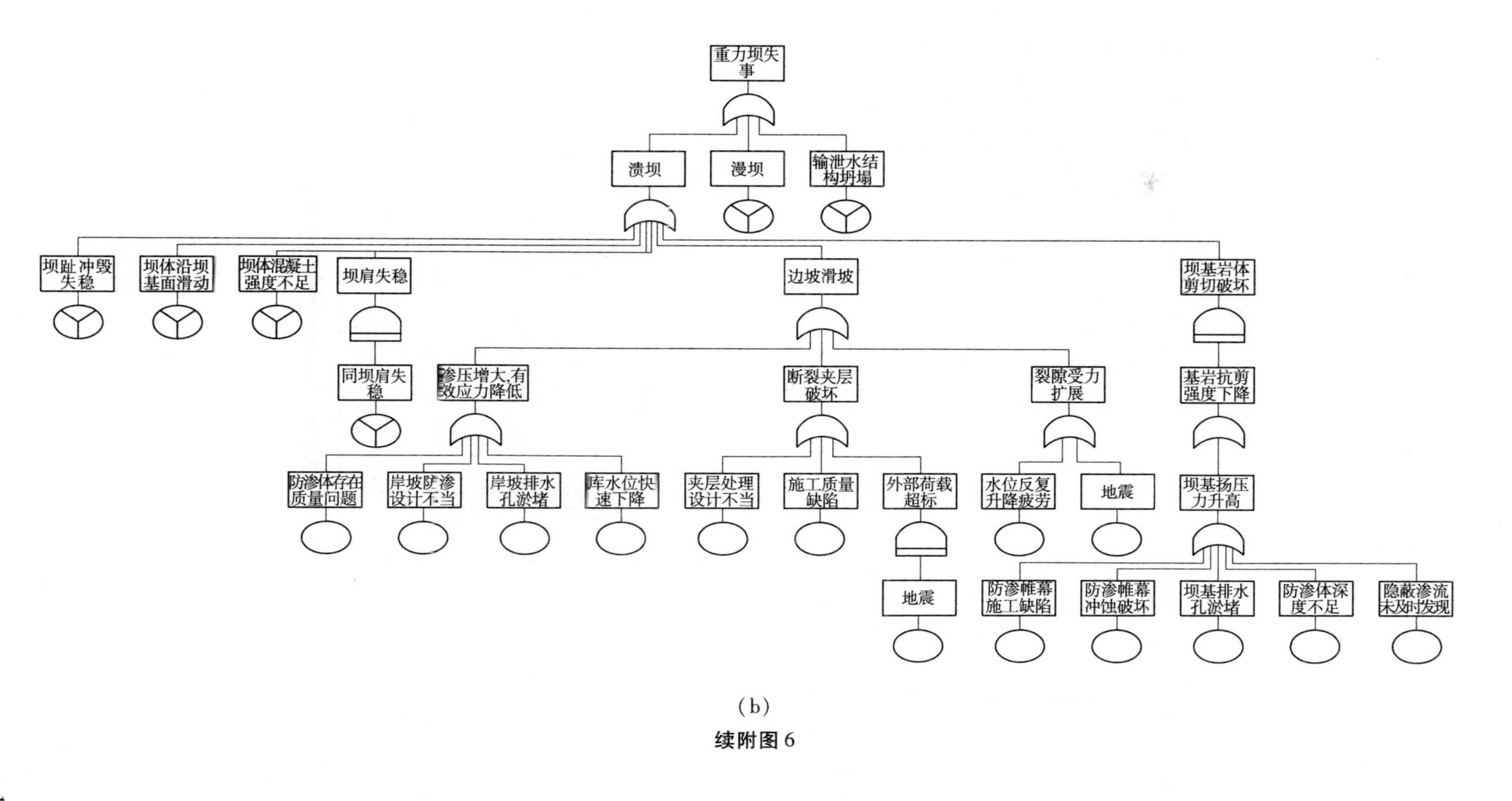
重力坝失事
溃坝
漫坝
输泄水结构坍塌
坝趾冲毁失稳
坝体沿坝基面滑动
坝体混凝土强度不足
坝肩失稳
边坡滑坡
坝基岩体剪切破坏
同坝肩失稳
渗压增大,有效应力降低
断裂夹层破坏
裂隙受力扩展
基岩抗剪强度下降
防渗体存在质量问题
岸坡防渗设计不当
岸坡排水孔淤堵
库水位快速下降
夹层处理设计不当
施工质量缺陷
外部荷载超标
水位反复升降疲劳
地震
坝基扬压力升高
地震
防渗帷幕施工缺陷
防渗帷幕冲蚀破坏
坝基排水孔淤堵
防渗体深度不足
隐蔽渗流未及时发现

(b)

续附图 6

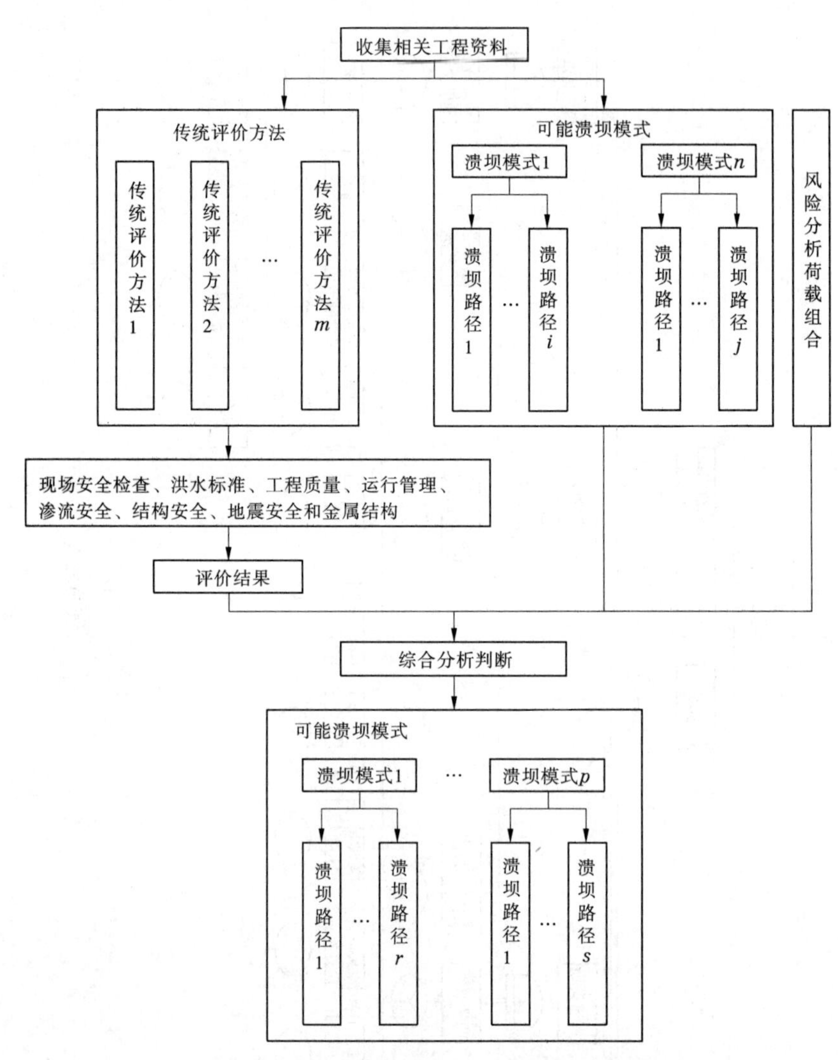

附图7　结合传统评价方法的溃坝模式筛选流程

附表 1　常用大坝安全评价方法比较

序号	评价方法	适用坝型			优点	缺点
		1	2	3		
1	材料极限分析法	√	√	√	①分析方法简便,易于实现; ②材料强度和极限变形是任何一座大坝设计、施工过程中必不可少的项目,无须为此专门进行试验; ③在大坝设计阶段,通过计算可以发现坝体危险区域的范围,为监控设计和后期运行管理提供指导; ④在运行期,通过对重点部位的监控分析,可以发现大坝的力学和变形行为是否发生变迁,进而对大坝运行状态有一个初步判断	①确定大坝强度是否满足要求的系数 K 一般根据经验确定,缺乏严格的理论依据; ②仅仅考虑了材料的极限特性,没有考虑大坝的其他不安全因素,难以从整体上对大坝安全作出评判; ③只有和其他方法相结合才能充分发挥其便捷的特点
2	稳定安全系数法	√	√	√	概念明确,方法简单,精度较高	①评价大坝稳定性是否满足要求的容许安全系数缺乏理论依据,一般由专家根据经验确定; ②容许安全系数过大造成大坝成本攀升,过小则会降低大坝安全性
3	可靠度方法	√	√		①概念明确,计算方法比较简单,易于实现; ②比较充分地考虑了各种变量的随机影响因素	①各变量的分布规律和参数需要大量样本的支持; ②变量参数的选择对计算结果有较大的影响
4	柔度系数法	√			概念、计算方法都比较简单	①用其评价拱坝的安全性并不很准确; ②柔度系数 C 的变化主要反映了拱坝平均跨度和平均厚度的变化,柔度系数有时并不能真实反映拱坝的安全状态,形状相似的两座拱坝,柔度系数一般相同或差别不大,但进一步地分析发现,低坝的应力水平低,而高坝的应力水平高,所以低坝的安全度要高于柔度系数相同的高坝,这给利用柔度系数来判断拱坝安全性带来了困难
5	模型试验法	√	√		①水工水力学模型可以解决大坝枢纽布置,水工建筑物的流量系数,水流对建筑物的水压力以及脉动荷载,上、下游消能工的作用,岸坡防冲措施等; ②结构力学模型试验则可对混凝土坝体和重点建筑物进行力学行为分析	①模型试验成本高,周期长,一般用于大坝规划设计阶段和运行初期辅助安排运行计划; ②运行多年的大坝,除非重大工程或特殊需要,很少再进行专门的模型试验,即使进行模型试验也仅限于某些关键结构

续附表 1

序号	评价方法		适用坝型 1	适用坝型 2	适用坝型 3	优点	缺点
6	监控模型	统计回归模型	√	√	√	①把整个大坝考虑为一个复杂动力系统，各种监测效应量作为大坝在内外荷载作用下的动力反应，考虑了效应量的水压分量、降水分量、温度分量和时效分量； ②模型精度较高，退化速度较慢	①模型的精度依赖于建模样本的多少和模型因子的选择，样本序列过短（<30）或模型因子选择不当，都会使得模型难以获得足够的信息，不能取得满意的效果； ②使用统计模型时，建模因子范围内的资料预测效果较好，超出范围的预报效果较差； ③由于加固维修或经历特殊荷载以及时变等因素的影响，大坝工作状况在运行过程中会不断变化，原有模型预报精度一般也会随之下降，统计模型每隔 3～5 年最好重建一次，特别在大修稳定后更应重建模型
		时间序列模型	√	√	√	建模过程不依赖于环境量，只要提供监测效应量即可对其建模，特别适合环境量观测不完整的场合	①建模的监测效应量测值应间隔相等； ②所需样本序列较长（>50 年）； ③模型外延预测较短（10～20 年），需根据情况及时调整模型； ④对序列变化相对平稳的数据，建模效果较好，对变化波动的数据，建模效果较差
		灰模型	√	√	√	①所需建模序列较短； ②模型不受水位、降水、气温等环境监测量的影响	①建模样本采样必须等间隔； ②外延预测时间较短，适合预测量变化幅度不大的短期预测
		有限元模型	√	√	√	①考虑了大坝和基础材料的弹模、强度、泊松比等参数对坝体效应量的影响； ②可以比较精确地模拟大坝在不同水压、温度及地震作用下的应力、应变、变形等效应量，并以这些计算值作为监控预报值	①在大坝首次蓄水时，有限元模型的预报值有着其他模型难以企及的优势； ②考虑到大坝基础和坝体材料的离散性和复杂性，使用的假定计算参数可能导致预测结果严重失真； ③为提高模型的精度，在得到一定量的监测资料后，可以先用有限元法计算荷载作用下大坝和基础的效应场，然后与实测值优化拟合，求得调整参数，进而建立改进的确定性模型； ④建模过程比较复杂
		混合模型	√	√	√	由于模型的水压分量用有限元计算值，其他分量仍用统计模型，并将两部分叠加结果与实测值进行优化拟合，模型精度较高	①建模过程比较复杂； ②只能用于已经投入运行一段时间且有比较详细监控资料的大坝
7	综合分析评价方法		√	√	√	①充分发挥了专家经验和智慧在综合评价中的能动作用，使一些单纯依靠数模分析难以发现或易被忽略的问题得以考虑； ②比较全面地评判了大坝的运行状态	①实施过程比较复杂； ②易受主观因素的影响

注：坝型 1、2、3 分别表示拱坝、混凝土坝、土石坝。

参 考 文 献

[1] 中华人民共和国水利部，中华人民共和国国家统计局．第一次全国水利普查公报[J]．水利信息化，2013(2):64.

[2] 鄂竟平．国家防总秘书长鄂竟平在2002年全国防办主任会议上讲话[R]. http://hhmz. com. cn/lib/JBHHYM/2002－02－26/jj_1448326679. html，2002.

[3] 陈雷．加大工作力度 强化建管责任 着力做好小(Ⅱ)型病险水库除险加固工作,在全国小(Ⅱ)型病险水库除险加固规划实施启动视频会议暨责任书签署仪式上的讲话[R]．2011.

[4] 盛金宝，李雷．我国小型水库安全与管理现状分析及对策研究[R]．南京水利科学研究院,水文水资源与水利工程科学国家重点实验室，2006.

[5] 李雷，王昭升，彭雪辉．水库大坝溃决模式和溃坝概率分析研究[R]．南京水利科学研究院,水文水资源与水利工程科学国家重点实验室，2004.

[6] 黄本坦．75·8实况和救灾工作回顾[J]．河南水利(专刊)，1985:23-24.

[7] 汝乃华，牛运光．大坝事故与安全·土石坝[M]．北京：中国水利水电出版社，2001.

[8] 单纯刚．30年后,世界最大水库垮坝惨剧真相大白[EB/OL]．新华网,http://news. xinhuanet. com/politics/2005/11/26/content_3838722. htm，2005.

[9] 史国枢,青海自然灾害编纂委员会．青海自然灾害[M]．西宁:青海人民出版社，2003.

[10] 储国强．陕西镇安金矿尾矿库发生溃坝 17人失踪5人受伤[EB/OL]．新华网，2006.

[11] 刘炎迅．海城尾矿坝溃堤事件调查[J]．新世纪周刊，2007(31).

[12] 宗巍．吉林桦甸洪灾死亡失踪人数达46人[EB/OL]．新华网,http://news. xinhuanet. com/2010－08/01/c_12397196. htm.

[13] 奚宇鸣．探究山西曲亭水库垮坝根源[EB/OL]．石家庄都市网,http://news. sjzcity. com/2013/31721. shtml.

[14] 唐华伟,张金芳．甘肃要吸取翻山岭水库溃口事故教训[EB/OL]．中国甘肃网,http://gansu. gscn. com. cn/system/2013/05/07/010337582. shtml.

[15] Vick S, Stewart R. Risk analysis in dam safety practice－Uncertainty in the geologic environment: From theory to practice[J]. ASCE Geotechnical Special Publication, 1996(58):586-603.

[16] S Bowles D. Advances in the practice and use of portfolio risk assessment[C]. Australian Committee on Large Dams(ANCOLD) Annual Meeting, 2000.

[17] Rowe W D. Energy Risk Management[M]. U. S: Academic Press Inc., 1979.

[18] ICOLD, SODIAA. Lessons from dam incidents[M]. American Society of Civil Engineers, 1988.

[19] V P S. Dam Breach Modeling Technology[M]. Dordrecht: Kluwer Academic Publisher, 1996.

[20] Fread D L. The nws dambreak model——Theoretical background/User documentation[J]. Hydrologic Research Laboratory ,Office of Hydrology,The National Weather Service, 1988:123.

[21] 罗云，樊运晓，马晓春．风险分析与安全评价[M]．北京：化学工业出版社，2004.

[22] 赫格 挪威 K. 大坝安全评估和风险[J]．刘洪波译,友车宜校．水利水电快报，1997,18(9):1-6.

[23] 王正旭．美国的大坝安全管理[J]．水利水电科技进展，2003,23(3):65-68.

[24] 安东尼奥 贝塔尼奥，陈桂蓉．葡萄牙大坝—流域风险管理[J]．水利水电快报，2001,22(20):6-8.

[25] Johnson Doug. 美国华盛顿州采用以风险为基础的大坝安全分析方法的十年成功经验[J]．秦良基译，沈海尧校．大坝与安全，2001(1):45-50.

[26] 约翰 麦克朗．泰国的大坝风险管理方法[J]．王建平,译.水利水电快报，2001,22(17):18-21.
[27] 戴维斯 C，马小俊．大坝风险分析[J]．水利水电快报，2003,24(8):23-24.
[28] 莱克 丁．大坝安全中工程师的责任和风险管理[J]．水利水电快报，1999,20(1):6-8.
[29] Hagen V. Re – evaluation of Design Floods and Dam Safety[C]:ICOLD 14th Meeting, 1982.
[30] Interior U S D O, Service W A P R. Safety evaluation of existing dams: a manual for the safety of embankment and concrete dams[M]. U. S. Dept. of the Interior, Water and Power Resources Service, 1980.
[31] USBR. Policy and procedures for dam safety modification decision – making[J]. Safety of Dams Program, 1989:269.
[32] 郭军．欧美国家近期溃坝研究及发展方向[J]．中国水利水电科学研究院学报，2005(4):23-29.
[33] Steering O R O T. Risk Categorization for Dams[R]. Steering Committee For the Association of State Dam Safety Officials, 2003.
[34] 宋茂斌，范翠霞，任建军，等．加拿大的水库大坝安全管理[J]．山东水利，2006(6):13-14.
[35] 楼渐逵．加拿大 BC Hydro 公司的大坝安全风险管理[J]．大坝与安全，2000(4):7-11.
[36] 列尔逊 N M，黄建和．加拿大不列颠哥伦比亚水电局的风险分析方法[J]．水利水电快报，1994(11):4-9.
[37] 汪秀丽．国外大坝安全管理[J]．水利电力科技，2006,32(1):10-19.
[38] 源 P. 加拿大魁北克水电公司的大坝风险管理[J]．水利水电快报，2004,25(6):31-33.
[39] 韦泽尼 G,朱红,马元珽．加拿大大坝安全新标准[J]．水利水电快报，2003,24(24):26-28.
[40] 李雷,匡少涛．澳大利亚大坝风险评价的法规与实践[J]．水利发展研究，2002,2(10):55-59.
[41] 李雷，王仁钟，盛金宝，等．大坝风险评价与风险管理[M]．北京:中国水利水电出版社，2006.
[42] Herweynen R I，马元 Ting. 福斯河上三座大坝的改造——基于风险决策的实例研究[J]．水利水电快报，2002,23(24):3-7.
[43] 赫尔 G. 风险评估在某大坝管理应用中的一些经验[J]．水利水电快报，1999,20(4):12-14.
[44] W 麦康 T，郝亮．大坝与环境的问题和导则[J]．水利水电快报，2001,22(4):26-27.
[45] ANCOLD. Guidelines on risk assessment[S]. Australian National Committee on Large Dams, 1994.
[46] ANCOLD. Draft guidelines for design of dams for earthquake[R]. Australian National Committee on Large Dams, 1996.
[47] ANCOLD. Position paper on revised criteria for acceptable risk to life[R]. Australian National Committee on Large Dams Working Grou Pon risk assessment, 1998.
[48] ANCOLD. Guidelines on Assessment of the Consequences of Dams Failure[R]. Australian National Committee on Large Dams, 2000.
[49] ANCOLD. Guidelines on Risk Assessment[S]. Australian National Committee on Large Dams, 2001.
[50] Bowles D S. Portfolio Risk Assessment:A Tool for Managing Dam Safety in the Context of the Owner's Bussiness[C]. ICOLD 20th Congress, 2000.
[51] 延森 L. 大坝应急计划的风险分析[J]．水利水电快报，1999,20(3):14-18.
[52] 王正旭．英国的水库安全管理[J]．水利水电科技进展，2002,22(4):65-68.
[53] Hφeg K. Performance evaluation, safety assessment and risk analysis for dams[J]. Hydropower and Dams, 1996(6):51-58.
[54] Reiter P, Sc M. RESCDAM Loss of life caused by dam failure – the RESCDAM LOL Method and its application to KyrkÖsjärvi dam in Seinäjoki[R]. PR Vesisuunnittelu Oy PR Water Consulting Ltd, 2001.
[55] Vainio, Taito. Risk Management Applications[R]. Finland Ministry of the Interior, 2004.

[56] Institute F E. RESCDAM – Development of Rescue Actions Based on Dam – Break Flood Analyses[R]. Finish Environment Institute, 2001.

[57] RESCDAM. The use of physical models in dam – break flood analysis – Rescue actions based on dam – break flood analysis[J]. Helsinki University of Technology, 2000:57.

[58] Bottelberghs P H. Risk analysis and safety policy developments in The Netherlands[J]. J. Hazard. Mater. 71 (2000), 2000,71:59-84.

[59] Bohnenblust H. Risk – based decision making in the transportation sectorin In: R. E. Jorissen, P. J. M. Stallen (Eds.) Quantified Societal Risk and Policy Making[M]. Kluwer Academic Publishers, 1998.

[60] Zhou H M. Towards an Operational Risk Assessment in Flood Alleviation[M]. Delft University Press, 1995.

[61] TAW. Technical Advisory Committee on Water Defences, Some considerations of an acceptable level of risk in the Netherlands[M]. TAW, 1985.

[62] Vrijling J K, van Hengel W, Houben R J. A framework for risk evaluation[J]. J. Hazard. Mater. 71 (2000), 1995,43:245-261.

[63] D Van D. Economic decision problems for flood prevention[J]. Econometrica, 1956,24(3):276-287.

[64] Slijkhuis K A H, Gelder V, M P H A J, et al. Optimal dike height under statistical – damage – and construction – uncertainty[J]. Structural Safety and Reliability, 1997:1137-1140.

[65] Vrijling J K, M P H A J, Gelder V. An Analysis of the Valuation of a Human Life, FORESIGHT AND PRECAUTION: FORESIGHT AND PRECAUTION, 2000[C].

[66] Jonkmana S N, van Gelder P H A J, J K V. An overview of quantitative risk measures for loss of life and economic damage[J]. Journal of Hazardous Materials, 2003, A99:1-30.

[67] 李仲生. 提高亚洲大坝安全性的成本效益法措施[J]. 大坝与安全, 2005(2):57-58.

[68] 朗珀里埃 F, 朱晓红. 亚洲大坝安全改进措施的费用效益[J]. 水利水电快报, 2003,24(7):20-22.

[69] 张寡民. 加拿大与印度在大坝安全领域的合作[J]. 海河水利, 2000(3):45-46.

[70] 杨百银, 王锐琛. 单一水库泄洪风险分析模式和计算方法[J]. 水文, 1999(4):5-12.

[71] 徐祖信, 郭子中. 开敞式溢洪道泄洪风险计算[J]. 水利学报, 1989(4):50-54.

[72] 姜树海. 随机微分方程在泄洪风险分析中的应用[J]. 水利学报, 1994(3):1-9.

[73] 陈肇和, 李其军. 漫坝风险分析在水库防洪中的应用[J]. 中国水利, 2000(9):73-75.

[74] 梅亚东, 谈广鸣. 大坝防洪安全的风险分析[J]. 武汉大学学报:工学版, 2002,35(6):11-15.

[75] 胡学玉, 颜立, 等. 东鱼河泥沙淤积对防洪能力影响的分析[J]. 中国农村水利水电, 2002(2):30-31.

[76] 姜树海, 范子武, 吴时强. 洪灾风险分析和设防标准的研究[R]. 南京水利科学研究院,水文水资源与水利工程科学国家重点实验室, 2003.

[77] 姜树海, 范子武, 李雷, 等. 已建堤坝工程风险分析和应急对策的研究[R]. 南京水利科学研究院,水文水资源与水利工程科学国家重点实验室, 2006.

[78] 盛金保, 李雷, 王昭升. "小型水库除险决策系统研究"专题报告 1 – 5[R]. 南京水利科学研究院,水文水资源与水利工程科学国家重点实验室, 2006.

[79] 彭雪辉. 风险分析在我国大坝上的应用[D]. 南京水利科学研究院, 2003.

[80] 范子武, 姜树海. 堤坝溃决参数预测与防洪对策技术研究[R]. 南京水利科学研究院,水文水资源与水利工程科学国家重点实验室, 2006.

[81] 姜树海, 范子武, 吴时强. 洪灾风险评估和防洪安全决策[M]. 北京:水利水电出版社,2005.

[82] 王仁钟，李雷，盛金宝．病险水库风险判别标准体系研究（大坝0418）[R]．南京水利科学研究院，2004.
[83] 王仁钟，李雷，王昭升，等．基于风险评价的病险水库除险加固排序实用方法研究（大坝0419）[R]．南京水利科学研究院，水文水资源与水利工程科学国家重点实验室，2004.
[84] 王仁钟，李雷，盛金保．病险水库除险加固排序示范应用研究报告（大坝0504）[R]．南京水利科学研究院，水文水资源与水利工程科学国家重点实验室，2005.
[85] 李雷，王仁钟，盛金保．基于风险的水库大坝安全评价方法研究（大坝0506）[R]．南京水利科学研究院，水文水资源与水利工程科学国家重点实验室，2005.
[86] USBR. Guidelines to decisior analysis[S]. 1986.
[87] A. Brown C, Graham W J. Assessing the threat to life from dam failure[J]. Water Resources Bulletin, 1988, 24((6)):1303-1309.
[88] Dekay M L, McClelland G H. Predicting loss of life in cases of dam failure and flash flood[J]. Risk Analysis, 1993, 13(2):193-205.
[89] Graham W J. A procedure for estimating loss of life caused by dam failure(DSO – 99 – 06)[R]. Dam Safety Office, U. S. Bureau of Reclamation Safety, 1999.
[90] HSE. Risk criteria for land use planning in the vicinity of major industrial hazards[M]. London, England: Her Majesty's Stationery Office, 1989.
[91] Jones D. Nomenclature for Hazard and Risk Assessment in the Process Industries[R]. Institute of Chemical Engineering, 1992.
[92] Piers M. Methods and models for the assessment of third party risk due tot aircraft accidents in the vicinity of airports and their implications for societal risk, In: R. E. Jorissen, P. J. M. Stallen (Eds.)[R]. Quantified Societal Risk and Policy Making, Kluwer Academic Publishers, Dordrecht, 1998.
[93] Laheij G M H, Post J G, Ale B J M. Standard methods for land – use planning to determine the effects on societal risk[J]. Journal Hazard Mater, 2000(71):269-282.
[94] Ale B J M, Laheij G M H, Haag P A M U. Zoning instruments for major accident prevention, in: C. Cacciabue, I. A. Papazoglou (Eds.)[J]. Probabilistic Safety Assessment and Management, ESREL 96— PSAM – Ⅲ, Crete, 1996:1911.
[95] Vrijling J K, van Gelder. P H A J. Societal risk and the concept of risk aversion, In: C. Guedes Soares (Ed.)[J]. Advances in Safety and Reliability, 1997(1)(Lissabon):45-52.
[96] Carter D A, Hirst I L. Worst case methodology for the initial assessment of societal risk from proposed major accident installations[J]. Journal Hazard Mater, 2000(71):117-128.
[97] Carter D A. A worst case methodology for obtaining a rough but rapid indication of the societal risk from a major accident hazard installation[J]. Journal Hazard Mater., 2000(71):223-237.
[98] Stallen P J M, Geerts R, Vrijling H K. Three conceptions of quantified societal risk[J]. Risk Analysis, 1996, 16(5):635-644.
[99] Kroon I B, Hoej N P. Application of Risk Aversion for Engineering Decision Making: Safety, Risk, and Reliability – Trends in Engineering, 2001[C].
[100] 陈齐达，但求义，等．洪涝灾害对水稻生长的影响及防御对策[J]．江西农业科技，2002(5)：32-33.
[101] 陈永华，柳俊，赵森，等．水稻分蘖期耐淹能力评价及不同淹涝强度对重要农艺性状的影响[J].广西农业生物科学，2006，25(2)：111 – 115.
[102] 赵可夫．植物对水涝胁迫的适应[J]．生物学通报，2003，38(12)：11-14.

[103] 吕军. 渍水对冬小麦生长的危害及其生理效应[J]. 植物生理学报,1994,20(3):221－226.
[104] 朱怀宁. 溃坝经济分析研究[D]. 河海大学, 1997.
[105] NORSOK. Risk and emergency preparedness (Z－013 rev. 1), Annex C: Methodology for establishment and use of environmental risk acceptance criteria [Z]. http://www. nts. no/norsok/z/, 1998.
[106] Barlettani M, Fruttuoso G, Lombardi P. An ecological approach for risk and impact ranking, Proceedings New Risk Frontiers, 1997.
[107] 胡二邦. 环境风险评价实用技术和方法[M]. 北京: 中国环境科学出版社, 2000.
[108] AM F. The safety of structures[J]. Transaction of ASCE, 1947(112):125-159.
[109] Ржаницын А Р. ВЕЗОПАСНОСТИ И ПРОЧНОСТИСТОИТЕЛЪЫХ КОНСТРУКЦИЙ [J]. ГСУДАРСГВЕННОЕ ИЗДАТЕЛЪСТВО ЛИТЕРАТУРЫ ПО СТРОИТЕЛЪСТВУ И АРХИТЕКТУРЕ, 1952.
[110] C A C. A Probability－based Structural Code[J]. journal of american concrete institute, 1969, 66(12).
[111] Lind N C. Consistent Partial Safety Factors[J]. Journal of the Structural Division, 1971, 97(6): 1651-1669.
[112] R R, B F. Structural Reliability under Combined Random Load Sequences[J]. Computers and Structures, 1978, 9(5):489-494.
[113] Fiessler B E A. Quadraultic limit states in structural reliability[J]. Journal of the Engineering Mechanics Division, ASCE, 1979, 105(4).
[114] L T. The distribution of quadratic forms in normal space－An application to structural reliability[J]. Journal of the Engineering Mechanics, 1990, 116(6).
[115] Kiureghian A D E A. Second－order reliability approximation[J]. Journal of the Engineering Mechanics, 1984, 110(8).
[116] A K. Introduction to the fuzzy subsets[M]. New York: Academic Press, 1975.
[117] B B C. The merging of fuzzy and cris PInformation[J]. Journal of the Engineering Mechanics Division, ASCE, 1980, 106(1):123-133.
[118] Ayyub B M L K L. Structural reliability assessment with ambiguity and vagueness in failure[J]. NavalEngineers Journal, 1992(104):21-23.
[119] Tanaka H F L T L. Fauty tree analysis by fuzzy probability[J]. IEEE Transaction on Reliability, 1983, 32(5):453-457.
[120] D S. Faulty tree analysis based on fuzzy logic[J]. Computers and Chemical Engineering, 1990, 14(3):259-266.
[121] 段楠, 薛会民, 等. 用蒙特卡洛法计算可靠度时模拟次数的选择[J]. 煤矿机械, 2002(3):13-14.
[122] MooreR Y. Interval Analysis Technical Document[J]. Applied Mathematics, 1959:172.
[123] Zadeh L A. Fuzzy Sets[J]. Information and Control, 1965, 8(3):338-353.
[124] 邓聚龙. 灰色系统[M]. 北京: 国防工业出版社, 1985.
[125] 赵克勤. 集对与集对分析一种新的概念和一种新的系统分析方法[C]//全国系统理论与区域规划讨论会论文集. 1989.
[126] Handa K A K. Application of finite element methods in statistical analysis of structure: Proc 3rd Int Conf on Struct Safety and Reliability, Trondhein, Norway, Hune, 1981.
[127] B. C. Application of first－order uncertainty analysis in the finite element method in linear elasticity [C]// Proeedings of the 2nd International Conference on Applications of Statistics and Probability in Soil and Structural Engineering, Aachen, 1975.

[128] 刘宁，卓家寿．基于三维弹塑性随机有限元的可靠度计算[J]．水利学报，1996(9):53-62.
[129] 吴世伟，李同春．重力坝最大可能失效模式初探[J]．水利学报，1990(4):36-44.
[130] W G. Fuzzy element[J]. Computers and Structure, 1979(10):963-965.
[131] 郭书祥，吕震宙．区间运算和静力区间有限元[J]．应用数学和力学，2001,22(12):1249-1254.
[132] 刘寒冰，陈塑寰．考虑材料特性 E,v 不确定的随机边界元法[J]．水利学报，1994(9):61-66.
[133] van Manen S E, M B. Quantitative flood risk assessment for Polders[J]. Reliability Engineering and System Safety, 2005,90(2/3):229-237.
[134] M B, Butts. An evaluation of the impact of model structure on hydrological modelling uncertainty for streamflow simulation[J]. Journal of Hydrology, 2004,298(1):242-266.
[135] C Y B. Safety factors in hydrologic and hydraulic engineering design[C]//: Reliability in Water Resources Management, 1979. Water Resources Publications.
[136] Y K T. Effects of uncertainties on optimal risk – based design of hydraulic structures[J]. Water Resour. Plan. Manag, 1987,113(5):709-722.
[137] D P L. Quantifying and communicating model uncertainty for decision making in the everglades[C]. Risk – Based Decision Making in Water Resources, 2002.
[138] 肖焕雄，任春秀，孙志禹，等．中国江河截流的科技进展[J]．水利水电科技进展，2006,26(6):81-84.
[139] 姜树海．防洪设计标准和大坝的防洪安全[J]．水利学报，1999(5):19-25.
[140] 周宜红，肖焕雄．三峡工程大江截流风险决策研究[J]．武汉水利电力大学学报，1999,32(1):4-6.
[141] 王卓甫．考虑洪水过程不确定的施工导流风险计算[J]．水利学报，1998(4):33-37.
[142] 王建群．水利建设项目不确定型经济评价方法研究[J]．水利经济，1996(1):26-31.
[143] 何鲜峰，郑东健，谷艳昌．大坝安全监测不确定信息分析系统框架[J]．水力发电，2007,33(7):76-79.
[144] 张婕，王济干．水利工程投资的不确定多目标群决策支持[J]．人民黄河，2006,28(11):56-57.
[145] 戈龙仔，曹玉芬，郑宝友．闸门开度示值误差测量结果的不确定度评定[J]．水道港口，2005,26(2):113-118.
[146] 何鲜峰．大坝运行风险及辅助分析系统研究[D]．河海大学，2008.
[147] 金永强．水库大坝溃坝险情的分析方法研究[D]．河海大学，2008.
[148] 德克斯坦，勃兰特．水资源工程可靠性与风险[M]．吴媚玲，王俊德译．北京：水利电力出版社，1993.
[149] McCann, Jr M W, Franzini J B, et al. Preliminary safety evaluation of existing dams[J]. The John A. Blume Earthquake Engineering Center, Department of Civil Engineering, Report No. 69 and 70. (cited by McClelland, 2002), 1985, vol. 1 and 2.
[150] Vanmarcke E H, Bohnenblust H. Risk – based decision analysis in dam safety – Report of Project Risk – Based Assessment of Safety Dams(No. 73)[R]. Massachusetts Institute of Technology, 1982.
[151] Bowles D S, Anderson L R, Canfield R V. A systems approach to risk analysis for an earth dam: International Symposium on Risk and Reliability in Water Resources, 1978.
[152] Steginer J, Heath D, Nagarwalla N. Event tree simulation analysis for dam safety problems risk analysis: Third Engineering Foundation Conference on Risk – Based Decisionmaking titled Risk Analysis and Management of Natural and Man – Made Hazards, 1987.
[153] 福斯特 M A. 用事件树法估计土石坝失事的概率(下)[J]．水利水电快报，2003,24(6):23-25.

[154] Bowles D S, Anderson L R, Glover T F. Risk assessment approach to dam safety criteria[S]. American Society of Civil Engineers. Geotechnical Engineering Division Specialty Conference on Uncertainty in the Geologic Environment: From Theory to Practice, 1996.

[155] Bowles D S. Risk Assessment in dam safety decision – making in water resources: Fourth Conference/EF/WR Div. /ASCE, 1989.

[156] Chauhan S. Dam safety risk assessment modeling with uncertainty analysis[D]. Utah State University, 1999.

[157] SeokLee J. Uncertainty analysis in dam safety risk assessment[D]. Utah State University, 2002.

[158] John R. Harrald P D, Irmak Renda – Tanali D S, Greg L. Shaw M S, et al. REVIEW OF RISK BASED PRIORITIZATION/DECISION MAKING METHODOLOGIES FOR DAMS ,The George Washington University Institute for Crisis[J]. Disaster and Risk Management, 29.

[159] Bowles D S, Anderson L R, Glover T F. A Role for Risk Assessment in Dam Safety Risk Management. Proceedings of the 3rd International Conference Hydropower97, 1997.

[160] Bowles D S, Anderson L R, Evelyn J B, et al. Alamo Dam Demonstration Risk Assessment[C],in the Proceedings of the Australian Committee on Large Dams (ANCOLD) Annual Meeting, Jindabyne: in the Proceedings of the Australian Committee on Large Dams (ANCOLD) Annual Meeting, Jindabyne, New South Wales, Australia, New South Wales, Australia, 1999.

[161] Bowles D S, Anderson L R, Glover T F, et al. Dam Safety Decision – Making: Combining Engineering Assessments with Risk Information: Proceedings of the 2003 US Society on Dams Annual Lecture, 2003.

[162] Bowles D S, Anderson L R, Glover T F. Portfolio Risk Assessment:A Tool for Dam Safety Risk Management. Proceedings of USCOLD 1998 Annual Lecture, 1998.

[163] Bowles D S. Reservoir Safety: A Risk Management Approach,International Conference on Aspects of Conflicts in Reservoir Development & Management, 1996.

[164] Bowles D S, Anderson L R, Glover T F. The Practice of Dam Safety Risk Assessment and Management:Its Roots, Its Branches, and Its Fruit,the 18th USCOLD Annual Meeting and Lecture, 1998.

[165] Andersen G R, Torrey III V H. Function – Based Condition Indexing for Embankment Dams[J]. in the Journal of Geotechnical Engineering, 1995:579-588.

[166] Greimann L, Stecker J, Rens K. REMR Management Systems – Navigation Structures,Technical Report REMR – OM – 13[R]. . Condition Rating Procedures for Sector Gates Engineering Research Institute, Iowa State University, Ames, Iova. , 1993.

[167] Greimann L, Stecker J, K R. REMR Management Systems – Navigation Structures: Management System for Miter Lock Gates[R]. 1990.

[168] Andersen G R, Chouinard L E, Hover W, et al. Risk Indexing Tool to Assist in Prioritizing Improvements to Embankment Dam Inventories[J]. in the Journal of Geotechnical and Geoenvironmental Engineering, 2001.

[169] 彭祖赠，孙韫玉．模糊 Fuzzy 数学及其应用[M]．武汉：武汉大学出版社，2002.

[170] 肖位枢．模糊数学基础及应用[M]．北京:航空工业出版社，1992.

[171] 何鲜峰．水闸系统可靠性评价理论及其应用[D]．郑州大学，2005.

[172] 刘麟德．土石坝的发展及其失事病险处理[J]．水电站设计，1992,8(2):61-65.

[173] 杨海云．高度低于 30 m 坝的失事实际教训分析[J]．大坝与安全，2000,14(1):44-51.

[174] 汪恕诚．落实责任,科学防控,切实做好水库安全度汛工作——在全国水库安全度汛工作会议上

的讲话[R]. 2004.

[175] 汪恕诚．以人为本,强化管理,全力做好水库安全度汛工作——汪恕诚部长在全国水库安全度汛视频会议上的讲话[R]. 2005.

[176] 顾淦臣．国内外土石坝重大事故剖析——对若干土石坝重大事故的再认识[J]. 水利水电科技进展, 1997,17(1):13-20.

[177] 牛运光．河北省“63·8”洪水和垮坝事故的回顾[J]. 海河水利, 1998(3):1-4.

[178] 莱普斯 托马斯 M. 提堂坝的失事[J]. 张天焱译．人民长江, 1991,22(8):57-60.

[179] 顾淦臣．土石坝安全问题述评(一)[J]. 大坝与安全, 1995(3):16-25.

[180] 盛金保．沟后坝溃坝渗流初步分析[J]. 大坝观测与土工测试, 1996,20(5):11-15.

[181] 金诚和, 司洪洋．沟后混凝土面板砂砾石堆石坝垮坝调查[J]. 广东水电科技, 1994(3):30-33.

[182] 谭冬初,何建忠．红山水库垮坝过程及原因初析[J]. 新疆农业大学学报, 1997,20(2):60-64.

[183] 江善寅．临海县小型水库垮坝失事的调查分析[J]. 浙江水利科技, 1985(3).

[184] 汝乃华, 姜忠胜．大坝事故与安全·拱坝[M]. 北京: 中国水利水电出版社, 1995.

[185] 水利部大坝安全管理中心．水库大坝安全评价导则[S]. 北京:中国水利水电出版社, 2001.

[186] 郭亚军, 潘德惠．一类决策问题的新算法[J]. 决策与决策支持系统, 1992,2(3):56-62.

[187] 张尧庭, 陈汉峰．贝叶斯统计推断[M]. 北京: 科学出版社, 1991.

[188] 徐钟济．蒙特卡罗方法[M]. 上海: 上海科学技术出版社, 1985.

[189] 李清富, 龙少江．大坝洪水漫顶风险评估[J]. 水力发电, 2006,32(7):20-22.

[190] 中华人民共和国行业标准. SL 274—2001　碾压式土石坝设计规范[S]. 中国水利水电出版社, 2002.

[191] 宋敬衖, 何鲜峰．我国溃坝生命风险分析方法探讨[J]. 河海大学学报:自然科学版, 2008,36(5):628-633.

[192] 周克发,李雷．我国已溃决大坝调查及其生命损失规律初探[J]. 大坝与安全, 2006,18(5):14-18.

[193] ANCOLD. Guidelines on Risks Assement[M]. Australian National Committee on Large Dams ("ANCOLD"), 2003.

[194] 2004 年世界各国 GDP 和人均 GDP 的数值和排名[EB/OL]. http://hi. baidu. com/honey36/item/140069f9eb1ed96b3d14856d, 2007.

[195] 2006 年世界各国 GDP 总值排行榜[EB/OL]. http://zhidao. baidu. com/question/27019103. html, 2007.

[196] 世界各国人均 GDP 排名及中国一些省在世界的排名[EB/OL]. http://bbs. tianya. cn/post - develop - 79967 - 1. shtml, 2006.

[197] 史海滨, 田军仓, 刘庆华．灌溉排水工程学[M]. 北京: 中国水利水电出版社, 2006.

[198] 郭元裕．农田水利学[M]. 北京: 中国水利水电出版社, 1997.

[199] 中华人民共和国国家统计局．县市社会经济地理信息图[EB/OL]. http://www. stats. gov. cn/tjsj/qtsj/xianshi/dlxx. htm.

[200] 何鲜峰, 朱耀刚, 常芳芳, 等．大坝风险控制机制探讨[J]. 人民黄河, 2010,32(10):150-151.

[201] XianFeng H, Chongshi G, Zhongru W, et al. Dam risk assistant analysis system design[J]. Science in China Series E: Technological Sciences, 2008,51(s2):101-109.

[202] Chongshi G, Xianfeng H, Zhongru W, et al. Risk analysis model for landslide mass of high slope in dam area[J]. Science in China Series E: Technological Sciences, 2008,51(s2):25-31.

[203] 王兰生．意大利瓦依昂水库滑坡考察[J]. 中国地质灾害与防治学报, 2007,18(3):145-148.

[204] 叶耀琪. 黄河小浪底水库滑坡涌浪试验介绍[J]. 人民黄河, 1982(4):20－24.
[205] 陶孝铨. 李家峡水库正常运行期的滑坡涌浪试验研究[J]. 西北水电, 1994(1):42-45.
[206] Kilburn C R, Petley D N. Forecasting giant, catastrophic slope collapse. lessons from Vajont, northern Italy[J]. Geomorphology, 2003,54(1):33-37.
[207] 汪洋, 殷坤龙. 水库库岸滑坡涌浪的传播与爬高研究[J]. 岩土力学, 2008,29(4):1031-1034.
[208] 陈志华, 陕亮, 关富玲. 基于演化程序的混凝土徐变参数识别[J]. 长江科学院院报, 2005,22(2):47-49.
[209] 黄隆胜, 凌震乾. 基因表达式程序设计进行复杂函数参数识别[J]. 计算机工程与设计, 2006, 27(19):3676-3678, 3681.
[210] 牛红惠, 何方. 基于基因表达式编程的数据挖掘技术在股票中的研究与应用[J]. 福建电脑, 2006(10):109-110, 104.
[211] 陆昕为, 蔡之华, 陈昌敏, 等. 基因表达式程序设计在信息系统建模预测中的应用[J]. 计算机信息, 2005(35):185-186, 107.
[212] 李曲, 蔡之华, 朱莉, 等. 基因表达式程序设计方法在采煤工作面瓦斯涌出量预测中的应用[J]. 应用基础与工程科学学报, 2004,12(1):49-54.
[213] Ferreira C. A New Adaptive Algorithm for Solving Problems[J]. Complex Systems, 2001(13):87-129.
[214] 唐常杰, 张天庆, 左劼, 等. 基于基因表达式编程的知识发现——沿革、成果和发展方向[J]. 计算机应用, 2004,24(10):7-10.
[215] H P M M T, CJ P. Revisiting the Edge of Chaos: Evolving Cellular Automata to Perform Computations[J]. Complex Systems, 1993:89-130.
[216] 中国水电顾问集团西北勘测设计研究院. 龙羊峡水电站库岸稳定分析报告[R]. 中国水电顾问集团西北勘测设计研究院, 2006.
[217] 黄河下游滩区洪水淹没补偿政策研究工作组. 黄河下游滩区洪水淹没补偿政策可行性研究报告[R]. 黄河水利委员会,2010.
[218] 田治宗,岳瑜素,张晓华,等. 黄河下游滩区性质、功能及相互关系研究[R]. 黄河水利科学研究院,2007.
[219] 端木礼明. 黄河滩区当前的基本情况介绍[C]//黄河下游河段治理及滩区可持续发展研讨会论文集. 2006:11-27.
[220] 刘树坤,宋玉山,程晓陶,等. 黄河滩区及分滞洪区风险分析和减灾对策[M]. 郑州:黄河水利出版社,1999.
[221] 刘红珍,王海清,张建,等. 黄河下游滩区洪水风险分析[J]. 人民黄河,2008(12).
[222] 兰华林,王仲梅,谢志刚,等. 黄河下游滩区洪水风险图编制(试点)研究报告[R]. 黄河水利科学研究院,2007.
[223] 汪自力,田治宗. 黄河下游滩区实行分类管理的设想[J]. 人民黄河,2004,26(8):1-2.